셀프트래블

도쿄

상상출판

셀프트래블

도쿄

개정 1쇄 | 2023년 5월 22일
개정 2쇄 | 2024년 1월 18일

글과 사진 | 김미정, 백진수

발행인 | 유철상
편집 | 안여진, 김정민
디자인 | 주인지, 노세희
마케팅 | 조종삼, 김소희
콘텐츠 | 강한나

펴낸 곳 | 상상출판
주소 | 서울특별시 성동구 뚝섬로17가길 48, 성수에이원센터 1205호(성수동 2가)
구입 · 내용 문의 | **전화** 02-963-9891(편집), 070-7727-6853(마케팅)
팩스 02-963-9892 **이메일** sangsang9892@gmail.com
이메일 cs@esangsang.co.kr
등록 | 2009년 9월 22일(제305-2010-02호)
찍은 곳 | 다라니
종이 | ㈜월드페이퍼

※ 가격은 뒤표지에 있습니다.

ISBN 979-11-6782-137-9(14980)
ISBN 979-11-86517-10-9(set)

www.esangsang.co.kr

셀프트래블

도쿄

Tokyo

김미정 · 백진수 지음

상상출판

Prologue

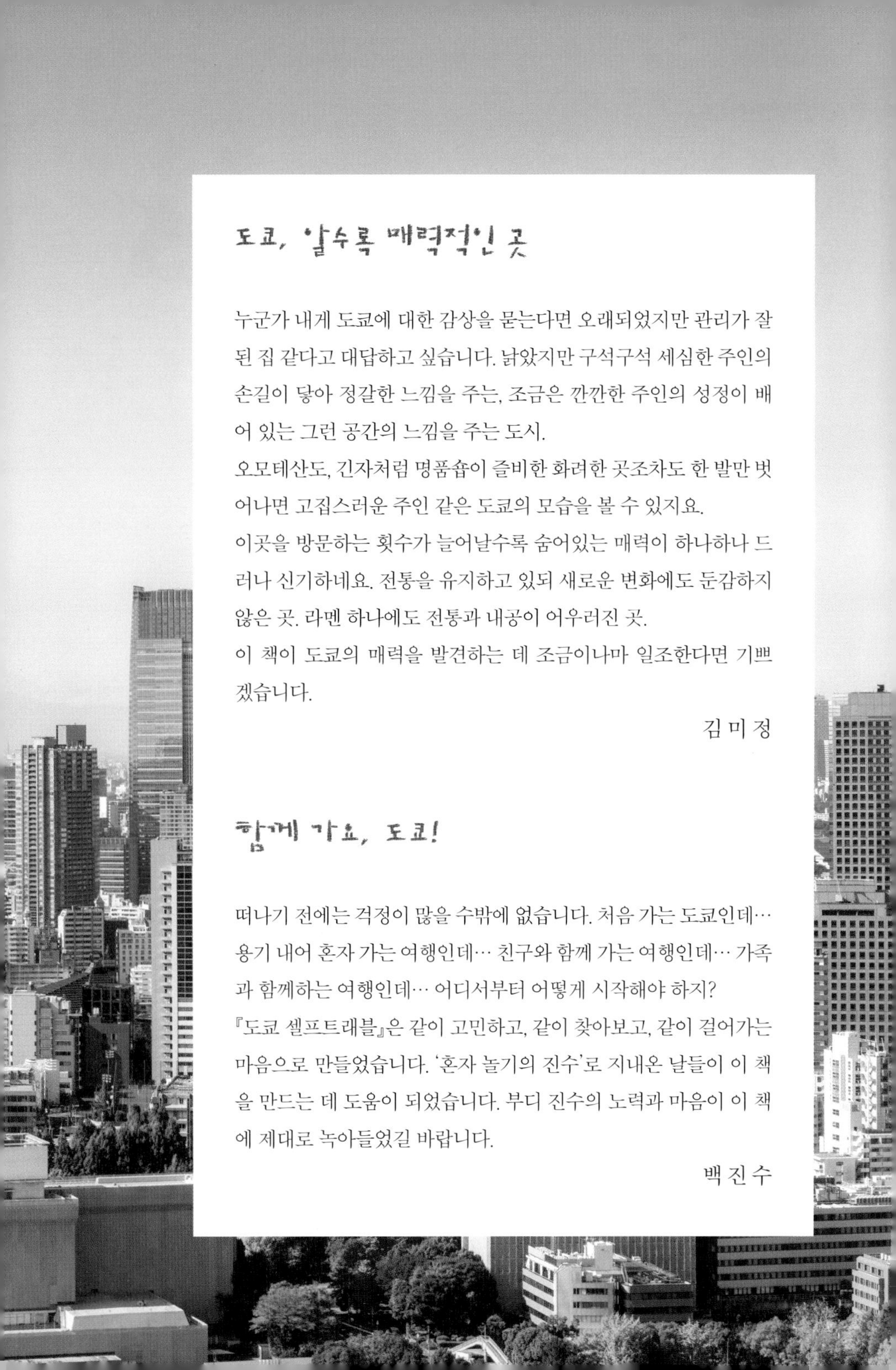

도쿄, 알수록 매력적인 곳

누군가 내게 도쿄에 대한 감상을 묻는다면 오래되었지만 관리가 잘 된 집 같다고 대답하고 싶습니다. 낡았지만 구석구석 세심한 주인의 손길이 닿아 정갈한 느낌을 주는, 조금은 깐깐한 주인의 성정이 배어 있는 그런 공간의 느낌을 주는 도시.
오모테산도, 긴자처럼 명품숍이 즐비한 화려한 곳조차도 한 발만 벗어나면 고집스러운 주인 같은 도쿄의 모습을 볼 수 있지요.
이곳을 방문하는 횟수가 늘어날수록 숨어있는 매력이 하나하나 드러나 신기하네요. 전통을 유지하고 있되 새로운 변화에도 둔감하지 않은 곳. 라멘 하나에도 전통과 내공이 어우러진 곳.
이 책이 도쿄의 매력을 발견하는 데 조금이나마 일조한다면 기쁘겠습니다.

김 미 정

함께 가요, 도쿄!

떠나기 전에는 걱정이 많을 수밖에 없습니다. 처음 가는 도쿄인데… 용기 내어 혼자 가는 여행인데… 친구와 함께 가는 여행인데… 가족과 함께하는 여행인데… 어디서부터 어떻게 시작해야 하지?
『도쿄 셀프트래블』은 같이 고민하고, 같이 찾아보고, 같이 걸어가는 마음으로 만들었습니다. '혼자 놀기의 진수'로 지내온 날들이 이 책을 만드는 데 도움이 되었습니다. 부디 진수의 노력과 마음이 이 책에 제대로 녹아들었길 바랍니다.

백 진 수

Contents
목차

도쿄에서 꼭 해봐야 할 모든 것

Mission in Tokyo

Try Tokyo

Eat

Shopping

Stay

Enjoy Tokyo

도쿄를 즐기는 가장 완벽한 방법

Around Tokyo

도쿄 근교를 즐기는 가장 완벽한 방법

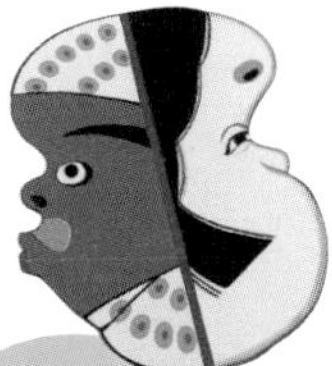

Step to Tokyo

쉽고 빠르게 끝내는 여행 준비

Self Travel Tokyo
일러두기

❶ 주요 지역 소개

『도쿄 셀프트래블』은 크게 도쿄 중심부와 근교로 나뉩니다. 도쿄 중심부는 신주쿠, 시부야, 긴자, 우에노, 오다이바 등 주요 지역을, 근교는 요코하마, 가와고에, 닛코, 가마쿠라, 에노시마, 하코네 등을 폭넓게 다루고 있습니다.

❷ 철저한 여행 준비

책의 앞부분에서는 추천 일정과 도쿄에서 꼭 해봐야 할 것을 정리한 미션 페이지를 제시하고 있습니다. 일정은 기간별, 테마별로 다양하게 구성되어 있으며, 미션에서는 도쿄의 추천 맛집, 쇼핑 리스트, 숙소 등을 소개합니다. 책 뒷부분 스텝에서는 도쿄 여행 준비 과정과 현지 교통편, 여행자에게 도움이 되는 일본어 회화 등을 실어두고 있습니다.

❸ 알차디알찬 여행 핵심 정보

본격적인 스폿 소개에 앞서 각 지역별로 특징, 이동 방법, 추천 하루 일정, 지도를 배치하였습니다. 이어서 관광명소, 식당, 쇼핑, 숙소 등의 스폿을 차례차례로 소개하고 있습니다. 또한, 곳곳에 여행자들이 알면 좋을 정보는 Focus 페이지로 따로 정리했습니다.

❹ 원어 표기

최대한 외래어 표기법을 기준으로 표기했으나, 관광명소와 업소의 경우 현지에서 사용 중인 한국어 안내와 여행자들에게 익숙한 이름을 택했습니다.

❺ 정보 업데이트

이 책에 실린 모든 정보는 2023년 4월까지 취재한 내용을 기준으로 하고 있습니다. 현지 사정에 따라 요금 등의 정보가 달라질 수 있습니다. 특히 코로나19의 여파로 운영시간의 변동이 잦은 편입니다. 여행 전 한 번 더 확인하시길 바랍니다. 잘못되거나 바뀐 정보는 계속 업데이트하겠습니다.

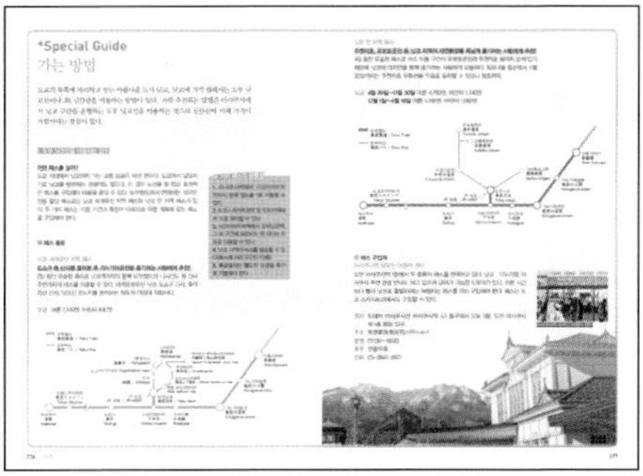

❻ 지도 활용법

이 책의 지도에는 아래와 같은 부호를 사용하고 있습니다.

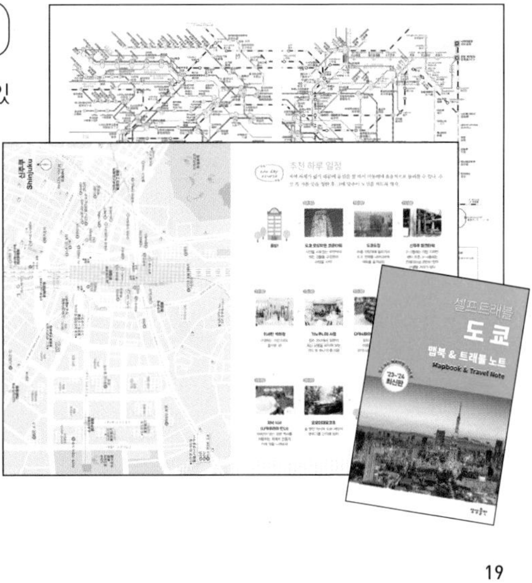

주요 아이콘

- 관광명소, 기타명소
- Ⓡ 레스토랑, 카페 등 식사할 수 있는 곳
- Ⓢ 백화점, 쇼핑몰, 슈퍼마켓 등 쇼핑 장소
- Ⓗ 호텔, 호스텔 등 숙소

기타 아이콘

- 지하철역
- 여객터미널
- 버스정류장, 버스터미널
- ⛩ 신사

도쿄 전도
Tokyo Map

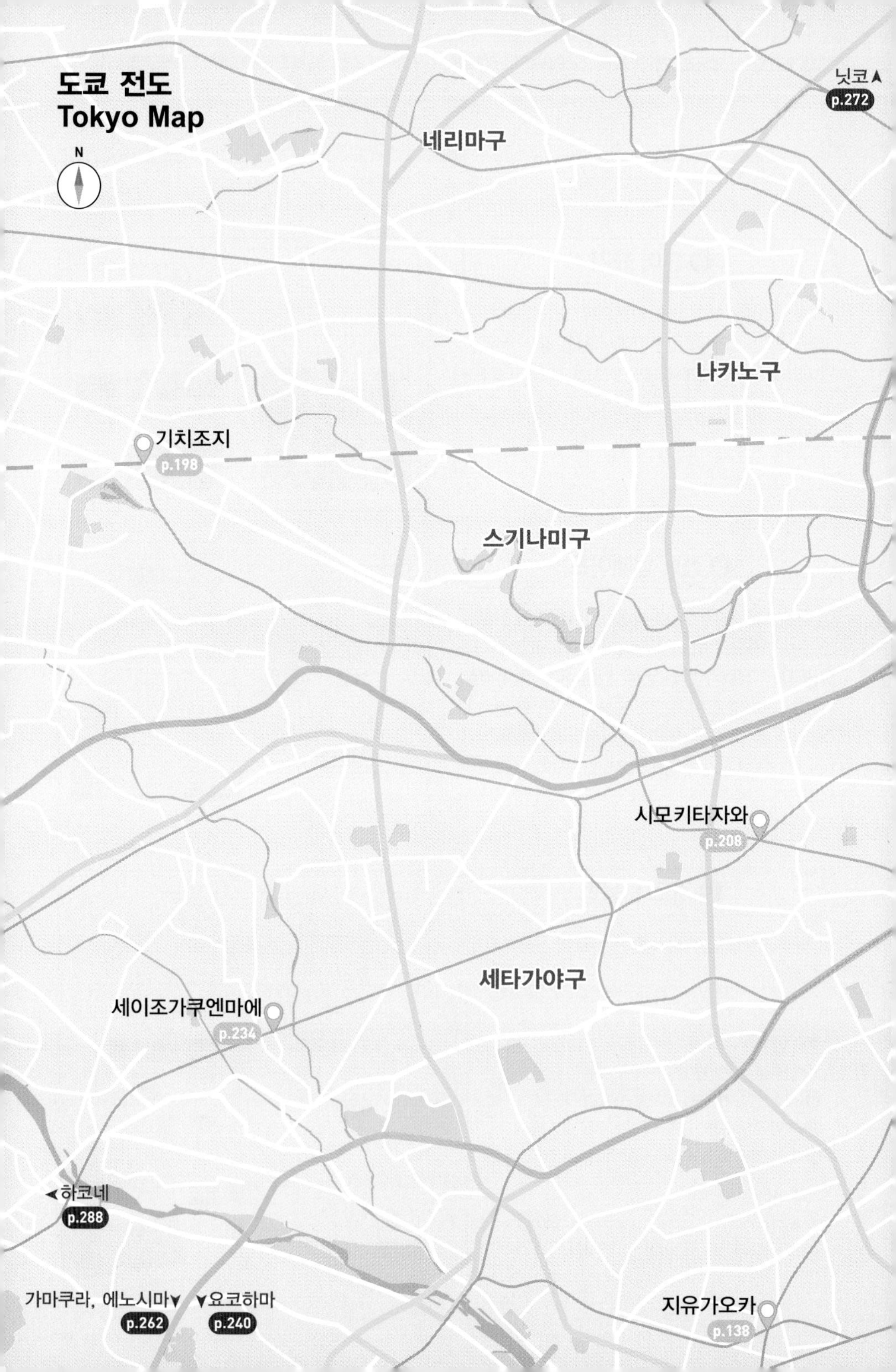

▲가와고에
p.256
도시마구
이케부쿠로
p.80
다이토구
분쿄구
우에노
p.162
아사쿠사
p.172
신주쿠구
신주쿠
p.52
지요다구
마루노우치
p.186
긴자
p.120
하라주쿠
p.92
롯폰기
p.108
시부야
p.66
아자부주반
p.118
미나토구
에비스,
다이칸야마
p.150
구로구
오다이바
p.216
도쿄디즈니리조트 ➤
p.306
도고시긴자
p.230
시나가와구

01

Mission in Tokyo

도쿄에서 꼭 해봐야 할 모든 것

Try Tokyo 01

일정별, 콘셉트별 도쿄여행 모델 코스

Check To Go!

Plan 1. 도쿄 2박 3일 코스
휴가내지 않고 꽉 찬 주말 즐기기

외부에서의 일정이 많은 스케줄이며 도보 이동이 많은 편이다. 숙소는 되도록 전철역에서 가까운 곳에 잡되 합리적인 가격에 깔끔한 시설을 갖추고 있으면 충분하다. 이동이 많은 만큼 복장을 편하게 하고 체력을 안배해 중간중간 스스로 스케줄을 조절해보자.

DAY1 도쿄 도착, 휴식

19:50 김포공항 출발
22:00 하네다 공항 도착
23:00 숙소 도착 및 체크인

DAY2 롯폰기, 아사쿠사

10:00 도쿄 미드타운 둘러보기
12:00 롯폰기 힐즈로 이동
12:30 아후리에서 점심 식사
13:30 롯폰기 힐즈 둘러보기
15:00 아사쿠사로 출발
15:30 가미나리몬, 나카미세도오리, 센소지 둘러보기
18:00 다이코쿠야에서 저녁 식사
20:00 도쿄 스카이트리 구경하기

DAY3 하라주쿠

10:30 하라주쿠역 도착
11:00 다케시타도오리 둘러보기
12:30 헤이로쿠 스시에서 맛있는 점심 식사
14:00 오모테산도, 캣 스트리트 구경하기
16:00 키르훼봉에서 티타임
17:00 공항으로 출발
18:00 하네다 공항 도착
20:05 하네다 공항 출발
22:25 김포공항 도착

*Travel Tip
각기 다른 매력을 지닌 하라주쿠의 스트리트! 자신의 취향에 따라 한 곳을 선택해 둘러보는 것도 좋겠다.

Try Tokyo 02

일정별, 콘셉트별 도쿄여행 모델 코스

Check To Go!

Plan 2. 도쿄 2박 3일 코스 쇼핑과 다이닝에 올인하고 싶은 여행자를 위한

최고의 쇼핑과 다이닝을 즐길 수 있는 도쿄! 하지만 유명한 맛집의 경우 대기 시간이 1시간을 넘어가는 경우도 있으니 이를 감안해 피크타임을 피하는 것도 방법이다. 의외로 신용카드 지불이 불가한 곳도 많은 편이니 현금이나 ATM 카드를 꼭 챙기자.

DAY1 하라주쿠

10:35 인천공항 출발
12:55 나리타 공항 도착
15:30 숙소 도착, 체크인
16:30 다케시타도오리 둘러보기
18:00 규슈 장가라 라멘에서 저녁 식사
20:00 오모테산도, 캣 스트리트, 아오야마 둘러보기

***Travel Tip**
나리타 공항은 도쿄 중심가에서 떨어져 있어 공항에서 도심까지 이동하는 데 시간이 꽤 걸린다. 때문에 나리타 공항을 이용하는 여행자라면 시간을 잘 배분해 일정을 짜야 한다.

DAY2 시부야

10:00 시부야로 이동
11:00 이치란에서 점심 식사
12:00 미야시타 파크 둘러보기
14:00 로프트, 핸즈 둘러보기
16:00 가구라자카 다실에서 휴식
17:00 시부야 스카이에서 사진 찍기
19:00 규카츠 모토무라에서 저녁 식사

DAY3 긴자

10:00 백화점, 돈키호테 본점 등 긴자거리 쇼핑 즐기기
13:00 미도리 스시에서 점심 식사
16:00 공항으로 출발
17:25 나리타 공항 도착
19:25 나리타 공항 출발
22:00 인천공항 도착

Check To Go!

Plan 3. 도쿄 2박 3일 코스
초보티를 벗은 도쿄 여행자를 위한

도쿄가 처음이 아니라면 이미 시내 중심가는 섭렵했을 터! 이제는 조금 색다른 여행을 구상해보자. 외곽으로 눈을 돌려 도쿄 속 또 다른 여행을 즐겨보는 것도 좋고 여행자에게 덜 알려진 시타마치의 조용한 골목길을 산책해보는 것도 좋겠다.

DAY1 지유가오카
10:35 인천공항 출발
12:55 나리타 공항 도착
15:30 숙소 도착, 체크인
16:30 지유가오카 도착 후 거리 구경
18:00 아엔에서 저녁 식사

DAY2 요코하마
11:00 모토마치 · 주카가이역 도착.
차이나타운 둘러보기
12:00 차이나타운에서 맛있는 점심 식사
14:00 에리스만 저택, 야마테 자료관 등
주변 볼거리 둘러보기
16:00 미나토노미에루오카 공원에서 휴식
16:30 요코하마 인형의 집 둘러보기
17:30 야마시타 공원을 따라 아카렌가 창고로 이동
18:30 빌즈에서 맛있는 저녁 식사
19:30 아름다운 아카렌가 창고를 배경으로 사진 찍기
20:00 스카이 가든에서 야경 즐기며 칵테일 한잔하기

DAY3 도고시긴자
10:00 도고시긴자 상점가 구경
13:00 오비히로 부타동 스미비야키 돈탄에서 점심 식사
16:00 공항으로 출발
17:25 나리타 공항 도착
19:25 나리타 공항 출발
22:00 인천공항 도착

*Travel Tip
요코하마는 일본의 대표적인 야경 명소로 손꼽히는 곳이다. 요코하마의 밤이 선사하는 아름다운 야경을 절대로 놓치지 말자.

Check To Go!

Plan 4. 도쿄 3박 4일 코스
가족과 함께 버라이어티하게 즐기는

쇼핑과 다이닝 외에 각기 다른 매력을 가진 신도시와 구시가지, 볼거리 가득한 테마파크와 관광지까지. 도쿄는 가족 단위 여행자들에게도 최고의 여행지로 추천할 만하다.

DAY1 오다이바
10:35 인천공항 출발
12:55 나리타 공항 도착
15:30 숙소 도착, 체크인
16:00 오다이바로 출발
17:00 다이바시티 건담 등 둘러보기
18:30 라멘국기관 마이에서 저녁 식사
19:30 오다이바 야경 보며 산책하기

*Travel Tip
오다이바 해변공원에서 즐기는 야경은 오다이바 관광의 필수 코스! 해변가를 거닐며 오다이바의 야경을 만끽해보자.

DAY2 도쿄디즈니리조트
디즈니랜드 혹은 디즈니시 하루 종일 즐기기

DAY3 우에노, 아사쿠사
10:00 우에노 동물원 구경하기
13:00 아사쿠사 도착
13:30 이마한 본점에서 점심 식사
15:00 가미나리몬, 나카미세도오리, 센소지 둘러보기
17:00 스카이트리로 이동
18:00 토리톤에서 저녁 식사
19:00 스카이트리 구경하기

DAY4 긴자
10:00 백화점, 돈키호테 본점 등 쇼핑 즐기기
13:00 미도리 스시에서 점심 식사
16:00 공항으로 출발
17:25 나리타 공항 도착
19:25 나리타 공항 출발
22:00 인천공항 도착

Check To Go!

Plan5. 도쿄 5박 6일 코스
외곽지역까지 연계한 여유로운

일정이 여유롭다면 다양한 매력을 가진 도쿄 외곽지역을 천천히 돌아보는 코스를 추천한다. 가마쿠라, 닛코 등의 외곽지역은 도심과는 180도 다른 매력으로 색다른 즐거움을 선사한다. 교통비가 비싼 일본인 만큼 외곽으로 이동할 때는 다양한 패스 정보를 꼼꼼하게 살펴 상황에 맞는 패스를 구입하도록 하자.

DAY1 오다이바

- 10:35 인천공항 출발
- 12:55 나리타 공항 도착
- 15:30 숙소 도착, 체크인
- 16:00 오다이바로 출발
- 17:00 후지 TV 구경하기
- 18:00 아쿠아시티 둘러보기
- 19:00 에그스 앤 띵스에서 저녁 식사
- 20:30 오다이바 야경 보며 산책하기

DAY2 도쿄디즈니리조트

디즈니랜드 혹은 디즈니시 하루 종일 즐기기

DAY3 아사쿠사

- 10:00 아사쿠사 도착
- 10:30 가미나리몬, 나카미세도오리, 센소지 둘러보기
- 13:30 아오이마루신에서 점심 식사
- 15:00 갓파바시도구가 구경하기
- 16:00 스카이트리로 이동
- 16:30 스카이트리 쇼핑가 둘러보기
- 18:00 토리톤에서 저녁 식사
- 19:00 스카이트리 구경하기

DAY4 가마쿠라, 에노시마
10:30 가타세에노시마역 도착
10:45 에노시마 도착
11:00 에노시마의 명물 시라스돈으로 점심 식사
12:00 에노시마 둘러보기
14:00 하세역 도착, 하세데라 관광
15:00 고토쿠인 대불상 관람
15:30 티타임
17:00 가마쿠라역 도착, 쓰루가오카 하치만구 둘러보기
18:00 고마치도오리 둘러보기
19:00 저녁 식사 후 귀가

*Travel Tip
가마쿠라를 관광할 땐 핵심 교통수단인 '에노덴'을 이용할 것! 드넓게 펼쳐지는 바다를 바라보며 아름다운 풍경을 즐길 수 있다.

DAY5 닛코
07:50 아사쿠사역에서 닛코행 특급열차 탑승
09:40 닛코역 앞에서 기념사진 촬영
10:30 주젠지호 관광
11:50 닛코산나이행 버스 탑승
12:30 점심 식사
13:30 닛코산나이 관광
(신쿄, 린노지, 도쇼구, 후타라산 신사 등)
17:30 닛코역 커피숍에서 커피 한잔
18:41 아사쿠사행 특급열차 탑승
20:35 아사쿠사 도착

*Travel Tip
'닛코를 보기 전에는 아름다움을 논하지 말라'라는 말이 있을 정도로 볼거리가 풍부한 닛코. 특히 유네스코 세계문화유산으로 지정된 유서 깊은 유적과 대자연의 아름다움은 닛코 관광에서 놓치지 말아야 할 필수 코스다.

DAY6 신주쿠
09:00 가부키초, 돈키호테, 백화점 등
신주쿠 거리 둘러보기
12:00 사라베스에서 점심 식사
16:00 공항으로 출발
17:25 나리타 공항 도착
19:25 나리타 공항 출발
22:00 인천공항 도착

Mission in Tokyo 01

Eat 1. 이것만은 꼭 먹자!

미식의 천국 도쿄를 여행하면서 먹는 즐거움이 빠진다는 것은 상상할 수 없는 일! 전통을 자랑하는 스시나 소바, 우동은 물론이고 원조는 아니지만 오랜 시간 일본화돼서 이제는 대표음식이 된 라멘, 햄버그스테이크, 동네 아무 빵집에 들어가서 사도 맛있을 만큼 수준이 높다는 다양한 스위츠와 편의점의 싸고 맛있는 주전부리까지. 여러 가지 먹거리가 가득한 도쿄에서 빼놓을 수 없는 필수 메뉴를 꼽아보자.

❶ 스시 寿司

'일본음식' 하면 가장 먼저 떠오르는 것이 바로 스시. 아무리 짧은 일정이라도 스시의 본고장에서 한 번쯤은 스시를 꼭 먹어보자. 크게 스시 전문점과 회전초밥 전문점이 있는데 제대로 된 맛있는 스시를 맛보고자 한다면 회전초밥 전문점보다는 스시 전문점을 추천한다.

일반적으로 차와 된장국을 무료로 제공하는 곳이 많으며 회전초밥 전문점의 경우 컨베이어 벨트를 따라 도는 초밥 중 마음에 드는 접시를 골라 먹고 나중에 한꺼번에 계산하면 된다. 보통 색깔에 따라 가격이 달라지며 인기 초밥집의 경우 한국어로 된 메뉴가 있는 곳도 많다. 또 요즘에는 직접 기기에 먹고 싶은 메뉴를 주문할 수 있는 곳도 많아졌다. 다음은 한국인이 선호하는 스시와 관련된 단어를 정리한 것이다.

마구로 マグロ	참치	우나기 うなぎ	장어
주토로 中トロ	참치 뱃살 아랫부분	아나고 穴子	붕장어
오토로 大トロ	참치 뱃살 중 지방이 많은 부분	다이 たい	도미
아카미 あかみ	참치 붉은 살	히라메 ひらめ	광어
사몬 サーモン	연어	엔가와 えんがわ	광어 지느러미
부리 ぶり	방어	스즈키 鱸	농어
하마치 魬	새끼 방어	사바 サバ	고등어
호타테 ホタテ	가리비	시메사바 しめさば	소금과 식초에 절인 고등어
아와비 あわび	전복	산마 サンマ	꽁치
아카가이 赤貝	피조개	아지 アジ	전갱이
에비 海老	새우	우니 うに	성게알
아마에비 甘海老	단새우	이쿠라 イクラ	연어알
구루마에비 クルマエビ	보리새우	이나리 いなり	유부초밥
이카 いか	오징어	다마고 たまご	달걀
다코 たこ	문어	가리 ガリ	절인 생강
가니 かに	게	마키 まき	김말이 초밥

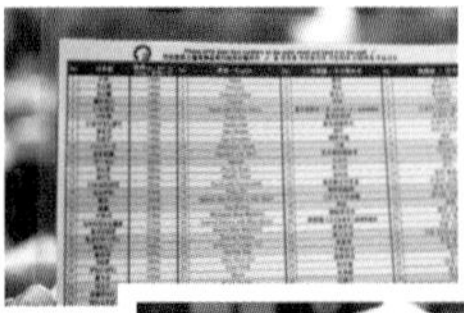

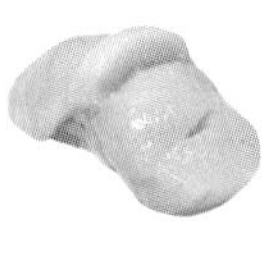

가이바시
관자

다마고
달걀

사몬
연어

아카미
참치 붉은 살

엔가와
광어 지느러미

오토로
참치 뱃살

우나기
장어

구루마에비
보리새우

이카
오징어

아지
전갱이

부리
방어

히라메
광어

다이
도미

시메사바
고등어초절임

우니
성게알

아마에비
단새우

Tip 합리적인 가격에 맛있는 스시를 즐기려면 이곳으로!

● **네무로 하나마루** 根室花まる
홋카이도발 회전초밥 전문점으로 인기가 많다. 회전초밥이지만 신선도와 맛에서 웬만한 스시 전문점 못지않은 높은 퀄리티를 자랑한다. 좀 더 맛있게 즐기려면 회전벨트 위에서 돌고 있는 스시 대신 메뉴판을 보면서 그때그때 주문해 먹는 것도 방법이다.

● **토리톤** トリトン (p.184)
네무로 하나마루와 마찬가지로 홋카이도발 회전초밥 전문점이다. 특히 도쿄 스카이트리에 위치해 있어 관광과 연계해 스시를 즐기기에도 좋다. 단, 인기가 워낙 많기 때문에 식사 시간에는 긴 대기 시간을 각오해야 한다.

● **미도리 스시** 美登利寿司 (p.128)
한국인에게 가장 잘 알려진 곳으로 특히 큼지막한 크기의 생선 초밥 세트가 인기다. 고급스러운 퀄리티는 아니지만 합리적인 가격에 푸짐하고 맛있는 스시를 즐길 수 있다.

❷ 돈카츠 トンカツ

서양 음식인 포크 커틀릿Pork Cutlet이 일본에 정착하며 태어난 음식이 바로 돈카츠. 돈豚은 돼지고기를 뜻하고 카츠는 커틀릿을 일본식으로 발음한 것이다. 카츠는 일본어로 '이긴다'는 의미의 카츠勝つ와 발음이 같아서 일본 수험생들이 시험 전에 자주 먹는 음식이기도 하다.
일본의 돈카츠는 유난히 도톰한 살코기와 바삭하고 고소한 맛으로 사랑을 받고 있는데 돼지 등심을 이용한 로스나 안심을 이용한 히레가 기본적인 메뉴다. 보통 돈카츠를 주문하면 밥과 양배추 샐러드를 무한 제공하는 곳이 많다. 도쿄에서 역사가 오래되고 유명한 가게로는 대표적으로 돈카츠 와코(p.60)와 마이센(p.99)이 있다.

❸ 햄버그스테이크 ハンバーグステーキ

대표적인 일본스타일 양식인 햄버그스테이크는 고기를 잘게 다진 후 뭉쳐서 구운 패티를 스테이크처럼 먹는 것으로 이 메뉴 하나를 간판으로 내세운 레스토랑도 많을 만큼 일본의 인기 메뉴 중 하나다. 우리나라와는 달리 반숙으로 익힌 달걀을 얹어 톡 터뜨려 고기와 함께 먹기도 하며 무를 갈아 고기와 함께 먹기도 한다.

❹ 오므라이스 オムライス

오므라이스는 야채를 비롯한 재료와 밥을 케첩 혹은 데미그라스 소스와 함께 볶아 달걀로 감싸는 요리다. 오므라이스라는 말은 프랑스어의 '오믈렛Omelette'과 영어의 '라이스Rice'가 합성된 것이다. 쌀을 볶는 방법과 계란의 익힘 정도, 함께 볶는 소스에 따라 맛과 질의 차이가 큰 편이다.

⑤ 우동 うどん

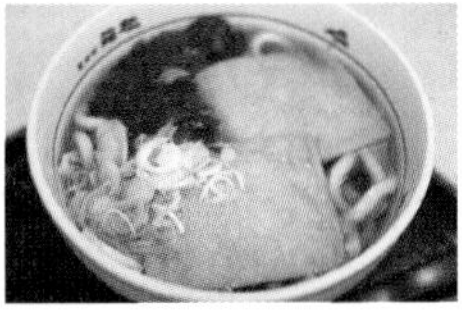

스시와 함께 일본의 대표음식으로 꼽히는 우동 또한 도쿄 여행에서 놓쳐서는 안 될 음식이다.
쫄깃한 면발 하나로 많은 이들의 사랑을 받고 있는 우동은 지역별로 독특한 맛을 즐길 수 있다. 오동통한 면에 육수만을 부어 간단히 즐기는 가장 기본적인 가케우동掛けうどん을 비롯해 달짝지근한 양념이 배어 있는 유부를 넣어 만든 기쓰네우동きつねうどん, 튀김 부스러기를 넣어 고소한 맛을 살린 다누키우동たぬきうどん, 튀김을 얹은 덴푸라우동てんぷらうどん이 있으며 카레우동カレーうどん 등의 신메뉴도 맛볼 수 있다.

⑥ 소바 そば

소바는 메밀면으로 만든 국수요리를 말한다. 우리나라에선 소바면을 간장 소스에 말아 먹다시피 하는데 일본에서는 소스 자체가 굉장히 짜기 때문에 살짝 찍어서 먹는 형태가 더 많다. 소바면에 간장 소스를 찍어 먹는 가장 기본적인 형태가 모리소바もりそば이며 면 위에 자른 김을 얹어 먹는 것을 자루소바ざるそば라고 한다. 갈은 마를 곁들여 먹는 도로로소바とろろそば, 간장 소스인 쓰유つゆ 대신 오리고기를 이용한 국물에 찍어 먹는 가모세이로소바鴨せいろそば 등도 있다.

❼ 돈부리 どんぶり

돈부리는 밥 위에 다양한 종류의 재료를 얹어 먹는 덮밥을 의미한다. 보통 우리나라에서는 재료와 밥을 고루 비벼 먹는 것이 일반적이지만 돈부리는 비비지 않고 재료와 밥을 한 번에 떠서 먹는다. 밥 위에 올라가는 재료에 따라 가격대가 달라지지만 가장 일반적으로 많은 사랑을 받고 있는 것이 소고기를 얹은 규동牛丼. 간편하고 저렴한 데다 마쓰야나 요시노야처럼 체인점의 형태로 쉽게 접할 수 있다. 이 밖에 튀김을 얹어 먹는 덴동天丼, 돈카츠를 얹어 먹는 가츠동カツ丼, 장어를 얹어 먹는 우나기동うなぎ丼, 참치를 얹어 먹는 마구로동まぐろ丼, 해산물을 얹어 먹는 가이센동海鮮丼, 돼지고기를 얹어 먹는 부타동豚丼, 닭고기와 달걀을 얹어 먹는 오야코동親子丼(오야코는 부모와 자식을 의미하며 닭과 달걀을 빗대어 이르는 말이다) 등 다양한 종류의 돈부리가 있다.

❽ 라멘 ラーメン

일본이 라멘의 원조는 아니지만 스시보다 더 대중적으로 사랑받는 일본음식을 꼽으라면 바로 라멘이다. 라멘 또한 지역에 따라 독특한 맛과 조리방식을 가지고 있는데 크게 육수에 따라 쇼유라멘醤油ラーメン, 미소라멘味噌ラーメン, 시오라멘塩ラーメン으로 구분할 수 있다. 쇼유라멘은 간장, 미소라멘은 된장, 시오라멘은 소금을 베이스로 한다. 이 밖에 돼지고기를 푹 고아 육수를 내어 만든 돈코츠라멘豚骨ラーメン, 차가운 면에 재료와 소스를 버무려 먹는 히야시멘冷やしメン, 삶은 면을 차갑게 해서 국물에 찍어 먹는 쓰케멘つけめん 등이 있다. 대부분의 라멘집의 경우 입구에 자판기를 두고 미리 메뉴를 정해 티켓을 구매해 입장하는 형식을 취하고 있다.

Tip 주문 시 유용한 단어

가게에 따라 주문서를 나눠주고 면의 익힘 정도, 파나 차슈 등의 부재료 추가여부 등을 기호에 따라 표기해 주문할 수 있도록 하는데 아래 관련된 용어들을 참고해보자.

차슈 チャーシュー	돼지고기
노리 のり	김
네기 ねぎ	파
모야시 萌やし	숙주
다마고 たまご	달걀

⑨ 오코노미야키 お好み焼き

오코노미야키는 말 그대로 자기가 좋아하는 재료들을 골라 철판에 굽는 것을 의미하며 일본식 부침개라고 생각하면 된다. 우리나라와는 달리 한쪽 면만을 익히는데 양배추와 계란, 밀가루를 반죽해 먼저 철판에 익힌 후 삼겹살, 새우 등 자신이 원하는 재료를 토핑으로 얹고 소스와 마요네즈를 뿌린다. 여기에 가다랑어포를 살짝 얹어 먹는다.

⑩ 몬자야키 もんじゃ焼き

몬자야키는 오코노미야키의 변형된 형태로 도쿄에서 시작된 음식이라 주로 도쿄에서만 맛볼 수 있다. 야채, 고기, 명란젓, 치즈 등의 다양한 재료를 이용한다. 먼저 철판에 기름을 두른 후 재료를 볶는다. 어느 정도 볶아지면 가운데를 비우고 동그랗게 벽을 쌓는다. 마지막으로 반죽을 원 밖으로 넘치지 않게 가운데에 조금씩 부어가며 수분을 없애준 후, 완성이 되면 조그만 스푼으로 노릇하게 눌러 구워 긁어 먹는다. 도쿄의 쓰키시마[月島]가 몬자야키의 원조로 알려졌으며 이 지역에 몬자야키 전문점이 모여 있다.

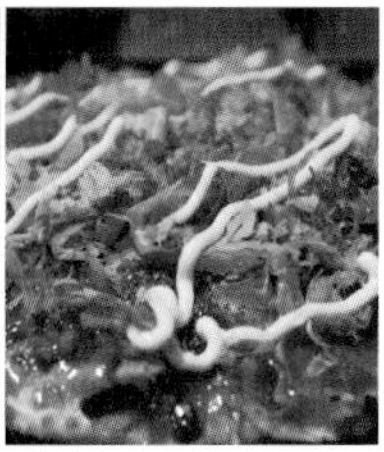

⑪ 스위츠 スイーツ

일본 하면 빼놓을 수 없는 것이 바로 스위츠다. 스위츠는 영어로 Sweets, 즉 달콤한 디저트를 통칭한다. 동네의 흔한 빵집에 들어가 아무거나 골라도 맛이 있다는 말을 할 정도로 도쿄의 베이커리와 스위츠는 수준이 높은 편이다. 또한 세계의 유명한 디저트 체인이 많이 들어와 있어 디저트 마니아들의 파라다이스라고도 할 수 있다.

자체적으로 개발한 편의점 브랜드의 다양한 디저트부터 백화점 식품가와 독립된 상점에서 쉽게 만날 수 있는 세계적인 브랜드의 디저트까지 하루에 한 번으로는 부족한 도쿄의 달콤한 맛에 빠져보자.

Special Chapter

또 하나의 작은 식당

일본의 편의점

고르는 재미에 먹는 재미까지! 일본의 편의점에는 일반적인 완제품 외에도 전문 오뎅점 못지않은 퀄리티를 자랑하는 뜨끈한 즉석 오뎅, 포동포동한 만두 등의 간식거리가 가득하다. 뿐만 아니라 각 편의점을 대표하는 자체 상품들 역시 입소문을 타고 인기가 높을 정도로 수준급이다.

로손 LAWSON

일본의 대표적인 편의점. 특히 로손의 프리미엄 아이템인 로손 우치카페 롤케이크는 고급 베이커리숍의 롤케이크 못지않은 부드러운 맛으로 입소문을 타 인기를 얻었다. 같은 라인의 로손 우치카페 티라미수도 맛있다.

다이칸야마, 지유가오카 등 일부 지역에는 로손의 럭셔리 버전 지점이 있다. 일반적인 편의점에서 볼 수 없는 차별화된 아이템과 에스프레소 머신과 유기농 원두를 이용한 커피를 판매하는 등 고급스러운 분위기를 자랑한다.

로손

패밀리마트 FAMILY MART

자체 베이커리인 고다와리빵공장의 빵들이 맛있다. 즉석식품인 패밀리마트의 치킨도 인기 제품 중 하나.

패밀리마트

선쿠스 SUNKUS

우리나라에는 지점이 없지만 도쿄 곳곳에서 심심치 않게 눈에 띄는 대표적인 편의점 중 하나다. 2007년부터 자체 내에서 생산한 프리미엄 디저트 브랜드 셰리에 돌체Cherie Dolce 시리즈의 디저트 제품이 인기다. 특히 부드러운 맛이 일품인 도로케루 티라미수(녹아내리는 티라미수)와 덴시노푸딩(천사의 푸딩)은 최고의 인기 상품.

선쿠스

세븐일레븐 SEVEN ELEVEN

우리나라에서도 흔히 만날 수 있는 편의점 중 하나지만 우리나라에서는 접할 수 없는 다양한 간식거리를 맛볼 수 있다. 특히 도시락과 오뎅이 인기 만점. 일본 만화책에 자주 등장하는 멜론빵, 야키소바빵 등도 인기 있다. 프리미엄 디저트 Sweets+의 치즈 피낭시에, 마들렌 등의 제품도 맛있다.

세븐일레븐

Special Chapter

평범한 식사를 경험하자

일본 대표 체인 레스토랑

일본에는 특별하거나 고급스럽진 않지만 오랜 시간 동안 서민들에게 사랑받고 있는 친숙한 체인 레스토랑들이 많다. 종류가 다양하고 맛도 좋아 남녀노소를 불문하고 인기가 많으니 여행 중 한 번쯤 들러보자.

마쓰야 松屋, **요시노야** 吉野家, **스키야** すき家

일본의 대표적인 서민음식인 규동을 판매하는 체인점이다. 아침 일찍부터 저녁 늦게까지 영업하는 경우가 많으며 값도 저렴한 데다 카레 등의 다양한 메뉴도 있어 남녀노소에게 인기가 많다.

마쓰야

모스 버거 MOS BURGER, **프레시니스 버거** FRESHNESS BURGER

모스 버거는 일본의 대표적인 햄버거 브랜드로 현재 우리나라에도 점포가 들어와 있다. 재료별로 가장 신선하고 맛있는 온도인 야채 4도, 소스 80도, 빵 85도를 철저히 지키며 주문 즉시 맨손으로 만들어주는 것으로 유명해졌다.
프레시니스 버거는 1992년 일본에서 시작된 브랜드로 유기농 커피와 즉석에서 직접 만들어주는 주스, 미국식 정통 햄버거를 내세워 젊은 층에게 인기가 많다.

요시노야

퍼스트 키친 FIRST KITCHEN, **수프 스톡** SOUP STOCK

퍼스트 키친은 1977년 산토리 그룹에서 론칭한 패스트푸드 전문점으로 다양한 버거와 피자, 파스타 등을 갖춰 특히 젊은 층에게 인기가 많다.
수프 스톡은 50여 종의 다양한 메뉴를 갖춘 수프 전문점으로 화학조미료를 전혀 사용하지 않고 재료 본연의 맛을 살린 깔끔한 맛으로 특히 여성들에게 인기가 많은 체인점이다.

스키야

모스 버거

프레시니스 버거

수프 스톡

퍼스트 키친

Special Chapter

커피 한잔도 특별하게 맛보자

일본 대표 커피숍

빡빡한 일정의 여행을 하다 보면 휴식이 필요하기 마련이다. 커피 한잔을 마시더라도 이왕이면 일본 현지에서 만날 수 있는 독특한 커피숍을 방문해 보자. 각 브랜드의 커피숍에는 대표로 내세우는 아이템도 있으니 커피와 곁들여 간단한 식사를 즐겨도 좋겠다.

산마르크 카페 サンマルクカフェ

달콤하고 바삭한 빵들이 유명한 곳이다. 특히 이곳의 초코 크루아상은 일부러 찾아가도 좋을 만큼 맛있다. 에비마요 크로버거, 아몬드 슈거파이도 인기 품목 중 하나다.

산마르크 카페

엑셀시오르 카페 EXCELSIOR CAFFE

대표적인 커피 전문점 브랜드 도토루에서 1999년 론칭했으며, 에스프레소 카페를 표방한 도토루의 상위 브랜드다. 특히 진한 맛의 라테류가 인기가 많다.

엑셀시오르 카페

고메다 커피 コメダ珈琲

현지인들에게 많은 사랑을 받고 있는 고메다 커피는 나고야에서 처음 생겼으며 도쿄 곳곳에서도 만나볼 수 있다. 시그니처 메뉴인 시로노와르[シロノワール]를 비롯해 주석잔에 차갑게 담아 나오는 아이스 커피도 추천할 만하다. 특히 아침 11시 이전에 음료를 주문하면 삶은 달걀과 토스트를 무료로 제공해 아침 식사로도 부족함이 없다.

고메다 커피

카페 벨로체 CAFFE VELOCE

기본 커피가 280엔으로 부담 없이 이용할 수 있는 곳이다. 이탈리아어로 '빠른'이라는 뜻의 '벨로체'는 1986년 요요기의 셀프서비스 커피점에서 시작되었다.

카페 벨로체

도토루 DOUTOR

우리나라에도 잘 알려진 친숙한 커피 전문점으로 도쿄 어딜 가나 쉽게 눈에 띌 정도로 많은 점포를 가지고 있다.

도토루

Special Chapter

특별하게 하루를 시작하는 법

브런치 즐기기

스시, 라멘 등 일본의 대표음식을 모두 섭렵했다면 하루쯤은 여유를 부리며 브런치를 즐겨보자. 보통 브런치 카페의 경우 11시에 시작하는 경우가 많은데 인기가 많은 곳은 오픈 전에 도착해 대기할 것을 권한다.

사라베스 サラベス

우리나라에도 진출한 브런치 카페로 프렌치 토스트와 에그 베네딕트가 가장 유명하다. 뉴욕에서 시작된 사라베스는 도쿄에만 3곳의 지점을 운영하고 있다.

사라베스

에그스 앤 띵스 EGGS'N THINGS

하와이에서 온 밝은 분위기의 팬케이크 전문점으로 일본 전역에 많은 매장이 있다. 팬케이크뿐 아니라 계절 한정 메뉴 등 시즌에 따라 다양한 메뉴를 선보인다. 하라주쿠에도 매장이 있지만, 기왕이면 도쿄만을 내다보는 전망이 멋진 오다이바 지점을 추천한다.

에그스 앤 띵스

라 칸틴 센터 더 베이커리 LA CANTINE CENTRE THE BAKERY

조금은 특별하고 담백한 브런치를 즐길 수 있는 곳이다. 제대로 만들어진 식빵과 양질의 버터를 맛볼 수 있으며 토스트기에 직접 구워 먹을 수 있다. 식빵만 사려는 사람들도 줄을 서야 할 정도로 인기가 많은 곳.

라 칸틴 센터 더 베이커리

시아와세노 팬케이크 幸せのパンケーキ

폭신폭신한 수플레 팬케이크로 유명한 팬케이크 전문점으로, 훌륭한 비주얼에 걸맞은 부드럽고 달콤한 맛으로 여심을 사로잡고 있다. 저렴하지 않은 가격임에도 줄을 늘어설 정도로 인기가 많다. 테이블 간격도 넓고 브런치를 즐기기에 좋은 환경을 갖추고 있다.

시아와세노 팬케이크

Mission in Tokyo 01

Eat 2. 장인의 손길을 음식에 담았다! 백년 맛집

도쿄에서는 오랜 세월 동안 한자리를 지키며 장인정신을 이어가고 있는 식당들을 어렵지 않게 만날 수 있다. 오랜 역사를 자랑하는 식당에서 음식을 먹으면서 역사 속으로 시간여행을 하는 기분을 느껴보자.

❶ 덴쿠니 天国

1885년 창업이라는 어마어마한 역사를 자랑하는 튀김덮밥, 덴동 전문점이다. 처음엔 작은 포장마차에서 시작했던 것이 덴동 하나로 지금의 모습을 갖추었다. 덴쿠니의 튀김은 바삭하지 않고 부드러운 편. p.128 참고.

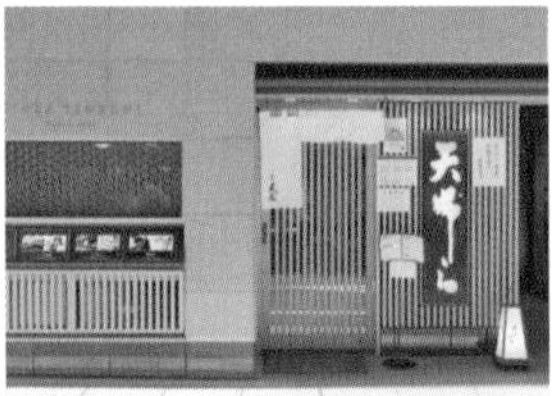

❷ 이마한 본점 今半本店

5대째 가업을 이어가고 있는 스키야키 전문점이다. 청일전쟁 때 일본군에게 고기 통조림을 제조해 납품하기 시작한 것이 시초가 된 곳으로 가격이 부담스럽다면 비교적 합리적인 가격에 스키야키를 즐길 수 있는 점심시간에 방문해 보자. p.180 참고.

❸ 간다 야부소바 神田やぶそば

도쿄 메트로 마루노우치선 아와지초역 A3 출구로 나와 리소나 은행에서 좌회전한 후 첫 번째 골목에서 다시 우회전하면 나온다. 언제나 손님들로 북적거리는 이곳은 130년 전통의 소바 명문으로 기본 메뉴인 세이로 소바가 인기 메뉴. 우리나라 소바의 쫄깃한 면발과는 다소 차이가 있다(03-3251-0287).

❹ 요시미야 好美家

도쿄 메트로 유라쿠초선 쓰키시마역 8번 출구로 나와 직진 후 우회전해서 조금만 걸으면 좌측에 몬자골목이 나온다. 블록마다 숫자가 지정돼 있는데 요시미야는 4번가 끝 좌측에 자리한다. 이곳은 1954년, 아이들의 군것질거리로만 여겨지던 몬자를 어른들도 먹을 수 있도록 변형시켜 오픈한 최초의 몬자야키 집이라고 한다(03-3531-7061).

Mission in Tokyo 02

Shopping 1. 없는 것 빼고 다 있다! 돈키호테 탈탈 털기!

식음료부터 각종 잡화와 의류까지 없는 것 빼고 다 있다는 일본의 대표적인 저가잡화점 돈키호테! 좁고 구불구불한 공간을 따라 수없이 많은 아이템들이 여기저기 쌓여 있다. 잘만 건지면 대박인 패션 소품부터 시중보다 저렴하게 구입할 수 있는 식음료까지. 여행자들의 마무리 쇼핑 스폿으로 부족함이 없는 곳이라 하겠다.

홈피 www.donki.com

❶ 식음료

다양한 종류의 초콜릿

다양한 음료

에비스 캔맥주

아사히 캔맥주

상큼하고 달콤한
호로요이

맥주 안주로 제격인
우마이 이카텐

손이 가요 손이 가~
미니 이카고로모

허니버터칩의 원조
시아와세버터

멈출 수 없는 중독!
겐사키 이카후라이

간편하게 조리하는
레토르트 카레

다양한 종류의 차

치즈맛 킷캣

와사비맛 킷캣

말차맛 포키 초콜릿 스틱

어디서든 간편하게
컵라면

다이어트에 딱!
칼로리미트

인기 만점 과자
자가리코

코끝이 찡!
오로시 와사비

간편하게 즐기는
소바

❷ 아이템

강력추천 거품 세안
시세이도 퍼펙트휩

건조한 당신에게 추천
아르간 퓨어 오일

마사지와 세안을 한번에!
두유 이소플라본 클렌징크림

인형 속눈썹을 만들어주는
키스미 마스카라

하루의 피로를 말끔하게!
휴족시간

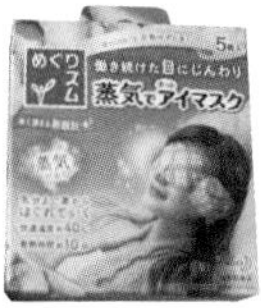

눈의 피로회복에 좋은 눈 찜질 패드
메구리즘

비타민이 함유된
샤론파스

동전 파스
로이히쓰보코

아이들 선물로 인기 만점
가루쿡

벌레 물려 가려운 곳에 효과 만점
무히패치

집에서 즐기는 온천욕
바스로망 입욕제

머리카락으로 꽉 막힌 곳 한번에 해결!
아쓰메테포이

촉촉한 립을 위한 겨울철 필수 아이템
DHC 립밤

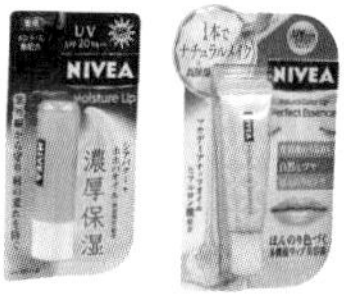

보습과 자외선 차단을 한번에!
니베아 립밤

건조한 입술을 촉촉하게!
멘소래담 립밤

땀을 닦으면 피부가 보송보송
비오레 사라사라 시트

글로시한 립을 위한 꿀 아이템
츄시 입술팩

매너를 만드는
구취 제거제

눈가를 환하게 해주는
아이패치

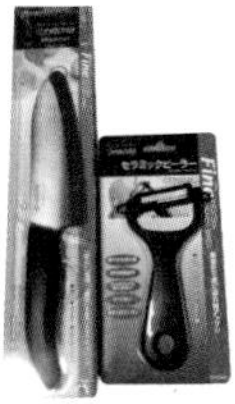

일본 여행 기념품
세라믹 칼

Mission in Tokyo 02

Shopping 2. 드러그스토어 탐방하기!

일본의 드러그스토어는 우리나라의 약국과는 달리 각종 약품뿐 아니라 화장품과 미용용품 등도 함께 판매한다. 그런 덕에 돈키호테와 함께 한국인 여행자들이 꼭 한 번은 방문하는 곳이다.

❶ 마쓰모토 기요시 マツモトキヨシ

도쿄 여행을 준비하고 있다면 방문 리스트에 빠지지 않는 곳이 바로 마쓰모토 기요시다. 일본의 대표적인 드러그스토어로 번화가 곳곳에서 노란 간판의 마쓰모토 기요시를 어렵지 않게 만날 수 있다. 상품의 종류도 다양한 편이고 접근성도 편리하지만 아이템에 따라 다른 곳보다 가격이 높은 곳이 있으니 잘 따져서 구매하자. 드러그스토어가 가장 밀집돼 있는 곳은 신주쿠. 수십여 개의 드러그스토어가 모여 있어 편리하다.

홈피 www.matsukiyo.co.jp

❷ 다이코쿠 드러그 ダイコクドラッグ

도쿄보다는 오사카 지역에서 더욱 쉽게 찾을 수 있고 인기도 많은 드러그스토어다. 신주쿠, 시모키타자와 등에서 만나볼 수 있다. 지점에 따라 다르나 카드 결제가 되지 않는 지점도 있으니 주의하자.

홈피 www.daikokudrug.com

❸ 선 드러그 サンドラッグ

선 드러그 역시 홋카이도 지역이 주 무대인 드러그스토어 브랜드지만 신주쿠, 시부야, 기치조지, 도고시긴자 등지에서도 만나볼 수 있다. 상품의 종류가 여타 드러그스토어보다 다양한 편은 아니지만 할인율이 높은 아이템들이 많아 가격적으로 유리한 편이다.

홈피 www.sundrug.co.jp

Mission in Tokyo 02

Shopping 3. 똑똑한 쇼퍼라면 눈여겨봐야 할 브랜드

❶ 유니클로 UNIQLO

한국에서도 쉽게 만나볼 수 있는 유니클로는 실용적인 아이템이 많고 가격이 합리적인 편이라 인기가 많다. 세일을 하지 않는다면 우리나라 유니클로와 가격대가 비슷하지만 상품의 종류가 다양하고 일부 품목의 경우 가격적으로 상당히 유리한 아이템도 찾아볼 수 있다. 특히 청바지 제품이나 디자이너 라인의 UT 티셔츠는 우리나라보다 가격이 착한 편이니 눈여겨보자(환율에 따라 다를 수 있으니 꼼꼼히 따질 것).

홈피 www.uniqlo.com/jp

❷ 갭 GAP

하라주쿠에 첫 매장을 오픈한 이래 많은 사랑을 받고 있는 미국의 캐주얼 브랜드로 세일을 하지 않아도 우리나라보다 가격적으로 유리하다. 그러니 만약 세일 기간에 도쿄를 방문했다면 필수적으로 들러보자.

홈피 gap.co.jp

❸ 이세이 미야케 ISSEY MIYAKE

이세이 미야케라는 이름은 기억을 못 해도 바오바오백이라는 이름은 패션에 관심 있는 여행자라면 한 번쯤 들어봤을 것이다. 바오바오백은 이세이 미야케의 대표적인 인기 라인으로 타일을 붙여 놓은 듯한 독특함과 가볍고 실용적인 디자인으로 젊은 여성들에게 인기가 많다.

옷 전체에 주름이 잡혀 있어 가볍고 툭 떨어지는 시크한 스타일의 플리츠 플리즈 또한 중년 여성들 사이에서 인기 있는 라인 중 하나다. 대표적인 매장은 아오야마도오리에 몰려 있으며 도쿄역 근처의 킷테, 신주쿠 다카시마야 백화점, 이세탄 백화점, 긴자 마쓰야 등지에서 만나볼 수 있다.

홈피 www.isseymiyake.com

❹ 비비안 웨스트우드 VIVIENNE WESTWOOD, 안나 수이 ANNA SUI

패션과 화장품 라인으로 우리나라에 잘 알려진 브랜드지만 도쿄에서 가장 눈여겨봐야 할 이 두 브랜드의 아이템은 스타킹과 손수건! 브랜드의 가치를 생각하면 놀라울 정도로 저렴한 가격에 득템할 수 있다. 가격이 만만하고 상품 퀄리티도 좋아 선물용으로도 추천할 만하다.

❺ 무인양품 無印良品

우리나라에서도 많은 사랑을 받는 실속형 생활잡화 전문 브랜드로 일본에서는 무지라고 불린다. 심플하면서 고급스러운 디자인과 질 좋고 합리적인 가격으로 인기가 많다. 세일 기간에는 50%까지 할인율이 떨어지기도 하며, 세일 기간이 아니더라도 우리나라와 비교해 가격적인 메리트가 있는 편. 특히 침구류, 쿠션 등 생활용품을 눈여겨보자. 가장 규모가 큰 매장은 유라쿠초역 근처의 플래그십 스토어다. p.136 참고.

홈피 www.muji.com/jp

Mission in Tokyo 03

Stay 1. 가치 있는 선택, 고급 체인 호텔

호텔비가 비싸기로 둘째가라면 서러울 정도의 도쿄, 그중에서도 최고로 꼽히는 5성급 호텔이지만 스스로를 위해 하루 이틀 정도 가치 있는 사치를 부려보는 것은 어떨까? 럭셔리하고 고급스러운 객실과 세계적으로 인정받는 셰프들의 음식을 경험할 수 있는 레스토랑이 있는 곳에서 수준 높은 음식과 서비스로 기분 좋게 아침을 시작하고, 착실하게 갖춰진 부대시설을 이용하면서 호텔 라이프를 경험해 보는 것도 또 하나의 큰 즐거움이 될 수 있다. 대표적으로 샹그릴라Shangri-La, 콘래드Conrad, 만다린 오리엔탈Mandarin Oriental, 아만Aman, 파크 하얏트Park Hyatt, 호텔 캐피톨Hotel Capitol, 안다즈Andaz, 리츠칼튼Ritz Carlton 등을 꼽을 수 있다.

고급 호텔, 이것만은 알고 가자!

❶ 체크인 시 디포짓용 신용카드를 준비하자

디포짓은 호텔 투숙 기간 중 미니 바 혹은 레스토랑 등 부대시설을 이용하는 것을 대비해 받아두는 보증금이라고 생각하면 된다. 고급 호텔의 경우 체크인 시 디포짓용으로 신용카드를 요구하기도 한다. 카드번호를 기록하거나 실제로 승인을 받은 후 추후 취소 처리되는 경우가 대부분으로 실제 돈이 빠져나가는 것은 아니다.

❷ 외출 시 호텔 카드를 챙기자

도쿄의 택시 기사들은 영어를 못 하는 경우가 많다. 그러니 외출 후 돌아올 때를 대비해 체크인 시 미리 호텔의 전화번호와 일본어 주소, 약도 등이 그려져 있는 호텔 카드를 챙겨두면 편리하다.

❸ 컨시어지를 적극 이용해 보자

컨시어지는 보통 로비에 자리하고 있는데 지도를 요청하거나 목적지까지 어떻게 가는지 물어보는 것은 물론 언어 문제로 난감했던 현지 레스토랑 예약 또한 대신 부탁할 수 있다.

❹ 귀중품과 돈은 반드시 세이프티 박스에 보관하자

고급 호텔에 묵는 경우, 특히 도쿄의 호텔에서 도난 사고가 일어날 확률은 극히 드물지만 귀중품과 여권 등은 반드시 세이프티 박스에 보관하는 습관을 들이자.

Mission in Tokyo 03

Stay 2. 합리적인 선택, 비즈니스 중급 호텔

고급호텔은 아니더라도 게스트하우스보다는 호텔을 선호한다면 비즈니스 중급 호텔들을 주목하자. 콤팩트하고 편리함에서는 그 어느 호텔에 뒤지지 않는다. 보통 싱글룸, 세미더블룸, 더블룸, 트윈룸 등으로 구분되는데 워낙 객실 사이즈가 작아 체격이 큰 사람이라면 더블룸도 작게 느껴질 수 있다. 화장실과 욕실이 합체된 경우가 많지만 동선을 고려한 똑똑한 배치가 감탄을 자아낼 정도. 호텔마다 다르지만 섬유탈취제, 간단한 화장품, 세면용품 등이 고루 제공되기도 하며 호텔 복도에 다양한 자판기가 있는 경우도 있어 편리하다.

신주쿠 프린스 호텔

SHINJUKU PRINCE HOTEL

가격대는 다른 비즈니스 호텔에 비해 다소 비싼 편이지만 깔끔한 시설과 무엇보다 세이부신주쿠역사와 연결돼 있어 위치적으로 뛰어나다.

주소 東京都新宿区歌舞伎町 1–30–1
전화 03–3205–1111
홈피 www.princehotels.co.jp

스마일 호텔 아사가야

スマイルホテル東京阿佐ヶ谷

깨끗한 시설과 편리한 서비스로 인기 많은 스마일 호텔 브랜드의 아사가야점. 북적이는 상가와 인접해 있고 역에서 멀지 않아 추천할 만하다.

주소 東京都杉並区阿佐谷南 3–37–11
전화 03–3220–8755
홈피 smile–hotels.com

센트리온 호텔 우에노

センチュリオンホテル上野

친절한 직원들이 맞아주는 3성급 호텔로 방은 다소 작지만, 역은 물론 우에노 공원과 가까운 최적의 위치를 자랑한다.

주소 東京都台東区上野2–3–4
전화 03–3836–5111
홈피 www.centurion–hotel.com/ueno

스마일 호텔 니혼바시 미쓰코시마에

スマイルホテル日本橋三越前

숙박비가 비싸기로 유명한 도쿄에서 더욱 빛을 발하는 스마일 호텔. 여러 지역에 체인을 두고 있다. 특히 스마일 호텔 니혼바시 미쓰코시마에는 주요 관광지로 도보 이동이 가능하며 JR, 도쿄 메트로 등 여러 노선을 손쉽게 이용할 수 있어 위치적인 이점이 있다. 객실은 좁지만 없는 것 없이 다 갖춰져 있으며 기본 어메니티는 엘리베이터 앞에서 상시적으로 필요한 만큼 가져갈 수 있도록 비치해 두었다.

위치 미쓰코시마에역에서 도보 약 4분.
주소 東京都中央区日本橋本町1–4–14
요금 싱글룸 USD80~
전화 03–3231–1070
홈피 smile–hotels.com

Mission in Tokyo 03

Stay 3. 실속 있는 선택, 에어비앤비

여행자들 사이에서 꾸준히 인기를 끌고 있는 숙박 형태다. 원래 에어비앤비는 집의 남는 방을 여행객에게 약간의 경비를 받고 제공하는 공유 경제의 개념으로 출발했다. 그러나 최근에는 이런 목적으로 운영하는 곳은 거의 없고 숙박의 다른 형태라고 보는 것이 더 적절하다. 스튜디오 타입의 방도 있지만, 투룸이나 스리룸 등 기존의 주택이었던 곳이 많아 일본인의 생활을 좀 더 가까이에서 들여다볼 수 있다. 그러나 전문 숙박업소가 아니다 보니 단점이나 위험 요소도 많다. 그렇다면 에어비앤비를 어떻게 이용해야 할까?

홈피 www.airbnb.co.kr

❶ 이용 시 주의사항

1. 주인에 대한 평을 확인하자

에어비앤비 사이트에는 수없이 많은 숙소들이 있으며 그곳을 이용한 손님들의 평가도 확인할 수 있다. 평이 안 좋거나 거의 없는 곳은 가급적 피하는 것이 좋다. 또한 혼자 여행을 간 경우라면 에어비앤비보다는 호텔 숙박을 추천한다.

2. 반드시 위치를 확인하자

도쿄 중심지에서 얼마나 떨어져 있는지도 중요하지만 정차하는 역에서의 도보 거리가 얼마인지도 반드시 체크해 불필요한 체력 · 시간 소모를 줄이는 것이 좋다.

3. 퇴실 전에 청소를 깨끗이 하자

비용을 지불하고 이용하는 숙소라 하더라도 에티켓은 필수! 물건을 함부로 사용하거나 지저분하게 이용하는 것은 삼가자.

❷ 특징

1. 장기 투숙 시 유리하다

에어비앤비 숙소는 장기간 묵을수록 할인해 주는 경우가 많다. 뿐만 아니라 대부분 청소 가격이 따로 추가되는데, 하루를 묵든 10일을 묵든 가격이 동일하다. 따라서 에어비앤비는 단기보다는 장기로 묵을 때 가격 면에서 좀 더 유리하다.

2. 인원이 많을 때, 가족여행에 유리하다

일본 호텔은 1인당 요금으로 금액을 받는 경우가 대부분이다. 인원이 두 배가 늘어나면 금액도 그만큼 늘어나는 셈인데, 에어비앤비의 경우는 인원이 두 배가 늘어나더라도 금액은 1인 혹은 2인 금액에서 약간 추가되는 정도인 경우가 많다. 따라서 여러 명이 숙박하는 경우 상당히 저렴한 가격에 이용할 수 있다. 또한 가족이나 친구 등 여러 명이 같이 여행을 간 경우 거실 등 공유할 수 있는 공간이 있어 좋다.

3. 현지 문화를 접하고자 할 때 좋다

에어비앤비의 최대 장점은 현지인의 생활을 보다 가까이에서 접할 수 있다는 것이다. 주인과 함께 숙박하는 경우 집 전체를 혼자 쓰는 것보다는 다소 불편하겠지만 현지인의 생활을 들여다보며 새로운 경험을 할 수 있다는 점에서 추천할 만하다.

4. 세탁기, 주방시설을 이용할 수 있다

대부분의 에어비앤비 숙소는 세탁기와 주방시설을 구비하고 있다. 일주일 이상의 장기여행에서 빨래는 골칫거리이기 때문에 세탁기를 이용할 수 있다는 것은 에어비앤비의 큰 장점이라 할 수 있다.

❸ 단점

1. 관광지와 숙소 간의 거리가 멀다

에어비앤비는 호텔이 아니기 때문에 보통 주택가에 있는 경우가 대부분이다. 때문에 관광지와 거리가 먼 경우가 많아 이동하는 데 다소 불편할 수 있다.

2. 시설이나 청결, 서비스 등에 문제가 있을 수 있다

에어비앤비는 숙소의 상태가 천차만별이고, 청결이나 시설 등에 문제가 있는 경우도 있다. 보통 입실할 때만 청소가 되어 있고 머무는 동안에는 스스로 청소를 해야 하는 경우가 대부분이며, 불편사항이 바로바로 해결되지 않는 경우도 많다.

3. 짐을 맡길 곳이 없다

숙소의 체크인 시간보다 이른 아침에 도착했거나 귀국 시 비행편이 늦은 시간인 경우 짐을 맡길 장소를 따로 찾아야 한다. 호텔의 경우 귀국하는 날 체크아웃 후에도 로비에 짐을 맡길 수 있다. 그러나 에어비앤비는 다음 게스트의 예약이 되어 있는 경우가 대부분이기 때문에 짐을 맡길 수 없다.

02

Enjoy Tokyo

도쿄를 즐기는 가장 완벽한 방법

도쿄 여행 1번지

01 신주쿠 新宿, Shinjuku

신주쿠는 야마노테선은 물론 7개의 지하철이 통과하는 도쿄의 가장 중요한 교통 요지일 뿐만 아니라 다양한 숙박 시설과 백화점, 쇼핑센터, 맛집 등이 몰려 있는 도쿄 쇼핑과 관광의 핵심지다. 도쿄를 방문하는 여행자의 일정에서 빼놓을 수 없는 곳으로서 이곳에 숙소가 있든, 유명한 라멘집을 찾아오든, 아니면 쇼핑을 위해 방문하든 적어도 한 번쯤은 신주쿠를 거치게 되어 있다.

신주쿠는 하루 이용객 수만 350만 명이라는 신주쿠역을 중심으로 세 구역으로 나눌 수 있다. 니시신주쿠(서쪽) 지역은 도쿄도청을 비롯한 고층 빌딩이 즐비한 오피스 거리고, 히가시신주쿠(동쪽) 지역은 가부키초와 백화점 등의 상업시설이 줄지어 있는 신주쿠 최대의 번화가다. 신주쿠역 남쪽 출구 쪽은 다카시마야 타임스스퀘어를 비롯해 스포츠숍 빅토리아, 엘브레스나 어패럴숍 등이 들어서 쇼핑을 위해 즐겨 찾는 장소가 되었다.

*

위치

JR 야마노테선山手線 **신주쿠역**新宿駅 **하차**

JR 주오선中央線 **신주쿠역**新宿駅 **하차**

도쿄 메트로 마루노우치선丸ノ内線 **신주쿠역**新宿駅 **하차**

도에이 신주쿠선新宿線 **신주쿠역**新宿駅 **하차**

도에이 오에도선大江戸線 **신주쿠역**新宿駅 **하차**

LUMINE 1
LABI
global
THEグローバル社

신주쿠
Shinjuku
N
니시신주쿠역
西新宿駅
니시테츠 인
경찰서
힐튼 도쿄
아이랜드 타워빌딩
노무라 빌딩
도쿄-메트로 마루노우치선
도고 세이지미술관
東郷青児美術館
손해보험 재팬 빌딩
오다큐 다이이치 생명빌딩
미쓰이 빌딩
엘타워 빌딩
파크타워행 무료셔틀버스
하얏트 리젠시 도쿄
스미토모 빌딩
센터 빌딩
도쿄 모드학원 코쿤타워
東京モード学園
コクーンタワー
도초마에역
都庁前駅
주오도오리 中央通り
고가쿠인 대학
신주쿠 중앙공원
新宿
中央公園
도쿄도청
東京都庁
(제1청사)
게이오 플라자 호텔
고엔도오리 公園通り
도초도오리 都庁通り
모노리스 빌딩
도쿄도청
東京都庁
(제2청사)
NS 빌딩
KDDI 빌딩
워싱턴 호텔
게이오선
신주쿠 파크타워
新宿パークタワー
오존
콘란
파크 하얏트 도쿄
마인즈 타워
도에이 오에도선
시부야역(약 5km)
모스 버거
JR 야마노테선
신주쿠니시구치역
新宿西武駅
오모이데요코초
思い出横丁
라풋포 팜
세이부신주쿠역
西武新宿駅
신주쿠 프린스 호텔
가부키초
돈카츠 니이무라
돈키호테
주오선
신주쿠도오리
스튜디오 알타
구찌
야스쿠니도오리 靖国通り
하나조노 신사
花園神社
메이지도오리 明治通り
서쪽 출구
오다큐 백화점
빅 카메라
동쪽 출구
ABC마트
기노쿠니야 서점
디즈니 플래그십 도쿄
이세탄 맨즈관
나카무라야 만나
이세탄 백화점
빅 카메라
덴푸라 후나바시야
나베조
쓰나하치
JR 신주쿠역
新宿駅
신주쿠산초메역
新宿三丁目駅
게이오 백화점
루미네 2
사라베스
플래그
규카츠 모토무라
돈카츠 와코
루미네 1
미로도
남쪽 출구
남동쪽 출구
도에이 신주쿠선
마루이 아넥스
빅토리아
엘브레스
뉴우먼
블루 보틀
툴리스 커피
라비
요시노야
서던 테라스
마브레 비건
(250m)
신주쿠역
新宿駅
오다큐 호텔 센추리 서던타워
핸즈
신주쿠교엔
新宿御苑

“one day course”

추천 하루 일정

지역 자체가 넓기 때문에 동선을 잘 짜서 이동해야 효율적으로 둘러볼 수 있다. 우선 꼭 가볼 곳을 정한 후 그에 맞추어 노선을 짜도록 하자.

출발!

→

09:30

도쿄 모드학원 코쿤타워

시선을 사로잡는 하얀색의 멋진 건물을 구경하며 아침을 시작!

→

10:00

도쿄도청

45층 전망대에 올라가서 도쿄 전체를 내려다보며 여유를 즐겨보자

→

11:00

신주쿠 파크타워

3~7층에는 리빙 디자인 센터 오존, 3~4층에는 인테리어숍 콘란이 있어 구경할 거리가 많다

↓

12:00

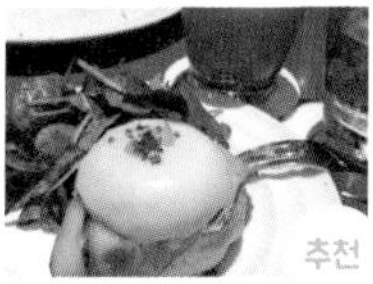

브런치(사라베스)

커피와 프렌치 토스트를 먹으며 뉴요커가 된 기분을 만끽해 보자

←

13:30

다카시마야 타임스스퀘어

말이 필요 없다. 이곳은 구경하는 것만으로도 즐거우니까!

←

15:30

기노쿠니야 서점

잡지 코너에서 일본의 최신 유행을 파악해 보는 것도 또 하나의 즐거움!

←

17:30

이세탄 백화점

구경하는 것만으로도 즐거운 곳!

↓

19:00

저녁 식사 (나카무라야 만나)

100년이 넘는 오랜 역사를 자랑하는 곳에서 전통의 카레 맛을 느껴보자

→

20:00

오모이데요코초

술 한잔 마시며 도쿄 서민의 분위기를 만끽해 보자

→

도착

Sightseeing

1

도쿄도청 東京都庁

세계적으로 유명한 건축가인 단게 겐조가 설계한 것으로 1991년에 완공됐다. 니시신주쿠 빌딩 숲에서 제일 높은 243m의 이 빌딩은 제1본청사, 제2본청사, 도의회 의사당으로 구성되어 있다. 이 중 관광객에게 유명한 것이 제1본청사의 45층 전망대다. 45층 전망대는 무료로 운영되는데, 지상 202m 높이에서 도쿄 전체를 내려다볼 수 있다. 날씨가 맑은 날에는 후지산도 볼 수 있으며, 멋진 야경을 감상할 수 있는 장소로도 인기가 있다.

전망대는 1층에서 전망대 전용 엘리베이터를 타고 올라갈 수 있다. 남쪽 전망실과 북쪽 전망실 2개가 있는데, 각각의 전망대는 서로 연결되어 있지 않기 때문에 다른 전망대를 가려면 다시 1층으로 내려가 엘리베이터를 타야 한다. 또한 두 전망대의 휴무일이 같지 않기 때문에 사전에 휴무일을 잘 체크해야 한다. 도쿄도청 전망대에 대한 정보 및 이용 안내는 QR Translator로도 제공된다. QR 코드를 스캔하면 사용자의 휴대폰 단말기에 설정된 언어로 번역된 정보를 보고 들을 수 있는데, 총 32개 구역의 정보가 자동으로 표시된다.

전망대에는 기념품 등을 파는 상점과 커피와 차, 케이크, 맥주 등을 파는 카페가 있다. 가격대가 비싼 편이 아니기 때문에 이곳에서 저녁을 먹거나 맥주를 마시고 야경을 감상하는 것으로 일정을 짜도 좋다.

위치	도초마에역에서 바로 연결. 신주쿠역 서쪽 출구로 나와 도청 방면 표지판을 따라 도보 10분.
주소	東京新宿区西新宿2-8-1
운영	**북쪽 타워** 2023년 4월 기준 휴관 중 **남쪽 타워** 09:30~22:00 (방문 전 홈페이지 참조)
휴무	**북쪽 타워** 둘째 · 넷째 주 월요일 **남쪽 타워** 첫째 · 셋째 주 화요일
요금	무료
전화	03-5320-7890 (전망실)
홈피	www.yokoso.metro.tokyo.lg.jp/tenbou

Sightseeing

❷

신주쿠 파크타워 新宿パークタワー

신주쿠 서쪽 고층 빌딩군 중에서도 두드러지는 건물로 1994년 4월에 오픈했다. 지하 5층, 지상 52층, 235m 높이의 이 빌딩은 도쿄도청을 설계한 단게 겐조의 작품으로 도쿄 도시개발 가스회사에서 운영하고 있다. 39~52층에는 고급 호텔인 '파크 하얏트'가 있고, 3~7층에는 리빙 디자인 센터인 '오존', 3~4층에는 고급 인테리어숍인 '콘란'이 있다. 오피스 타운, 인테리어숍, 갤러리 등이 입점한 복합 건물로 인테리어에 관심이 있다면 꼭 들러봐야 할 곳이다.

위치	신주쿠역 남쪽 출구에서 오른쪽으로 도보 15분.
주소	東京都新宿区西新宿3-7-1
전화	03-5322-6640
홈피	www.shinjukuparktower.com

셔틀버스

Tip 무료 셔틀버스

신주쿠역과 파크타워 사이에 무료 셔틀버스가 운행된다. 신주쿠역 서쪽 출구에서 5분 정도 걸으면 스타벅스가 보인다. 스타벅스를 정면으로 보고 오른쪽으로 조금 돌아가면 미쓰비시 UFJ 은행이 나오는데 이 앞에서 셔틀버스가 선다.

Sightseeing

❸

도쿄 모드학원 코쿤타워 東京モード学園コクーンタワー

신주쿠역에서 나와 걷다 보면 유독 눈에 띄는 빌딩이 있다. 타원형의 독특한 이 건물은 높이 203m, 총 50층의 코쿤타워로 일본의 대표 건축가 단게 겐조가 설립한 '단게 겐조 도시 건축 설계연구소'를 모태로 하는 '단게 도시 건축 설계'에서 설계를 맡아 2008년에 완공됐다. 코쿤Cocoon은 곤충이 탈피하기 전의 상태인 고치를 뜻한다. 이곳에는 패션, 디자인, 메이크업 분야의 전문인을 양성하는 종합학원이 들어서 있는데, 사회로 나아가는 학생들을 육성하는 곳이라는 의미를 고치로 표현한 것이라고 한다. 관광객의 입장은 제한되어 있다.

위치	신주쿠역에서 지하 상가로 직결. 또는 서쪽 출구에서 도보 3분.
주소	東京都新宿区西新宿1-7-3
전화	03-3344-6000
홈피	www.mode.ac.jp/tokyo

Sightseeing

4

오모이데요코초 思い出横丁

'추억의 골목길'이라는 의미의 오모이데요코초는 좁은 골목길 양편으로 요란한 간판을 내건 술집들이 옹기종기 늘어선 거리다. 이곳에 지금과 같은 술집들이 자리 잡은 것은 제2차 세계대전이 끝난 직후다. 당시에는 식량이 부족했는데, 미군이 먹지 않고 버린 소와 돼지의 내장을 구워 파는 노점들이 하나둘 생기며 술집들도 차례로 들어서게 됐다. 지금도 이곳에는 야키토리, 내장구이를 파는 집이 많이 남아 있다. 퇴근 후 가볍게 한잔하며 여흥을 즐기려는 사람들이 주로 찾는 곳이다.

위치 신주쿠역 서쪽 출구에서 도보 4분.
주소 東京都新宿区西新宿1
홈피 shinjuku-omoide.com

Sightseeing

5

가부키초 歌舞伎町

도쿄 제일의 환락가로 알려진 가부키초는 이자카야와 바, 극장, 식당, 노래방 등이 밀집한 번화가다. 이 거리의 본모습은 해가 진 이후에 제대로 볼 수 있는데, 네온사인이 하나둘 불을 밝히면서 화려한 환락가로 변신한다. 밤늦은 시간까지 나이트라이프를 즐기려는 직장인, 학생, 관광객들로 넘쳐나는 이 거리는 '잠들지 않는 거리'라고도 불린다. 이 별칭에서 가부키초의 분위기를 엿볼 수 있다.

위치 신주쿠역 동쪽 출구에서 정면으로 도보 5분.

Food

1

쓰나하치 つな八

일본 전역에 여러 개의 분점을 가지고 있는 튀김 전문점이다. 특히 신주쿠점은 쓰나하치의 총본점. 튀김으로 승부를 보는 각종 대회에서 우승을 거둔 주방장의 예술적 튀김을 맛볼 수 있는 곳이다.

쓰나하치는 원래 2평 남짓한 작은 점포였는데 신선한 재료와 즉석에서 바로바로 참기름에 튀겨주는 정성으로 지금의 성공에 이르렀다고 한다. 튀김과 함께 곁들여 먹는 간장과 소스가 있는데 세 가지의 소금 중 취향에 맞는 것을 골라 찍어 먹으면 된다. 대표 메뉴는 튀김 정식인 덴푸라젠てんぷらぜん이다. 런치 메뉴는 평일에만 가능하다.

위치 신주쿠산초메역 A5 출구로 나와서 조금만 직진하면 바로.
주소 東京都新宿区新宿3-31-8
운영 11:00~22:00 (LO 21:00)
요금 런치 1,600엔~
전화 03-3352-1012
홈피 www.tunahachi.co.jp

Food

2

덴푸라 후나바시야 天ぷら船橋屋

쓰나하치의 맞은편에 자리하고 있는 덴푸라 후나바시야는 도쿄에서 손꼽히는 역사와 전통을 자랑하는 튀김 전문점으로 그야말로 튀김계의 양대산맥이라고 해도 과언이 아니다. 합리적인 가격대의 평일 한정 점심 메뉴가 인기가 많은데 특히 덴푸라 7품 세트와 덴동 한 그릇이 인기다. 덴푸라 7품은 기본 튀김 세트로 밥과 간단한 반찬들이 나오고 순서대로 참기름에 바로바로 튀긴 튀김이 나온다. 간편하게 먹으려면 흰 쌀밥에 튀김이 얹어져 나오는 덴동을 시켜도 좋다. 저녁 때는 메뉴가 달라지는데, 이때는 세트 메뉴가 아닌 단품 메뉴로 주문할 수 있다. 영어 메뉴판이 따로 있으니 외국인용 영어 메뉴판을 보고 주문하면 된다.

위치 신주쿠산초메역 A5 출구로 나와 조금만 직진하면 바로. 쓰나하치 바로 맞은편.
주소 東京都新宿区新宿3-28-14
운영 11:30~21:00 (LO 20:30)
요금 런치 1,600엔~
전화 03-3354-2751
홈피 www.tempura-funabashiya.com

Food

3

돈카츠 와코 とんかつ和幸

돈카츠 전문 체인 레스토랑으로 일본 전역에 수십 개의 점포를 가지고 있다. 두툼하고 바삭한 본연의 돈카츠 맛으로 유명한데 제빵회사와 제휴해 개발한 와코 그룹만의 독자적인 빵가루는 물론 질 좋은 기름과 고기를 사용하는 등의 노력을 기울이고 있다. 와코만의 특제 소스와 얇게 채 썬 양배추는 무제한 서비스된다. 가장 인기 있는 메뉴는 히레카츠 정식과 로스카츠 정식. 정식에는 밥, 된장국, 밑반찬, 양배추 샐러드가 함께 제공된다.

위치	신주쿠역 남쪽 출구 미로도 쇼핑몰 8층.
주소	東京都新宿区西新宿1-1-3 小田急新宿ミロード内8F
운영	11:00~23:00
요금	1인 1,500엔~
전화	03-3349-5823
홈피	www.wako-group.co.jp

Food

4

나카무라야 만나 中村屋MANNA

메이지시대인 1908년 생긴 카레 전문점. 일본 최초로 인도식 카레를 선보인 것으로 유명세를 탔다. 2014년 현재의 빌딩으로 이전했는데, 지하 2층은 카레와 오므라이스 등을 파는 만나, 지하 1층은 레토르트 제품, 카레 크로켓, 디저트 등을 판매하는 본나, 8층은 캐주얼 다이닝 그란나가 있다. 이곳의 카레는 부드러우면서도 깊이 있는 맛을 자랑한다. 카레 외에도 오므라이스, 비프 스튜, 해산물 도리아 등 다양한 메뉴를 갖추고 있고 맛도 수준급이다.

위치	신주쿠역(JR) 동쪽 출구에서 도보 3분. 신주쿠역(메트로) A6 출구에서 직결.
주소	東京都新宿区西新宿3-26-13 新宿中村屋ビルB2F
운영	월~토 11:00~22:00, 일 11:30~21:00
휴무	1월 1일
요금	1인 1,800엔~
전화	03-3352-6167
홈피	www.nakamuraya.co.jp/manna

Food

5

돈카츠 니이무라 とんかつにいむら

신주쿠 가부키초에서 1961년 처음 문을 열었다. 신주쿠처럼 대표적인 상업지역에서 50년 이상 운영하고 있다는 것은 이 식당의 내공이 만만치 않다는 것을 의미한다. 이곳의 돈카츠는 고온에서 한 번 튀기고 오븐에서 또 한 번 구워 나오기 때문에 튀김옷은 바삭하고, 두툼한 고기는 부드럽고 육즙이 풍부하다. 가격은 상당히 높은 편이지만 점심 세트는 할인이 적용된다. 늦은 시간까지 영업한다는 것도 장점. 그러나 실내 흡연이 허용되기 때문에 쾌적한 환경이라고 보기는 어렵다.

위치 신주쿠역 동쪽 출구에서 도보 5분.
주소 東京都新宿区歌舞伎町1-23-10
운영 금~수 10:30~06:00,
목요일 10:30~02:30
요금 런치 1,000엔~
전화 050-5484-3271
홈피 www.shinjuku-niimura.com

Food

6

사라베스 サラベス

사라베스는 1981년 뉴욕에서 첫 점포를 오픈한 후 인기에 힘입어 도쿄와 나고야에 지점을 냈다. 현재 도쿄 내 시나가와점, 도쿄점, 신주쿠 루미네점, 이렇게 총 3개의 점포를 운영하고 있는데 모두 인기가 좋아 줄 설 각오를 해야 할 정도다. 신주쿠점은 루미네 내에 자리하고 있어 접근성은 좋으나 테이블 간격이 좁다는 단점이 있다. 가장 인기가 많은 메뉴는 부드러운 맛이 일품인 에그 베네딕트(두 쪽이 나온다)와 프렌치 토스트.

위치 신주쿠역 남쪽 출구에서 도보 1분,
신주쿠 루미네2 2층.
주소 東京都新宿3-38-2 ルミネ2 2F
운영 09:00~22:00
(LO 식사 21:00, 음료 21:30)
요금 1인 2,000엔~
전화 03-5357-7535
홈피 sarabethsrestaurants.jp

Food

7

나베조 鍋ぞう

정통 샤부샤부와 스키야키를 무제한으로 즐길 수 있다. 고기는 점내에서 슬라이스 해 최상의 상태로 고객에게 제공한다. 일본 각지에서 공수해 온 채소나 국수, 우동 등은 뷔페 스타일로 가져다 먹을 수 있다. 소스로 제공되는 폰즈는 야마구치현에서 생산된 오렌지를 짠 생과즙에 가다랑어와 다시마를 더해 풍미를 살렸다. 또 참깨 소스도 반죽 참깨와 참기름을 베이스로 하고 호두와 땅콩을 첨가해 맛을 냈다. 식사 후의 디저트, 음료 등도 모두 셀프바에서 가져와 먹을 수 있다. 특히 가족 여행의 경우에는 나베조에서의 식사를 추천할 만한데, 점포의 좌석이 구획으로 나뉘어 있어 일행과 편하게 식사할 수 있다. 혼자서 방문하더라도 이세탄 백화점이 한눈에 들어오는 창가 자리에 앉아 편하게 먹을 수 있다.

위치	신주쿠산초메역에서 도보 1분.
주소	東京都新宿区新宿3-30-11 8F 新宿高野第二ビル8F
운영	평일 11:30~15:00, 17:00~22:30 주말 11:30~22:30
요금	1인 1,800~4,500엔
전화	050-1807-4365
홈피	nabe-zo.com

Food

8

마브레 비건 MARBRE VEGAN

신주쿠교엔 바로 앞에 있는 비건 스위츠 카페. 건강에 좋을지언정 맛은 없다는 비건에 대한 선입견을 깨주는 곳이다. 글루텐프리의 촉촉하고 부드러운 비건 케이크 중 딸기 쇼트케이크가 유명한데 비건 메뉴인지 아닌지 구분하기 어려울 정도로 맛있다.

신주쿠교엔을 모두 구경하고 난 뒤나 주변을 지나다가 쉬어 가기 좋은 위치이기도 하지만, 특히 달걀과 유제품 알레르기가 있는 사람에게 추천한다. 만약 신주쿠교엔에 들렀는데 마브레 비건을 방문할 시간적 여유가 없다면 공원 내에 자리한 스타벅스를 방문해도 좋다. 통유리창 너머로 공원 풍경을 바라보며 커피를 즐길 수 있다.

위치	신주쿠교엔마에역 1번 출구에서 도보 1분.
주소	東京都 新宿区 新宿 2-1-5 パークサイドスクエア1F
운영	11:00~19:00
요금	케이크류 700엔~
전화	03-6380-6898
홈피	www.facebook.com/marbrevegn/

Food

9

라폿포 팜 らぽっぽファーム

라폿포는 질 좋은 재료로 방금 구워낸 베이커리류로 유명한 테이크아웃 전문점이다. 일본에도 수십 개의 체인점을 운영하고 있는데 세이부신주쿠점은 역사 내에 있어 접근성이 좋다. 역내를 가득 채운 달콤한 향기가 발걸음을 멈추게 하는데, 가장 인기 메뉴는 야키타테 포테이토 애플파이焼きたてポテトアップルパイ. 바삭한 반죽 위에 올라간 달콤한 고구마와 상큼한 사과의 조화가 환상이다.

위치 세이부신주쿠역 내에 위치.
주소 東京都新宿区歌舞伎町1-30-1 西武新宿駅正面改札外
운영 10:00~22:00 요금 1,000엔 이하
전화 03-5285-8867
홈피 www.shirohato.com/rapoppo

Food

10

블루 보틀 BLUE BOTTLE

미국에서 건너온 커피 브랜드. 지금은 분점도 많이 생겼으나 초기에는 오픈 전부터 트랜드세터들의 가슴을 뛰게 만들었던 곳이다. 블루 컬러의 깔끔한 병 모양이 상징이다. 일반적인 블랙 커피뿐 아니라 카페라테도 인기 메뉴 중 하나. 매장 내에는 블루 보틀이 그려진 관련 상품도 전시, 판매하고 있다.

위치 신주쿠역 뉴우먼 쇼핑몰 1층.
주소 東京都新宿区新宿4-1-6
운영 월~토 08:00~21:00, 일 08:00~20:30
요금 540엔~
홈피 store.bluebottlecoffee.jp

Shopping

1

디즈니 플래그십 도쿄 DISNEY FLAGSHIP TOKYO

2021년 12월 5일에 문을 연 일본 최대 규모의 디즈니 스토어 플래그십. '상상, 그 다음으로'를 콘셉트로 디자인된 디즈니 스토어는 입구에 440인치 정도의 웰컴 비전이 있고, 총면적 약 1,710m², 지하 1층과 지상 2층의 총 3개 층으로 이루어졌다. 이곳에서는 디즈니, 픽사, 마블 상품이나 디즈니리조트에서 판매되고 있는 상품을 구매할 수 있다. 2층에 올라가면 이곳의 상징인 미키마우스가 디즈니 영화 〈판타지아〉의 단편 '마법사의 제자' 속 모습으로 손님을 맞는다.

위치 신주쿠역 동쪽 출구에서 도보 3분. 기노쿠니야 서점 옆.
주소 東京都新宿区新宿3-17-5 T&T III ビル
운영 10:00~21:00
전화 03-3358-0632
홈피 www.disney.co.jp

Shopping

2

미로도 ミロード

대동소이한 도쿄의 대형 쇼핑몰들에 별 흥미를 느끼지 못했다면 미로도를 방문해 보자. 오다큐 그룹에서 운영하며, 규모는 작지만 10~30대 여성을 타깃으로 한 합리적인 가격대의 독특하고 트렌디한 일본 브랜드들로 알차게 구성되어 있는 곳이다. 미로도로 연결되는 모자이크도오리 쪽의 상점들은 물론 미로도 내에는 독특한 감성의 일본 내셔널 브랜드들이 꽤 많다.

위치 신주쿠역에서 도보 1분.
주소 東京都新宿区西新宿1-1-3
운영 숍 11:00~21:00,
식당가 11:00~23:00,
모자이크 10:00~21:00
전화 03-3349-5611
홈피 www.shinjuku-mylord.com

Shopping

3

이세탄 백화점 伊勢丹百貨店

1866년에 개장한 역사 깊은 백화점이다. 신주쿠에 있는 많은 백화점 중 외관부터 고풍스러운 느낌을 주는 이세탄 백화점은 본관 지하 2층, 1~4층을 리뉴얼해 새로운 모습으로 탄생했다. 세계 최고의 '패션 뮤지엄'을 지향해 명품이나 고급 브랜드, 품질을 인정받은 일본 자체 브랜드가 많이 입점해 있다. 남성 전용의 맨즈관Mens은 남성 고객들 사이에서 큰 인기를 끌고 있다. 사전에 예약하면 한국어 안내 서비스도 받을 수 있다.

위치 신주쿠역 동쪽 출구에서 도보 6분.
주소 東京都新宿区新宿3-14-1
운영 10:00~20:00
전화 03-3352-1111
홈피 www.mistore.jp/store/shinjuku

Shopping

4

뉴우먼 NEWOMAN

그렇지 않아도 발 디딜 틈 없이 늘어선 신주쿠 쇼핑 플레이스에 리스트를 올린 곳으로, 다카시마야 타임스스퀘어와 함께 큰 규모를 자랑한다. 잘 알려진 브랜드뿐 아니라 개성 넘치고 아기자기한 소품숍들도 꽤 눈에 띈다.

위치 신주쿠역 남쪽 출구, 다카시마야 타임스스퀘어 옆쪽에 위치.

주소 東京都新宿区新宿4-1-6

운영 월~토 11:00~20:30, 일 11:00~20:00

전화 03-3352-1120

홈피 www.newoman.jp/ko

Shopping

5

기노쿠니야 서점 紀伊國屋書店

1927년에 설립되어 오랜 역사를 자랑하는 서점으로 신주쿠의 랜드마크 중 하나로 자리 잡았으며 일본 전역에 수많은 점포를 거느리고 있다. 신주쿠 본점은 지하 1층부터 8층까지 총 9층으로 이뤄져 있다.

위치 신주쿠역 동쪽 출구에서 도보 약 3분. 스튜디오 알타를 등지고 왼쪽으로 조금만 가면 있다.

주소 東京都新宿区新宿3-17-7

운영 10:30~20:30

전화 03-3354-0131

홈피 store.kinokuniya.co.jp/store/shinjuku-main-store

Shopping

6

오존 OZONE

주택과 관련된 복합 인테리어숍이다. 단순히 가구나 인테리어용품을 파는 것을 뛰어넘어 효율적이고 쾌적한 주거생활을 위한 아이디어 등을 제시하고 컨설팅을 해주는 기능까지 하는 곳이다. 주택과 관련한 다양한 세미나를 자주 개최하며 테마에 맞게 꾸며진 쇼룸을 둘러볼 수 있다.

위치 신주쿠 파크타워 내 3~7층.

주소 東京都新宿区西新宿3-7-1 新宿パークタワー3~7F

운영 10:30~18:30 휴무 수요일

전화 03-5322-6500 홈피 www.ozone.co.jp

도쿄 쇼핑의 메카

02 시부야 渋谷, Shibuya

일본 전국의 젊은이들이 모여드는 패션의 거리 시부야는 밤낮을 가리지 않고 많은 사람들이 찾는 도쿄 최대의 번화가 중 한 곳이다. JR 야마노테선 등 교통의 요지인 시부야는 재개발이 본격화되면서 최근에 가장 많은 변화가 있는 곳이다. 파르코, 세이부, 히카리에, 마크시티, 시부야 109, 핸즈, 빅 카메라 등 기존의 인기 쇼핑 스폿에 더해 스크램블 스퀘어, 미야시타 파크가 새롭게 오픈하면서 인기를 얻고 있으며 시부야 스카이는 반드시 방문해야 하는 장소로 꼽히고 있다. 영화나 드라마에서 번잡한 도쿄의 이미지를 대변하는 곳으로 자주 등장하는 시부야역 앞의 스크램블 교차로는 여전히 엄청난 인파로 북적인다. 극장, 영화관 등 다양한 시설은 물론 도쿄에서 내로라하는 맛집과 카페들까지 모여 있어 도쿄 여행에서 빼놓지 않고 방문해야 할 곳이 바로 시부야다.

*
위치
JR 야마노테선山手線 시부야역渋谷駅 하차
도쿄 메트로 긴자선銀座線 시부야역渋谷駅 하차
도쿄 메트로 한조몬선半蔵門線 시부야역渋谷駅 하차
도쿄 메트로 후쿠토신선副都心線 시부야역渋谷駅 하차

시부야 Shibuya

N
신주쿠역(약 5km)
하라주쿠역(약 1.5km)
라이안
가츠동야 즈이초
핸즈
파르코
애플스토어
타워 레코드
미야시타 파크
MIYASHITA PARK
도쿄 메트로 후쿠토신선
고엔도오리
뮤직랜드
스페인자카
디즈니 스토어
로프트
이치란
마루이
분카무라
이노카시라도오리
H&M
돈키호테
시부야 센타가이
이케아
분카무라도오리
마쓰야
세이부 백화점
시부야 도큐 레이 호텔
빅 카메라
도쿄 메트로 한조몬선
시부야 시티 호텔 엔
큐프런트
교자노 오쇼
시부야 109
마쓰모토 기요시
하치코 출구
시부야역 渋谷駅
도쿄 메트로 긴자선
아오야마도오리 青山通り
모스 버거
요시노야
충견 하치공 동상 忠犬ハチ公像
히카리에
롯폰기역(약 4km)
시모키타자와역(약 5km)
시부야 스카이
가구라자카 다실
동쪽 출구
스크램블 스퀘어
마크시티
남쪽 출구
JR 시부야역 JR 渋谷駅
도큐남쪽 출구
롯폰기도오리 六本木通り
파쿠파쿠 모리모리
시부야 엑셀 호텔 도큐
미도리 스시
돈카츠 와코
쓰바메 그릴
교자노 오쇼
야마모토노 햄버그
시아와세노 팬케이크
도큐 도요코선
오레노 햄버그 와타나베
도큐 덴엔도시선
규카츠 모토무라
세루리안 타워 도큐 호텔
시부야 그랑벨 호텔
메이지도오리 明治通り
JR 야마노테선
시부야 문화 종합센터
에비스역

one day course

추천 하루 일정

충견 하치공 동상을 제외하면 별다른 관광거리는 없는 곳이므로 쇼핑과 맛집 탐방에 집중해서 일정을 잡는 것이 적당하다.

출발!

09:30

충견 하치공 동상

시부야의 상징인 이곳에서 기념사진 남기는 것은 필수!

10:00

히카리에

핫하고 트렌디한 일본의 유행을 즐겨보자

12:00

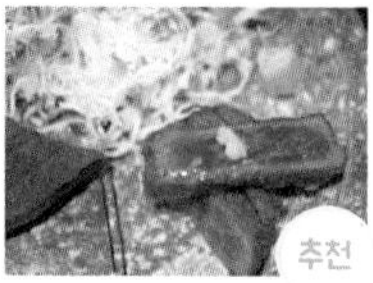

추천

점심 식사(규카츠 모토무라)

입에서 살살 녹는 규카츠를 맛보는 재미를 놓치지 말자

13:30

미야시타 파크

먹고 마시고 쉬고 즐기는 복합문화공간을 누리자

15:00

핸즈

시간 가는 줄 모르는 신기한 물건이 가득한 곳!

17:00

가구라자카 다실

녹차 디저트를 맛보며 쉬어 가기

18:00

시부야 스카이

탁 트인 전망과 야경을 보며 감동을 느껴보자

19:00

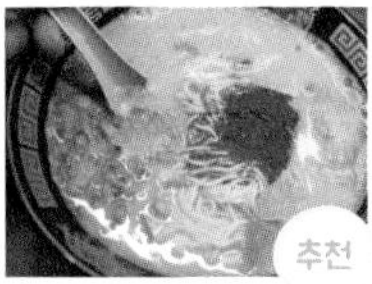

추천

저녁 식사(이치란)

취향 따라 주문 가능한 인기 라멘 맛집

도착

Sightseeing

1

미야시타 파크 MIYASHITA PARK

시부야 주민의 사랑을 받던 미야시타 공원이 리뉴얼을 통해 2020년 복합문화공간으로 탈바꿈했다. 지금은 시부야의 새로운 컬처 스폿으로 주목받고 있다. 1층부터 3층까지는 쇼핑시설 레이어드 미야시타 파크가 있는데, 북쪽은 루이비통, 코치 등 명품 브랜드, 남쪽은 카페와 레스토랑 등이 자리 잡고 있다. 미야시타 파크에서 눈여겨볼 곳은 4층의 루프톱으로 약 1,000m²의 잔디밭이 넓게 펼쳐져 있어 복잡한 도심 속에서 힐링할 수 있다. 그뿐만 아니라 스케이트장, 비치 발리볼 등을 할 수 있는 다용도 스포츠시설(유료)도 있어 쾌적한 자연과 흥미진진한 활동을 결합한 다기능 공공 공간, 그야말로 먹고 마시고 쉬고 즐기는 복합문화공간이라 부를 만하다. 남쪽 구역 1층에는 저녁에만 문을 여는 여러 이자카야들이 모인 시부야요코초도 있으니 한번 들러보자.

위치 시부야역에서 도보 약 2분.
주소 東京都渋谷区神宮前6-20-10
운영 08:00~23:00
전화 03-6712-5630
홈피 www.miyashita-park.tokyo

2

시부야 스카이 SHIBUYA SKY

2019년 오픈한 시부야 스크램블 스퀘어는 도쿄의 새로운 관광명소로 떠오른 지 오래다. 도쿄에는 도쿄타워, 스카이트리 등 유명한 전망대가 많은데, 이 중 하나만 선택한다면 시부야 스카이를 추천한다. 도쿄타워, 스카이트리까지 조망이 가능하며 천장이 없어 탁 트인 해방감을 느낄 수 있다.
스크램블 스퀘어 건물 바깥쪽에 시부야 스카이 전용 엘리베이터가 있으며 이것을 타면 매표소가 있는 14층에 도착한다. 예약을 하지 않았다면 이곳에서 입장권을 구입할 수 있다. 그러나 인원 제한이 있기 때문에 관람이 불가할 수도 있다. 인기 많은 핫플레이스라 사전에 예약을 하는 것이 좋다. 특히 대낮의 탁 트인 전망과 함께 야경도 볼 수 있는 일몰 시간대는 일찍부터 예약이 마감되는 경우가 많으니 서두르자. 사전에 예약을 하면 할인을 받을 수 있으며 특별한 절차 없이 보내준 QR 코드를 찍고 바로 입장이 가능하다.
카메라, 핸드폰 외에 다른 소지품은 전망대까지 가져가는 것이 허용되지 않으며, 짐이 있다면 14층의 로커에 모두 보관해야 한다. 그러나 꼭 소지해야 할 짐은 이곳에서 빌려주는 가방에 넣어 가져갈 수도 있다.

위치	시부야역에서 도보 2분.
주소	東京都渋谷区渋谷2-24-12 14 · 45 · 46F SHIBUYA SCRAMBLE SQUARE
운영	10:00~22:30
요금	어른 2,500엔, 중고생 1,700엔, 초능생 1,000엔, 3~5세 600엔
전화	03-4221-0229
홈피	www.shibuya-scramble-square.com/sky

Sightseeing

3

충견 하치공 동상 忠犬ハチ公像

주인이 죽은 것을 모르고 10년 넘게 주인을 기다리다 죽은 충견 하치는 영화 〈하치 이야기〉로 만들어져 우리나라에서도 유명해졌다. 하치공을 기리기 위해 시부야역 앞에 세워진 하치공 동상은 이제 시부야의 상징이 됐다. 하치공 동상이 있는 하치코 광장은 관광객들이 너도나도 카메라를 들이대는 사진 촬영 장소이자 시부야의 명소, 더 나아가 만남의 장소 역할까지 하고 있다.

위치 시부야역 하치코 출구 바로 앞.

주소 東京都渋谷区道玄坂2-1

Sightseeing

4

스페인자카 スペイン坂

이노카시라도오리에서 시부야 파르코로 이어지는 좁은 거리. 스페인자카라는 이름은 이곳에 있던 한 카페의 주인이 스페인풍으로 가게를 꾸민 데서 비롯됐다. 완만하게 경사진 좁은 언덕길 양쪽에 의류, 신발, 잡화 등을 파는 가게들이 늘어서 있다. 피자와 파스타 등을 파는 가게들과 이곳에 내걸린 국기들이 이국적인 느낌을 자아낸다.

위치 시부야역(JR) 하치코 출구에서 도보 6분. 시부야역(메트로) 6-2번 출구에서 도보 5분.

주소 東京都渋谷区宇田川町16-15

Food

❶

규카츠 모토무라 牛かつもと村

돈카츠의 소고기 버전인 규카츠 하나로 현지인과 여행자들의 입맛을 사로잡은 인기 레스토랑이다. 도쿄에만 도쿄역점, 신바시점, 하마마쓰초점, 시부야점 등 여러 개의 지점을 운영하고 있다. 실내 좌석이 열 테이블 정도밖에 되지 않는 아담한 규모이며 워낙 인기가 많아 평일에도 1시간 이상 대기는 각오를 하고 가는 것이 좋다.

이곳의 규카츠는 소고기를 단 60초만 튀겨내는 것으로 유명한데, 겉은 익고 안은 핏빛이 비칠 정도의 미디엄 상태로 부드러워 고기 본연의 맛을 잘 살렸다는 평이다. 세트에는 밥과 양배추 샐러드, 소스 등이 딸려 나오는데 와사비와 간장 소스, 홀스래디시 소스, 락 솔트 등 취향에 맞게 곁들여 먹으면 된다. 간 마가 포함된 세트도 있다.

위치 시부야역 C2 출구에서 도보 1분. 시부야 경찰서에서 가깝다. 메이지도오리 선상에 위치.
주소 東京都渋谷区渋谷3-18-10 大野ビル2号館B1F
운영 11:00~22:00 (L.O 21:00)
요금 1인 1,630엔~
전화 03-3797-3735
홈피 www.gyukatsu-motomura.com/shop/shibuya

Food

❷

이치란 一蘭

혼자 여행하며 식사하는 것을 난감해하는 여행자에게 마음의 평안을 주는 곳이라 하겠다. 내부는 마치 독서실 같은 분위기로 좌석이 차양으로 가려져 있고 직원과도 얼굴을 마주치지 않게 꾸며져 있어 오로지 라멘 맛에 집중할 수 있다. 먼저 입구의 자판기에서 마음에 드는 라멘을 구입한 후 대기하고 있으면 직원이 개인의 라멘 취향을 적을 수 있는 용지를 준다(국물의 염도, 매운 정도, 마늘, 차슈, 파, 면의 익힘 등). 체크해서 직원에게 건넨 후 직원이 번호를 부르면 착석하면 된다. 테이블 위에는 직원을 부를 수 있는 버튼이 장착돼 있다.

위치 시부야역(JR) 하치코 출구에서 도보 약 5분. 시부야역(메트로)에서 도보 3분.
주소 東京都渋谷区神南1-22-7 岩本ビルB1F
운영 10:00~06:00
요금 1인 980엔~
전화 03-3463-3667
홈피 ko.ichiran.com

Food

3

가구라자카 다실 KAGURAZAKA SARYO

가구라자카에 본점이 있는 녹차 전문점이자 일본식 디저트 카페. 일본 유명 차 산지의 차를 맛볼 수 있으며, 몽블랑, 빙수 등도 인기 메뉴다. 녹차로 만든 파르페가 대표 메뉴이지만, 정갈한 식사도 가능하다. 시부야 스카이를 관람하기 위해 타는 엘리베이터 바로 옆에 위치하고 있어, 시부야 스카이 관람 후 접근이 용이하다. 실내는 여유 있고 차분한 분위기. 시부야 스크램블 교차로를 바라볼 수 있는 전망 좋은 창가 좌석에 앉을 수 있다면 금상첨화!
식사로 제일 인기 있는 메뉴는 12가지 종류의 일본 가정식을 맛볼 수 있는 백반. 적은 양으로 하나하나 예쁘게 담겨 나오는 반찬은 12개를 다 먹고 나면 적당히 기분 좋은 포만감이 든다. 하루 100세트만 판매하기 때문에 늦은 시간에는 매진인 경우가 많아 이 메뉴를 먹기 위해서는 점심시간대에 방문해야 한다.

위치	시부야 스크램블 스퀘어 14층.
주소	東京都渋谷区渋谷2-24-12 スクランブルスクエア14F
운영	10:00~23:00
요금	1인 1,500엔~
전화	03-6433-5751
홈피	saryo.jp

Food

4

카츠동야 즈이초 かつどん屋瑞兆

6~7명이 앉을 수 있는 카운터 좌석밖에 없는 작은 식당으로 웨이팅을 각오해야 한다. 가츠동이 유일한 메뉴이며 밥의 양을 선택할 수 있고 100엔을 내면 계란의 양도 추가된다. 주문 후 음식은 빨리 나오고 손님의 입장에서도 서둘러 먹고 가야 할 것 같은 분위기이다. 그래서 그런지 대기 줄도 생각보다는 빨리 빠지는 편이다. 맛의 비결은 소스. 살짝 달고 짜다. 단짠단짠의 조합을 누가 거부할 수 있을까. 단순한 요리지만 맛있게 먹을 수 있다. 식당의 분위기 등을 생각하면 1,500엔의 금액이 저렴하게 느껴지진 않으며 굳이 웨이팅을 감수하면서까지 방문할 필요가 있는지 의문이 들기도 하지만, 높은 구글 평점을 생각하면 분명 방문할 가치는 있을 것이다. 현금 결제만 가능하다.

위치	시부야역 A2 출구에서 도보 8분.		
주소	東京都渋谷区宇田川町41-26 1F		
운영	월~금 11:30~18:00, 토 11:30~20:00		
휴무	일요일	요금	1인 1,500엔~

Food

5

라이안 雷庵

라이안은 다이칸야마의 아이비 플레이스, T.Y.HARBOR 등 수많은 레스토랑, 카페 등을 운영하며 일본 요식업계에서 인정을 받은 다국적 레스토랑 기업이 오픈한 소바 전문 레스토랑이다. 실내는 고급 이자카야 분위기로 꾸며져 있다. 오픈 키친을 중심으로 카운터석이 둘러싸고 있어 메밀을 삶는 장면 등 요리하는 모습을 직접 볼 수 있다. 이곳의 소바는 이바라키현 메밀을 사용하고 있어 향이 좋다. 소바를 시키면 소바를 삶은 물인 소바유를 주는데 숭늉처럼 구수한 맛이 일품이다. 소바와 함께 튀김, 스시 등 계절 요리가 제공되는 오마카세 코스가 있는데, 점심에는 합리적인 가격에 고급 요리를 맛볼 수 있다. 보통의 소바 식당보다 가격대가 높지만, 그만큼 높은 수준의 서비스와 맛으로 승부하는 곳이다.

위치 시부야역 B1 출구에서 도보 2분.
주소 東京都渋谷区渋谷1-4-13 1F
운영 11:30~15:00, 17:00~23:00
요금 1인 2,000엔~
전화 03-5778-3379
홈피 www.tysons.jp/ryan

Food

6

야마모토노 햄버그 山本のハンバーグ

일본의 한 TV 프로그램에서 햄버그 순위 1위를 차지한 레스토랑. 아이들도 안전하게 먹을 수 있는 건강한 음식을 만들겠다는 신념 아래 좋은 재료를 사용한 음식을 제공하고 있다. 일본산 소고기와 홋카이도산 돼지고기를 사용한 햄버그는 육즙이 풍부하며 씹는 맛도 좋다. 식전에 유기농 채소를 사용한 주스를 제공하는 것도 특이하다. 밥은 무료로 리필이 가능하다.

위치 시부야역 C1 출구에서 도보 2분.
주소 東京都渋谷区渋谷3-6-18
第４矢木ビル1F
운영 11:00~22:00
요금 1인 1,400엔~
전화 03-6427-3221
홈피 yamahan-shibuya.com

Food

7

오레노 햄버그 와타나베 俺のハンバーグ渡なべ

인근에 있는 야마모토노 햄버그와 비슷한 이름과 구성의 햄버그 전문점이다. 한글 메뉴판은 없고 오직 일본어 메뉴판만 있다. 시그니처 메뉴인 치즈 햄버그와 100엔을 추가하면 세트 메뉴로 양파 수프와 밥이 제공된다. 식전에 채소 주스가 제공되는 야마모토노 햄버그와 헷갈리지 말자.

위치 시부야역 C2 출구에서 도보 1분.
주소 東京都渋谷区渋谷3-18-5 和田ビル1F
운영 11:00~23:00
요금 1인 1,200엔~
전화 03-6914-2941
홈피 orenohamburg.com

Food

8

파쿠파쿠 모리모리 カレー屋パクパクもりもり

우리나라 홍대 근처에도 지점을 가지고 있는 카레 전문점이다. 이곳의 카레 베이스는 크게 각종 야채와 과일을 넣어 32시간 뭉근하게 끓여낸 플레인 카레, 8시간 끓인 야채와 과일에 양념을 더해 프라이팬에 볶아낸 드라이 카레로 나눌 수 있다. 파쿠모리 카레는 이 두 가지를 동시에 맛볼 수 있는 메뉴로 드라이 카레가 얹어져 있는 밥에 플레인 카레 소스가 더해져 나온다.

위치 시부야역 하치코 출구 방면으로 나와 왼쪽 언덕길로 약 150m 정도 직진하면 오른편 지하에 위치.
주소 東京都渋谷区道玄坂2-16-8 ビジネスVIP渋谷道玄坂坂本ビルB1-A
운영 평일 11:30~14:45, 18:00~20:00
주말 11:30~14:45, 17:00~21:00
휴무 월요일 요금 1인 1,000엔~
전화 03-3464-9778

Food

9

시아와세노 팬케이크 幸せのパンケーキ

하라주쿠에 본점을 가지고 있는 팬케이크 전문점으로, 도쿄에서 인기 있는 팬케이크 전문점 중 하나로 손꼽힌다. 건물 3층에 위치한 크지 않은 규모에 오픈 전부터 좁은 통로에까지 긴 줄이 이어져 대기하기 힘든 편이다. 실내는 밝은 톤으로 대기 순서대로 주문과 음식이 제공되는 합리적인 시스템을 갖추고 있다. 가장 인기 있는 시아와세 팬케이크는 흡사 카스텔라 같은 두툼한 두께에 부드럽고 입안에서 살살 녹는다. 100엔을 지불하면 휘핑크림이나 아이스크림을 추가할 수 있다(홈페이지 예약 시스템을 이용해 예약 가능).

위치 마크시티 4층 미도리 스시 정면으로 난 통로를 지나 밖으로 나와 왼쪽을 보면 작은 신호등이 있다. 신호등을 건너자마자 있는 건물 3층에 위치.
주소 東京都渋谷区道玄坂1-18-8 道玄坂プラザ仁科屋ビル3F
운영 평일 11:00~20:00, 주말 10:00~20:30
전화 03-3462-6666 홈피 magia.tokyo

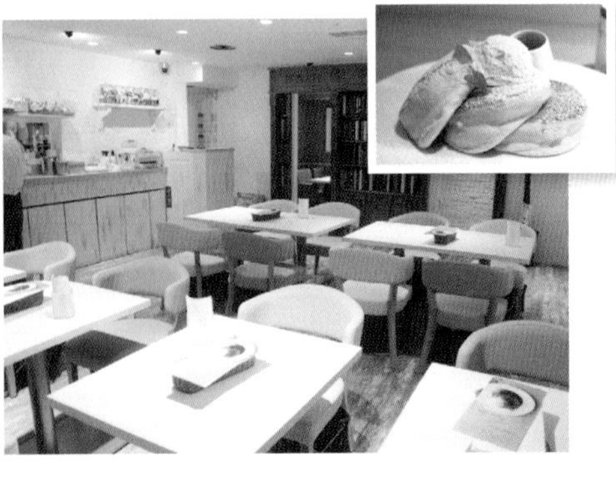

Shopping

❶

스크램블 스퀘어 渋谷スクランブルスクエア

시부야 재개발 계획의 일환으로 2019년 11월 문을 연 대규모 상업 오피스 시설. 시부야에서 가장 높은 230m의 빌딩으로 동관, 중앙관, 서관으로 구성되어 있으며, 이 중에서 동관이 지상 47층, 지하 7층 규모로 완공되어 오픈과 동시에 시부야의 랜드마크가 되었다. 중앙관(10층 규모), 서관(13층 규모)은 2027년 완공을 목표로 공사가 진행 중이며, 도큐 백화점을 철거한 부지에 건물이 들어설 예정이다. 14층, 45층, 46층에는 시부야 스카이가 있고 레스토랑, 카페, 팝업숍 등 200여 개의 점포가 입점해 있다. 휠체어를 대여할 수 있고 베이비룸이 마련되어 있으며 코인 로커와 냉장 코인 로커도 이용할 수 있다. 관내는 모두 금연 구역이지만, 12층과 13층에 흡연실이 마련되어 있으니, 흡연자는 흡연실을 이용하면 된다. 스크램블 스퀘어에서 매달 다양한 이벤트를 진행하고 있으니, 눈여겨봐도 좋다.

위치 시부야역에서 직결.
주소 東京都渋谷区渋谷2-24-12
운영 숍 · 레스토랑 10:00~21:00
전화 03-4221-4280
홈피 www.shibuya-scramble-square.com

Shopping

❷

히카리에 HIKARIE

시부야에서 가장 핫하고 트렌디한 쇼핑몰이라고 해도 과언이 아니다. 지하 3층부터 지상 16층까지 다양한 시설과 숍, 레스토랑이 포진하고 있는데 10~30대 여성 취향을 저격한 듯한 감각적이고 유니크한 아이템들이 많아 지름신을 부르는 곳이다.

지하 1층부터 지상 5층까지는 싱크스ShinQs가 입점해 있으며 지하에는 다양한 푸드 관련 숍들이, 지하 1층과 1층에는 뷰티 브랜드, 2~4층에는 패션 브랜드, 5층에는 생활잡화 관련 매장들이 포진해 있다. 6층과 7층은 식당가로 돈카츠 전문점 마이센 등이 있어 다양한 종류의 식사를 즐길 수 있다. 8층은 크레이티브 스페이스Creative Space로 아트 갤러리, 인형 갤러리, 서비스 센터 등이 자리하고 있다. 9층부터는 히카리에 홀과 도큐 시어터 오브, 카페와 레스토랑 몇몇이 들어서 있다.

위치 시부야역 B5 출구와 직결.
주소 東京都渋谷区渋谷2-21-1
운영 싱크스 11:00~21:00,
식당가 11:00~23:00
휴무 1월 1일
전화 03-5468-5892
홈피 www.hikarie.jp

Shopping

③

핸즈 HANDS

핸즈는 개성 넘치는 잡화와 문구, 화장품, 생활용품 등을 파는 잡화 전문점으로 일본 전역에서 인기를 끌고 있는 곳이다. 총 7층으로 이루어진 시부야의 핸즈는 도쿄 내 여러 지점 중 규모가 가장 크다. A, B, C관으로 구역이 나뉘어 있는데, 물 흐르듯 편리한 동선으로 쇼핑이 가능하다. 이곳은 DIY 제품을 만드는 데 필요한 재료는 물론 각종 도구, 만드는 방법을 알려주는 서적까지 한곳에서 쇼핑이 가능하다는 장점이 있다.

위치 시부야역 하치코 출구에서 도보 10분.
주소 東京都澁谷區宇田川町12-18
운영 10:00~21:00 전화 03-5489-5111
홈피 shibuya.hands.net

Shopping

④

시부야 109 SHIBUYA 109

시부야에서도 유행의 최첨단을 주도하는 쇼핑몰로 트렌드에 민감한 젊은이들의 성지와 같은 곳이다. 지하 2층~지상 8층짜리 건물에 10~20대 초반 여성들이 좋아하는 액세서리, 화장품, 브랜드 의류를 판매하는 100여 개의 점포들이 밀집해 있다. 마루큐라는 애칭으로 널리 알려져 있으며, 고급 브랜드보다는 중저가의 아이템이 주를 이룬다. 남성 의류는 마그넷 바이 시부야 109로 가자.

위치 시부야역 하치코 출구에서 정면으로 도보 3분.
주소 東京都渋谷区道玄坂2-29-1
운영 숍 10:00~21:00, 레스토랑 11:00~22:00
휴무 1월 1일
전화 03-3477-5111 홈피 www.shibuya109.jp

Shopping

⑤

로프트 LOFT

핸즈가 없는 것 없이 다 모아 놓은 잡화점 느낌이라면, 로프트는 감각 있는 상품을 좋아하는 젊은 여성들이 구매할 만한 상품들을 선별해 놓은 듯한 곳이다. 지하 1층은 세련된 문구류, 1층은 시계, 2층은 뷰티잡화, 3층은 주방잡화, 4~5층은 인테리어 잡화로 구성돼 있다.

위치 시부야역 하치코 출구에서 정면으로 도보 5분.
주소 東京都渋谷区宇田川町21-1
운영 11:00~21:00 전화 03-3462-3807
홈피 www.loft.co.jp/

Shopping

⑥

파르코 PARCO

1973년 오픈한 시부야 파르코는 시부야의 문화를 이끄는 복합빌딩으로 시부야에서 추천하고 싶은 쇼핑 스폿이다. 2019년 11월에 리뉴얼해서 현대적이고 세련된 쇼핑 스폿으로 탈바꿈했다. 꼼데가르송 등 일본을 대표하는 컬렉션 브랜드가 입점해 있다. 특히 만화잡지 《소년점프》, 게임회사 닌텐도와 캡콤의 공식 스토어, 포켓몬센터 등이 입점해 있어 게임, 애니 마니아 사이에서 많은 인기를 누리고 있다.

위치 시부야역 하치코 출구에서 오른쪽으로 도보 7분.
주소 東京都渋谷区宇田川町15-1
운영 11:00~21:00 (레스토랑은 점포에 따라 다름)
휴무 연중무휴 전화 03-3464-5111
홈피 shibuya.parco.jp

Shopping

7

마크시티 MARK CITY

웨스트동과 이스트동 2개의 동으로 나뉜 대형 상업시설로, 이 중 이스트동의 지하 1~3층에는 마크시티몰, 4층에는 레스토랑, 5~25층에는 시부야 엑셀 호텔 도큐가 들어서 있다. 시부야역 바로 앞이라 접근성이 좋고 돈카츠 전문점 와코, 긴자 라이언, 쓰바메 그릴, 미도리 스시 등 인기 레스토랑이 대거 입점해 있다.

위치 시부야역 하치코 출구에서 흡연구역을 등지고 횡단보도 건너서 바로 직진.
주소 東京都渋谷区道玄坂1-12-1
운영 숍 10:00~21:00, 레스토랑 11:00~23:00 (상점마다 다름)
전화 03-3780-6503
홈피 www.s-markcity.co.jp

Shopping

8

만다라케 まんだらけ

만화와 애니메이션에 관심이 있다면 이곳을 지나칠 수 없다. 중고 만화책부터 DVD, CD, 잡지뿐 아니라 각종 캐릭터 피규어, 인형, 장난감 등 만화와 애니메이션을 총망라한 보물창고 같은 느낌이다. 대부분의 아이템이 중고이기 때문에 가격도 저렴한 데다 관리가 잘 되어 새것과 다름없는 아이템들도 많다. 아이템 수가 무려 100만 점이 넘는다고 하니 관심이 있다면 꼭 들러보자.

위치 시부야역 하치코 출구에서 도보 약 5분. 이노카시라도오리 선상에 위치.
주소 東京都渋谷区宇田川町31-2 渋谷BEAM B2F
운영 12:00~20:00
전화 03-3477-0777
홈피 www.mandarake.co.jp

03

오타쿠들의 천국

이케부쿠로 池袋, Ikebukuro

신주쿠, 시부야와 함께 많은 환승역이 있는 도쿄의 3대 부도심 중 하나다. 별다른 관광거리는 없다고들 생각하지만, 2019년에 대대적인 변신을 시도했다. 이케부쿠로 동쪽 출구의 나카이케부쿠로 공원은 하레자 타워, 아니메이터 본점 등의 바로 앞에 자리해 예술 문화의 중심부로 변모했다. 예전부터 이케부쿠로는 K-BOOKS, 아니메이트 같은 애니메이션 전문점이 많아 마니아들이 많이 찾는 지역이다. 관광객들이 주로 찾는 곳은 이케부쿠로역을 나와 선샤인 시티까지 이어지는 거리와 그 주변에 모여 있다. 시간이 없다면 선샤인 시티만 둘러봐도 관광과 쇼핑을 해결할 수 있다.

*
위치
JR 야마노테선山手線 이케부쿠로역池袋駅 하차
도쿄 메트로 유라쿠초선有楽町線 이케부쿠로역池袋駅 하차
도쿄 메트로 후쿠토신선副都心線 이케부쿠로역池袋駅 하차
도쿄 메트로 마루노우치선丸ノ内線 이케부쿠로역池袋駅 하차

이케부쿠로 Ikebukuro

one day course

추천 하루 일정

파르코, 세이부, 루미네 등 유명 백화점과 선샤인 시티 등의 쇼핑몰이 밀집해 있는 이케부쿠로. 쇼핑만을 목적으로 들러도 충분하지만, 이왕 간 김에 아니메이트나 K-BOOKS 등 애니메이션 마니아를 위한 장소도 방문해 보자.

출발!

10:00

남코 난자타운

교자 스타디움에서
만두 맛보는 것은 필수!

11:30

선샤인 수족관

물개쇼 등 재미난 이벤트를
놓치지 말자

13:00

점심 식사(쿠아아이나)

아보카도가 들어간 두툼한
햄버거 하나면 배가 빵빵!

14:00

선샤인 시티

나에게 맞는 쇼핑 아이템을
찾아볼까?

16:00

아니메이트, K-BOOKS

만화 왕국 일본!
만화 세계에 푹 빠져보자

18:00

밀키웨이

자신의 별자리에 맞는 달콤한
파르페로 원기 회복~

19:30

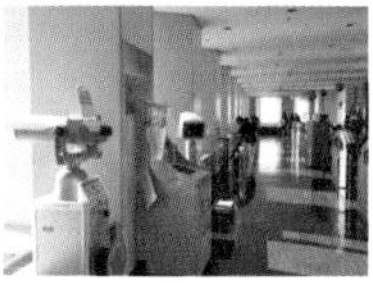

선샤인 60 전망대

도쿄의 야경을 감상하며
분위기를 만끽해 보자

20:30

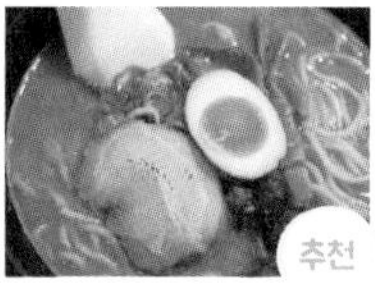

저녁 식사(무테키야)

이케부쿠로의 인기 라멘 맛집!
진한 육수가 일품이다

도착

Sightseeing

1

선샤인 수족관 SUNSHINE水族館

2011년에 새롭게 단장해 문을 연 선샤인 수족관은 '천공의 오아시스'를 콘셉트로 편안함과 휴식을 위한 공간으로 구성됐다. 규모가 큰 편은 아니지만 번화한 대도시 한복판에서 잠시 여유를 만끽하며 기분 전환을 하기에 충분하다. 머리 위로 헤엄치는 물개를 볼 수 있는 선샤인 아쿠아링, 해파리 터널 등 다양한 생물들의 생태와 신비한 모습을 볼 수 있어 아이들뿐 아니라 어른들에게도 충분히 흥미롭다. 특히 물개쇼, 다이버가 펼치는 수중 퍼포먼스, 해달과 펭귄에게 먹이 주기 등 다양한 이벤트도 마련돼 있다.

본관 1층은 바다, 해안, 만, 심해 등 다양한 수역에 사는 어류와 포유동물, 산호, 해파리 등의 무척추동물을 관람할 수 있다. 본관 2층은 세계 하천, 호수의 수변동물을 전시해 놓았는데 양서류와 파충류 등이 주를 이룬다. 옥외 공간에서는 귀여운 물개를 만날 수 있는데, 특히 오전 10시부터 오후 5시 사이에는 중앙에 설치된 선샤인 아쿠아링에서 자유롭게 헤엄치는 생물들을 관람할 수 있다.

위치	선샤인 시티 2층.
주소	東京都豊島区東池袋3-1-1
운영	10:00~18:00(토 · 일 · 공휴일은 사전 예약 필수)
휴무	연중무휴
요금	어른 2,600~2,800엔, 어린이 1,300~1,400엔, 유아 800~900엔 (시기에 따라 다름)
전화	03-3989-3466
홈피	sunshinecity.jp/aquarium

Sightseeing

2

남코 난자타운 ナムコ·ナンジャタウン

플레이스테이션, 닌텐도 등 게임으로 유명한 회사 반다이남코가 1996년 이케부쿠로 선샤인 시티 내에 오픈한 체험형 테마파크다. 2014년에 리뉴얼해 새로운 모습으로 재탄생했다. 크게 서양풍의 거리를 아기자기하게 꾸며 놓은 독킹검 광장Dokkingham Plaza, 1850년대 일본 거리를 재현해 놓은 후쿠부쿠로 나나초메 상점가福袋七丁目商店街, 유령 마을인 모노노케 반가이치もののけ番外地 세 구역으로 나뉜다. 독킹검 광장에는 초등학생 정도의 자녀가 있다면 특히 체험하고 즐길 수 있는 어트랙션이 많으며, 모노노케 반가이치에는 귀신 체험 어트랙션이 있어 인기가 많다. 뭐니 뭐니 해도 가장 유명한 것은 후쿠부쿠로 나나초메 상점가. 이곳에는 '난자 교자 스타디움', '후쿠부쿠로 디저트 요코초' 등의 푸드 테마파크가 있다. 특히 전국 각지의 유명한 만두점을 모아 놓은 교자 스타디움에서 다양한 교자를 맛보는 즐거움을 놓치지 말자.

위치	선샤인 시티 3층.
주소	東京都豊島区東池袋3-1-3
운영	10:00~21:00 (최종 입장 20:00)
요금	**입장료** 어른 1,000엔, 어린이 600엔
	입장료+시설무제한 이용료
	어른 3,700엔, 어린이 2,900엔
	나이트 입장료(오후 5시 이후)+ 시설무제한 이용료
	어른 2,000엔, 어린이 1,600엔
전화	03-5950-0765
홈피	bandainamco-am.co.jp/tp/namja

Sightseeing

3

선샤인 60 전망대 サンシャイン60展望台

선샤인 60 전망대가 개관 45주년을 맞는 2023년 4월 재오픈했다. 단순히 높은 곳에서 도쿄 시내를 조망할 수 있는 전망대에서 벗어나 다채로운 체험이 가능한 엔터테인먼트 장소로 탈바꿈하였다. '하늘의 공원'을 콘셉트로 하여 초록빛 잔디 공간을 조성했으며 날씨와 상관없이 느긋하게 휴식할 수 있다. 창가에는 2인승 그네도 두었다. '텐보 파크 카페'에서 도쿄 시내를 내려다보며 식사나 음료를 즐기는 것도 놓치지 말자.

위치	선샤인 시티 60층.
주소	東京都豊島区東池袋3-1-1
운영	11:00~21:00 (최종 입장 20:00)
요금	**어른**
	평일 700엔, 주말 · 공휴일 900엔
	초중생
	평일 500엔, 주말 · 공휴일 600엔
	초등학생 미만 무료
전화	03-3989-3457
홈피	sunshinecity.jp/observatory

Sightseeing

4

미나미이케부쿠로 공원 南池袋公園

이케부쿠로역에서 도보 5분 거리에 있다. 예전에는 부랑자들의 노숙 장소였지만, 대대적인 정비 후 주민들의 사랑을 받는 장소로 탈바꿈했다. 공원을 잘 가꾸고 효율적으로 이용하면서 지역 활성화를 도모하는 것을 목적으로, 상점회 · 주민회 · 구 대표자와 카페 레스토랑 운영자 등이 함께 공원의 이용 규칙 및 효율을 위해 노력하고 있다. 공원 내에 자리한 라시느Racines 레스토랑이 공원 정비를 담당하면서 영업을 한다. 먹을거리와 음료, 간단한 주류 등을 구매해 레스토랑 안은 물론이고 잘 가꿔진 공원 잔디밭이나 벤치에 앉아 즐길 수 있다. 주문한 음식은 종이 용기에 담아 제공된다. 아이들이 캐릭터 전문점을 구경하는 동안 잠시 피크닉 기분을 느끼며 여유로운 시간을 보내는 것도 추천한다.

위치 이케부쿠로역에서 도보 5분.
주소 東京都豊島区南池袋2-21-1
운영 08:00~22:00
전화 03-6907-0732
홈피 www.city.toshima.lg.jp/340/shisetsu/koen/026.html

Sightseeing

5

도쿄 사쿠라 트램 東京さくらトラム

2017년 '도쿄 사쿠라 트램'이라는 애칭이 생긴 도덴 아라카와선都電荒川線은 도쿄의 마지막 남은 노면전차이다. 레트로한 감성을 즐기고 싶다면 가고 싶은 만큼 타거나, 목적지가 노선상에 있다면 이동 수단으로 이용해도 좋다.

미노와바시(도쿄도 아라카와구)부터 와세다(도쿄도 신주쿠구) 구간의 정류장 30곳, 총길이 12.2km를 달리며 '도덴(도영 전철)'이라고도 불린다. 도덴 아라카와선 구간에는 계절에 따라 벚꽃이나 장미 등의 꽃구경 명소 및 문화를 접할 수 있는 명소, 오래된 맛집, 전통 상점가 등도 있어 볼거리나 먹을거리도 많다.

위치 히가시이케부쿠로욘초메역 (도덴 아라카와선).
주소 東京都豊島区東池袋5丁目
운영 10:00~22:00
요금 어른 170엔, 어린이 90엔
홈피 www.kotsu.metro.tokyo.jp/toden

Food

1

수프 스톡 SOUP STOCK

수프를 주요 테마로 한 체인 레스토랑으로 도쿄와 일본 전역에 매장이 있다. 최근에는 해외로까지 영역을 넓혀 싱가포르에 지점을 열었다.
이곳의 수프는 고급 레스토랑의 수프와 비교해도 전혀 뒤떨어지지 않는 맛과 질을 자랑한다. 1,000엔 내외의 금액에 질 좋은 수프를 맛볼 수 있기 때문에 꾸준히 인기를 얻고 있으며, 특히 젊은 여성들 사이에서 좋은 평가를 얻고 있다. 직접 만든다는 빵도 인기 만점이니 꼭 맛볼 것.

위치	에치카 지하 상가 1층.
주소	東京都豊島区西池袋3-28-14 エチカ池袋内
운영	08:00~23:00
요금	1인 1,000엔~
전화	03-5952-5707
홈피	www.soup-stock-tokyo.com

Food

2

무테키야 無敵家

라멘 맛집이 많은 이케부쿠로에서 길게 늘어선 줄로 인기를 증명하는 곳이다. 테이블이 없고 전 좌석이 카운터석이며, 빈자리 없이 꽉 들어찬 손님들로 좁은 매장이 언제나 북적거린다. 새벽 늦게까지 영업을 하기 때문에 늦은 시간 출출할 때 들르면 좋다.
가장 인기 있는 메뉴는 혼마루멘과 쓰케멘이다. 진한 육수가 우러난 국물에 특히 부드러우면서도 구수한 이곳의 차슈를 맛보면 역시 맛집이란 것을 인정하지 않을 수 없다. 보통과 곱빼기의 가격이 같으며 한국어 메뉴판도 있다.

위치	이케부쿠로역 동쪽 출구에서 오른쪽 세이부 백화점 방향으로 도보 10분. 준쿠도 서점 건너편.
주소	東京都豊島区南池袋1-17-1 崎本ビル1F
운영	10:30~04:00
요금	1인 980엔~
전화	03-3982-7656
홈피	www.mutekiya.com

Food

3

쿠아아이나 KUA'AINA

하와이의 3대 햄버거로 꼽힌다는 쿠아아이나의 도쿄 지점 중 하나다. 매장 인테리어가 마치 하와이에 와 있는 듯 열대의 분위기를 물씬 풍긴다. 가격대가 높은 편이지만, 그만큼 질 좋은 고기를 사용한다. 햄버거는 패티의 크기를 택해서 주문할 수 있으며 가격도 차이가 난다. 양이 많지 않다면 1/2 내지는 1/3 사이즈의 햄버거를 선택할 것! 가장 인기 있는 메뉴는 아보카도 햄버거. 두툼한 패티 위에 큼직하게 올려진 아보카도가 잘 어우러진다.

위치 선샤인 시티 지하 1층.
주소 豊島区東池袋3-1 サンシャインシティ内アルパB1F
운영 01:00~22:00 (LO 21:00)
요금 1인 1,000엔~
전화 03-5953-4811
홈피 www.kua-aina.com/shop/801.html

Food

4

규카츠 이로하 牛かついろは

예전부터 이케부쿠로에서 맛집으로 이름난 곳. 한국인 사이에서도 많이 알려져 있다. 가파른 계단을 따라 지하로 내려가면 몇 개의 테이블과 카운터석이 있는 좁은 공간이 나타난다. 레스토랑 자체는 크지 않지만 규카츠 맛만큼은 굿. 메뉴는 규카츠 한 가지로 동일하며, 고기의 양과 마(토로로)의 추가 여부를 선택할 수 있다.

위치 이케부쿠로역 북쪽 출구에서 도보 5분.
주소 東京都豊島区東池袋1-9-7 友光ビルB1F
운영 11:00~22:00 (LO 21:00)
요금 1인 1,400엔~
전화 03-3971-2838

Food

5

밀키웨이 MILKY WAY

별자리를 주제로 한 이색 테마 카페로 12개의 별자리에 따라 다른 모양의 파르페를 맛볼 수 있다. 푸른빛을 사용한 매장 인테리어가 신비로운 분위기를 연출하며, 한쪽 면이 통유리로 되어 있어 거리를 내려다볼 수 있는 것도 장점이다. 별자리마다 모양이 제각각이지만 생크림 위에 귤, 키위, 망고 등 다양한 과일과 부드러운 아이스크림, 별모양 과자 등의 토핑이 화려하고 앙증맞게 얹어져 나온다는 것은 공통점. 자신의 별자리에 맞는 파르페를 주문하는 재미를 누릴 수 있는 곳이다. 모양이 다른 만큼 별자리에 따라 가격도 조금씩 차이가 있다.

위치 이케부쿠로역 동쪽 출구에서 선샤인60도오리 방향으로 도보 4분.
주소 東京都豊島区東池袋1-12-8 富士喜ビル2F
운영 평일 11:30~21:00, 주말·공휴일 11:00~21:00
요금 1인 1,000엔~
전화 03-3985-7194

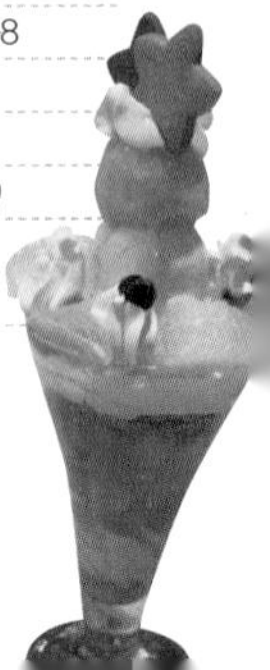

Food

❻

머메이드 커피 マーメイドコーヒ

밖에서 보기에는 그냥 '커피'라는 이름의 작은 카페. 하지만 그 안은 지하 1층에서 3층까지 독특하고 눈길을 끄는 소품으로 볼거리가 가득하며 가게에서 직접 로스팅한 신선하고 맛있는 커피도 마실 수 있다.
무테키야無敵家, 토리노아나鶏の穴, 롯칸도六感堂 등의 유명한 라멘집이 포진해 있는 라멘 격전구 이케부쿠로에서 라멘을 먹고, 머메이드 커피에서 맛있는 커피 한잔하는 코스를 추천!

위치	이케부쿠로역 동쪽 출구에서 300m 정도.		
주소	東京都豊島区東池袋1-23-4		
운영	09:00~22:00	휴무	화요일
요금	500엔~	전화	03-3985-7198

Food

❼

닛코리 맛코리 にっこり マッコリ

세이부 백화점 8층 식당가, 다이닝 파크 이케부쿠로의 라인업 중 눈에 띄는 한식집이자, 현지인에게 인기 있는 맛집이다. 닛코리 맛코리는 일본에 한국 막걸리 열풍을 불게 한 이동막걸리에서 운영하는 한식 체인점이다. 메뉴 가운데 바싹하게 구운 부침개 세트가 인기인데, 함께 나오는 찌개는 선택할 수 있다. 외국에서 한식이 어떻게 제공되는지 궁금하거나, 한 끼 정도는 한식을 먹고 싶다거나 할 때 실패 없이 먹을 수 있는 곳이다.

위치	세이부 백화점 8층.
주소	東京都豊島区南池袋1-28-1
운영	평일 11:00~23:00 (LO 22:00) 주말 · 공휴일 10:30~23:00 (LO 22:00)
요금	1인 1,200엔~
전화	03-6912-8247
홈피	www.niccori-maccori.jp

Shopping

❶

선샤인 시티 SUNSHINE CITY

이케부쿠로를 대표하는 랜드마크. 일본 캐릭터, 게임 마니아라면 놓쳐서는 안 될 반다이남코 크로스 스토어와 놀거리, 볼거리가 풍부한 옥내형 테마파크 남코 난자타운, 고대 오리엔트 박물관, 선샤인 수족관 등 다양한 엔터테인먼트 시설과 레스토랑이 있어 하루 종일 놀기에도 부족함이 없는 복합문화공간이다. 지하로 연결된 쇼핑몰은 선샤인 알파Sunshine Alpa와 선샤인 알타Sunshine Alta로 구분돼 있는데, 워낙 많은 상점이 있어 하루 안에 다 둘러보기에 벅찰 정도다. 선샤인 알파에는 10~20대 여성 취향의 패션숍들이 많으며, 각종 잡화와 캐릭터 상품까지 판매한다. 포켓몬의 다양한 캐릭터 상품을 만날 수 있는 포켓몬 센터 메가도 선샤인 알파에 있다.

위치	이케부쿠로역 동쪽 출구에서 정면 방향으로 도보 약 10분.
주소	東京都豊島区東池袋3-1-1
운영	10:00~20:00 (상점마다 다름)
전화	03-3989-3331
홈피	www.sunshinecity.co.jp

Shopping

2

아니메이트 アニメイト

아니메이트는 일본 전국에 100여 개의 매장을 가진 애니메이션 · 게임 전문점으로 이케부쿠로에는 본점과 아니메이트 아넥스, 카페 등이 있다. 본점에서는 과자 등의 식품과 잡지, 만화, 다양한 캐릭터 상품, 애니메이션 CD, DVD, 게임 등을 판매하고 있어 만화 왕국 일본의 모습을 실감할 수 있는데 2023년 3월부터 새롭게 단장하여 방문객의 발길이 이어지고 있다.

위치 이케부쿠로역 동쪽 출구에서 도보 5분. 카페는 오토메로드 입구 아넥스 건물과 나카이케부쿠로 공원 등에 있다.
주소 본점 東京都豊島区東池袋1-20-7
운영 평일 11:00~21:00, 주말 · 공휴일 10:00~20:00
전화 본점 03-3988-1351
홈피 본점 www.animate.co.jp
카페 cafe.animate.co.jp

Shopping

3

K-BOOKS K-BOOKS

각종 애니메이션 DVD, 만화, 동인지, 캐릭터용품 등을 파는 중고 상점 체인으로 캐릭터관 · 게임관 · 동인관 등 이케부쿠로에만 10개의 매장이 모여 있다. 아니메관에는 〈포켓몬스터〉, 〈요괴워치〉 등 어린이를 위한 애니메이션뿐만 아니라 〈세일러문〉 등 과거에 인기를 끌었던 애니메이션까지 다양한 제품이 있어 둘러보는 즐거움이 있다.

위치 이케부쿠로역 주변 지역.
주소 東京都豊島区東池袋
운영 11:00~20:30
전화 03-3985-5456
홈피 www.k-books.co.jp

Shopping

4

도부 백화점, 세이부 백화점 東武百貨店, 西武百貨店

"이상한 이케부쿠로, 동쪽이 세이부로, 서쪽은 도부~"라는 이케부쿠로 빅 카메라 주제가 가사처럼 이케부쿠로역은 중앙의 JR 역사를 기준으로 동쪽에는 세이부 백화점, 서쪽에는 도부 백화점이 있다.

도부 백화점은 도부 철도회사에서 운영하는 백화점으로 이케부쿠로역과 연결되어 접근성이 좋다. 특히 스파이스Spices로 불리는 도부 백화점의 식당가에는 괜찮은 레스토랑이 많다.

동쪽에 있는 세이부 백화점도 역과의 접근성이 좋다. 옥상에는 클로드 모네의 그림에서 영감을 받아 만든 공중 정원이 있는데, 여름에는 비어 가든이 열린다. 숙소가 이 근처라면 도심의 야경을 보며 친구나 연인과 함께해도 좋을 것이다.

도부 백화점

위치 이케부쿠로역 서쪽 출구와 연결.

주소 東京都豊島区西池袋1-1-25

운영 10:00~20:00 (점포마다 다름)

전화 03-3981-2211

홈피 www.tobu-dept.jp/ikebukuro

세이부 백화점

위치 이케부쿠로역 내에서 연결.

주소 東京都豊島区南池袋1-28-1

운영 월~토 10:00~21:00,
일 · 공휴일 10:00~20:00
(점포마다 다름)

전화 03-3981-0111

홈피 www.sogo-seibu.jp/ikebukuro

Shopping

5

준쿠도 서점 ジュンク堂書店

일본 전역에 수십 개의 지점을 갖고 있는 준쿠도 서점의 본점이다. 지하 1층~지상 9층 규모의 초대형 서점으로 각 층마다 주제에 맞는 도서들이 보기 좋게 진열돼 있으며, 마치 도서관에 온 듯한 느낌이다. 서점 안에는 북 카페가 있어 구입한 책을 읽으며 시간을 보낼 수 있다. 특히 지하 1층의 만화 코너는 이케부쿠로의 만화 전문점을 굳이 찾아갈 필요가 없을 정도로 많은 수의 책을 소장하고 있다.

위치 이케부쿠로역 동쪽 출구에서
오른쪽에 있는 세이부 백화점을
지나 도보 2분.

주소 東京都豊島区南池袋2-15-5

운영 10:00~22:00

휴무 1월 1일

전화 03-5956-6111

홈피 www.junkudo.co.jp

톡톡 튀는 젊음의 거리

04 하라주쿠 原宿, Harajuku

이처럼 구역별로 명확한 콘셉트를 가진 지역이 있을까? 하라주쿠는 작은 골목길을 따라 보물찾기 하듯 아기자기한 숍들이 즐비한 10대들의 명소 다케시타도오리竹下通り, 세상 어디에도 없는 유니크한 상점들로 가득한 캣 스트리트Cat Street, 가로수를 따라 걷기만 해도 여유로운 기분이 드는 오모테산도表参道, 세계적인 건물들과 유명 브랜드숍이 즐비한 아오야마青山 이 모든 지역을 아우른다. 그러니 전 세계 모든 연령층을 사로잡는 독특한 매력이 있는 지역일 수밖에 없다.

*
위치
JR 야마노테선山手線 하라주쿠역原宿駅 하차
도쿄 메트로 지요다선千代田線 메이지진구마에역明治神宮前駅 하차
도쿄 메트로 지요다선千代田線 오모테산도역表参道駅 하차
도쿄 메트로 긴자선銀座線 오모테산도역表参道駅 하차
도쿄 메트로 한조몬선半蔵門線 오모테산도역表参道駅 하차

하라주쿠
Harajuku
N
다케시타 출구
다케시타도오리 竹下通り
노아 커피
마리온 크레페
도고 신사 東鄉神社
레드 록
디자인 페스타 갤러리
메이지신궁
JR 하라주쿠역 原宿駅
위드 하라주쿠
이케아
유니클로
피너츠 카페 서니 사이드 키친
소라도
세컨드 스트리트
오모테산도 출구
규슈 장가라 라멘
라포레 하라주쿠
도쿄 메트로 지요다선
메이지진구마에역 明治神宮前駅
빌즈
에그스 앤 띵스
도큐 플라자
이치란
키디랜드
오리엔탈 바자
오모테산도 힐즈
플라잉타이거 코펜하겐
자이레
디올
하라주쿠 교자로우
오모테산도 表参道
헤이로쿠 스시
애플스토어
버버리
원 오모테산도
루이비통
보테가 베네타
요요기 공원 代々木公園
수요일의 앨리스
와라 타코
컬럼비아
넘버 슈가
니코앤드
래그태그
폴스미스
푸마
캣 스트리트 Cat's Street
메이지도오리 明治通り
JR 야마노테선
루크스 랍스터
데님 앤 서플라이
더 로스터리 바이 노지 커피
다 피오레
파타고니아
다마와라이
스트리머 커피 컴퍼니
시부야 캐스트
시부야역(약 1.5km)
도쿄 메트로 후쿠토신선
피콕
라테스트
롯폰기역(약 4km)
이솝
마이센
도쿄 메트로 한조몬선
아오야마 青山
키르훼봉
오모테산도역 表参道駅
이세이 미야케
미우미우
꼼데가르송
자라 홈
프라다
인터섹트 바이 렉서스
띠어리
르 라보
블루 브릭 라운지
Ao
네즈미술관 根津美術館
사봉
쿠아아이나
무인양품
라 포르트 아오야마
아오야마 북센터
도토루
국제연합대학
아오야마 가쿠인대학
아오야마도오리 青山通り

추천 하루 일정

one day course

하라주쿠의 일정은 아오야마, 캣 스트리트, 오모테산도, 다케시타도오리 등 독특한 매력으로 똘똘 뭉친 거리 산책에 포커스를 맞춰보자.

출발!

11:00

다케시타도오리

우리나라 대학가의 뒷골목 상점가가 연상되는 독특한 매력을 느껴보자

12:30

라포레 하라주쿠와 도큐 플라자

획일적인 브랜드가 식상하다면 이곳을 주목하자

13:30

추천

점심 식사(인터섹트 바이 렉서스)

고급스러우면서도 모던한 분위기를 즐겨보자

15:00

오모테산도

오모테산도 힐즈 등 멋진 건축물이 즐비한 거리를 여유 있게 걸어보자

17:30

아오야마

부티가 줄줄 흐르는 명품숍뿐 아니라 트렌디한 카페와 브런치 레스토랑이 즐비하다

19:00

추천

저녁 식사(마이센)

인기 돈카츠 전문 레스토랑에서 든든한 한 끼를!

도착

Sightseeing

❶

다케시타도오리 竹下通り

우리나라의 이대입구 앞에 형성돼 있는 골목 상점가와 비슷한 분위기를 풍긴다. 길지 않은 골목이지만 아기자기하고 독특한 숍들이 많아 특히 10대들에게 큰 사랑을 받고 있는 곳이다. 워낙 인기가 많은 스폿이다 보니 종종 대기업의 안테나숍이 들어서기도 하고 유명 레스토랑의 분점도 들어서 있다.
다케시타도오리 안쪽으로 다이소나 소라도 쇼핑몰은 물론 일본 분위기 물씬 풍기는 독특한 패션 소품점들이 즐비해 구경하는 재미도 쏠쏠하다. 거리를 걸으면서 하라주쿠의 명물인 크레이프를 맛보는 재미도 놓치지 말자.

위치 하라주쿠역 신호등 건너 바로.
주소 東京都渋谷区神宮前1
홈피 www.takeshita-street.com

Sightseeing

❷

캣 스트리트 CAT STREET

주변에 고양이가 많은 데서 거리 이름이 유래한 캣 스트리트는 최신 유행의 디자이너숍, 인기 있는 브랜드숍이 여유 있는 거리 양편으로 자리 잡고 있는 곳이다. 10~20대 초반의 젊은 여성이 좋아할 만한 숍이 많고 어수선한 다케시타도오리와 달리, 캣 스트리트는 좀 더 고급스럽고 세련된 가게들이 주를 이룬다. 그만큼 가격대도 만만치 않은 편.
랑방의 라이선스 브랜드인 랑방 옹 블루Lanvin en Bleu, 버버리 블랙라벨, 브랜드 의류 빈티지숍인 래그태그Rag Tag 등이 있어 산책하듯 쇼핑을 즐길 수 있는 곳이다.

위치 하라주쿠역 오모테산도 출구에서 정면의 육교 왼쪽으로 도보 8분.

Sightseeing

❸

오모테산도 表参道

'도쿄의 샹젤리제'라고 불리는 곳으로 루이비통, 샤넬, 까르띠에 등 이름만 들어도 알 만한 세계적인 명품 브랜드가 즐비한 거리다. 세련되고 고급스러운 명품을 파는 이 매장들은 건물 자체가 세계적인 건축가들의 작품이기도 하다. 세계적인 건축가 안도 다다오安藤忠雄가 설계한 오모테산도 힐즈 등 각기 다른 개성과 멋을 지닌 건축물들을 둘러보는 재미도 놓치지 말자.

위치 하라주쿠역 오모테산도 출구에서 도보 7분.
오모테산도역 A2 출구에서 도보 2분.
메이지진구마에역 5번 출구에서 도보 3분.

주소 東京都渋谷区神宮前

Sightseeing

❹

오모테산도 힐즈 表参道ヒルズ

하라주쿠를 대표하는 최첨단 복합공간으로 2006년 2월 문을 열었다. 안도 다다오가 설계해서 더욱 유명세를 떨치고 있는 곳. 채광을 중시하고 거리에 심어져 있는 느티나무의 높이에 맞춰 건물의 높이를 지정하는 등 최대한 자연을 활용하면서도 독특함을 잃지 않은 창조적인 디자인 때문에 건축학도들의 방문도 끊이지 않는다. 지하 6층부터 지상 6층까지 총 12개의 층으로 이뤄져 있으며 본관, 서관, 도준관으로 구성돼 있다. 주거 공간뿐 아니라 명품숍과 멀티숍, 전시장, 레스토랑 등이 자리하고 있다.

위치 하라주쿠역 오모테산도 출구에서 도보 7분.
오모테산도역 A2 출구에서 도보 2분.
메이지진구마에역 5번 출구에서 도보 3분.

주소 東京都渋谷区神宮前4-12-10

운영 **숍** 월~토 11:00~21:00, 일 11:00~20:00
레스토랑 월~토 11:00~23:00, 일 11:00~22:00

전화 03-3497-0310

홈피 www.omotesandohills.com/ko/

Sightseeing

5

아오야마 青山

도쿄의 부자 동네 중 하나로 손꼽히는 지역이다. 그래서인지 거리마다 명품숍 위주의 매장과 아름다운 건축물들이 늘어서 있으며 하라주쿠 중심보다 한결 여유로운 분위기다. 프라다, 미우미우, 꼼데가르송, 이세이 미야케 등의 단독 매장이 경쟁하듯 늘어서 있다. 거리 곳곳에는 수준 높은 프렌치 레스토랑과 디저트 카페, 재즈 카페 등도 숨어 있다. 골목 끝에 자리한 네즈 미술관을 둘러보는 것도 놓치지 말자.

위치	오모테산도역에서 도보 약 15분.
주소	東京港区南青山

Sightseeing

6

네즈 미술관 根津美術館

사업가인 네즈 가이치로根津嘉一郎(1860~1940)의 수집품들을 전시하기 위해 1940년 개관한 미술관으로 회화, 조각, 도예 등 동양의 다양한 고미술품들이 전시되어 있다. 우리나라의 금동여래입상, 금동삼존불입상도 이곳에서 찾아볼 수 있다. 시기에 따라 열리는 특별전이나 상시 전시되는 미술품의 가치도 높게 평가되지만, 특히 이곳은 잘 가꿔진 일본식 정원 덕에 더욱 많은 사랑을 받고 있다. 미술관은 유명 건축가 구마 겐코의 건축물로 미술관의 입구를 푸릇한 대나무들로 수놓아 복잡한 도심에서 또 다른 세계로 들어서는 듯한 여유를 느끼게 한다.

위치	오모테산도역 A8 출구에서 도보 5분.
주소	東京都港区南青山6-5-1
운영	10:00~17:00 (마지막 입장 16:30)
휴무	월요일, 전시 교체 기간 (월요일이 공휴일인 경우 개방하며 다음 날인 화요일 휴관)
요금	어른 1,500엔, 고교생 1,200엔
전화	03-3400-2536
홈피	www.nezu-muse.or.jp

Food

①

마이센 まい泉

와코와 마찬가지로 인기 있는 일본 돈카츠 전문 레스토랑으로 손꼽히는 곳이지만 와코보다 한층 더 고급스럽고 포스가 있는 편이다. 금싸라기 땅인 오모테산도에 단독 건물을 사용하고 있는데, 번듯한 주차장과 포장손님용 부스까지 따로 마련돼 있다. 마이센의 가장 인기 있는 메뉴는 구로부타 히레카츠黒豚ヒレかつ膳. 흑돼지로 만든 돈카츠를 두툼하게 튀겨낸 것인데 가격은 상당히 높은 편. 가장 대중적인 메뉴는 히레카츠 정식ヒレかつ膳이다. 양이 적어 보여도 두께가 두툼하기 때문에 든든한 한 끼로 모자람이 없다. 함께 나오는 무즙에 간장을 섞고 여기에 유자 고춧가루, 소금, 후추, 허브 가루를 취향에 따라 넣어 먹으면 된다. 양배추는 무한 리필된다.

위치 오모테산도역 A2 출구에서 도보 2분.
주소 東京都渋谷区神宮前4-8-5
운영 11:00~21:00
요금 1인 1,500엔 내외
전화 050-3188-5802
홈피 www.mai-sen.com

Food

②

하라주쿠 교자로우 原宿餃子楼

우리나라의 담백한 만두와 흡사한 교자를 맛볼 수 있는 곳이다. 하라주쿠 교자로우에서 판매하는 대표 메뉴는 물만두, 군만두, 모야시もやし(숙주나물) 세 가지다. 협소하지만 깔끔한 분위기로 가운데 주방이 있고 사각으로 바 테이블이 감싸고 있는 형태다. 교자는 1인분에 6개 정도가 제공되는데 식사로 해결할 경우엔 여기에 밥이나 숙주를 주문해 함께 곁들여 먹어도 좋다. 한국어 메뉴도 따로 준비돼 있다.

위치 하라주쿠역에서 메이지도오리까지 직진하다가 우회전해서 조금만 내려가면 사거리가 나오고, 사거리에서 길을 건너 우측 방면으로 직진. 두 번째 나오는 골목길로 들어가면 바로.
주소 東京都渋谷区神宮前6-2-4
운영 11:30~22:30 (LO 22:00)
요금 군만두 340엔~
전화 03-3406-4743
홈피 www.harajukugyozaro.com

Food

3

레드 록 RED ROCK

압도적인 비주얼을 자랑하는 이곳의 시그니처 메뉴 사진을 본다면 기꺼이 웨이팅을 감내하게 될 각오가 설지도 모르겠다. 육류를 이용한 덮밥을 판매하는 곳으로, 가장 인기 있는 메뉴는 얇은 로스트 비프를 산처럼 쌓고 달걀 노른자와 요거트 소스로 절묘한 맛을 낸 로스트 비프동, 그리고 레어에 가까운 스테이크를 푸짐히 얹은 스테이크동이다. 고기의 양에 따라 2가지 사이즈로 판매하고 있으며 로코모코를 비롯한 다른 메뉴들도 갖추고 있다. 입장 전에 점포 내에 있는 자판기를 통해 티켓을 구입하고 자리를 안내받아 티켓을 제시하면 음식을 가져다준다.

위치 하라주쿠역 오모테산도 방면으로 나와 오모테산도 길을 따라 내려오다 도큐 플라자 앞에서 왼쪽으로 꺾어 2~3분 직진하면 우측 지하에 위치.
주소 東京都渋谷区神宮前3-25-12 フジビルB1F
운영 11:30~21:30
요금 1인 1,100엔~
전화 03-6721-1729
홈피 redrock-kobebeef.com

Food

4

키르훼봉 QUIL FAIT BON

도쿄에도 여러 개의 지점을 가지고 있는 타르트 전문점이다. 프랑스 농가를 모티브로 삼아 만들어졌다는 이곳은 카페인 듯 꽃가게인 듯 아기자기하게 꾸며져 있다. 키르훼봉의 최고 인기 메뉴는 상큼하고 달콤한 딸기 타르트와 과일 혼합 타르트. 매장에도 먹을 만한 공간이 있지만 대부분 포장손님이 주를 이룬다. 가격대는 살짝 높지만 그만큼 수준 높은 이곳의 타르트는 한 번쯤 맛볼 만하다.

위치 오모테산도역 A4 출구에서 약 100m.
주소 東京都港区南青山3-18-5
운영 **숍** 11:00~19:00
카페 평일 12:00~19:00 (LO 18:30),
주말 · 공휴일 11:00~19:00 (LO 18:30)
요금 1인 1,000엔~
전화 03-5414-7741 홈피 www.quil-fait-bon.com

Food

5

헤이로쿠 스시 平禄寿司

도쿄에는 부담 없는 가격에 퀄리티 높은 스시를 먹을 수 있는 회전초밥집이 많은데, 헤이로쿠 스시도 그중 하나다. 몇 바퀴째 돌고 있는지 알 수 없는 회전 벨트 위의 스시 대신 원하는 걸 직접 주문하는 게 좀 더 맛있고 신선한 스시를 먹을 수 있는 방법이다.

위치 하라주쿠역 오모테산도 출구에서 도보 10분.
오모테산도역 A1 출구에서 도보 3분.
주소 東京都渋谷区神宮前5-8-5
운영 11:00~21:30 요금 스시 1접시 130엔~
전화 03-3498-3968 홈피 www.heiroku.jp

Food

6

규슈 장가라 라멘
九州じゃんがら

돼지 뼈를 푹 곤 뽀얀 국물의 라멘으로 마니아층이 있을 정도로 인기가 많다. 도쿄에 5개의 지점을 운영하고 있으며 아키하바라에 본점이 있다. 대표 메뉴는 규슈 장가라 라멘. 한국어로도 메뉴가 준비돼 있다. 크리미한 맛의 본샨ぼんしゃん, 마늘 맛의 고본샨こぼんしゃん, 매운맛의 가라본샨からぼんしゃん 등이 있으니 취향에 맞게 주문하자.

위치	하라주쿠역 오모테산도 방면으로 도보 약 2분.
주소	東京都渋谷区神宮前 1-13-21
운영	10:00~22:00
요금	1인 800엔~
전화	03-3404-5405
홈피	www.kyusyujangara.co.jp

Food

7

더 로스터리 바이 노지 커피
THE ROASTERY BY NOZY COFFEE

세타가야 산겐자야에 있는 유명한 커피 전문점 노지 커피를 하라주쿠에서도 맛볼 수 있다. 뉴욕 스타일의 인테리어에 친절한 직원들이 반갑게 맞아주는 로스터리 카페는 노지 커피와의 제휴를 통해 최상의 커피를 제공하고 있다. 설탕을 듬뿍 뿌린 두툼한 도넛과 함께 커피 한잔으로 쇼핑 중 지친 다리와 허기를 달래며 쉬어 가기에 제격이다. 맛있는 커피에 무료 와이파이까지 가능하니 금상첨화.

위치	캣 스트리트 데님 앤 서플라이 옆 건물에 위치.		
주소	東京都渋谷区神宮前5-17-3		
운영	10:00~20:00	휴무	연중무휴
요금	650엔~	전화	03-6450-5755
홈피	www.tysons.jp/roastery		

Food

8

인터섹트 바이 렉서스 INTERSECT BY LEXUS TOKYO

인터섹트 바이 렉서스는 도요타가 고급 자동차 브랜드 렉서스를 라이프스타일 브랜드로 확장하기 위한 전략의 일환으로 2013년 8월 30일 아오야마에 오픈한 공간이다. 1층은 카페, 2층은 '모던 도쿄'를 테마로 한 음식을 제공하는 비스트로로 운영하고 있다. 고급스러운 실내는 자동차와 관련된 인테리어로 장식되어 있고 렉서스가 제안하는 라이프스타일 소비재인 신발, 의류, 가방 등 장인들이 만든 제품들도 전시돼 있다. 명품숍이 즐비한 아오야마에 자리한 건물의 화려한 외관 탓에 쉽게 접근할 수 없는 분위기이지만, 실제로는 수준 높은 요리를 저렴한 가격에 먹을 수 있는 곳이다. 제철 식재료를 사용한 고품질의 음식을 부담 없는 가격에 즐길 수 있는 기회를 놓치지 말자.

위치	오모테산도역 A5 출구에서 도보 3분.
주소	東京都港区南青山 4-21-26 Ruelle青山
운영	**카페** 09:00~23:00 **비스트로 라운지** 11:00~23:00
요금	런치 1,300엔~
전화	03-6447-1540
홈피	lexus.jp/brand/intersect/tokyo

Food

9

블루 브릭 라운지 BLUE BRICK LOUNGE

과자로 유명한 요쿠모쿠에서 운영하는 브런치 카페. 아오야마 거리를 걷다 보면 마주치는 새파란 타일의 외관은 굉장히 독특해서 그 자체만으로도 궁금증을 불러일으킨다. 실내 좌석과 야외 좌석이 있는데 날씨가 좋을 때는 야와 좌석을 추천한다. 샌드위치, 갈레트 등으로 구성된 런치 세트, 애프터눈티, 화려하고 아기자기한 디저트 등 어느 것을 선택해도 기본 이상의 퀄리티를 제공한다. 요꾸모꾸는 일본인들 사이에 부담없이 주고받는 선물용 과자로 인기가 많다고 한다. 버터를 많이 사용하여 부서질 듯 부드러운 식감을 주는 시가롤이 대표 상품으로 카페 입구에서 요꾸모꾸의 상품들을 구입할 수 있다.

위치	오모테산도역 A8 출구에서 도보 4분
주소	東京都港区南青山5-3-3
운영	10:00~19:00 (LO 18:30)
요금	1,000엔~
전화	03-5485-3340
홈피	www.yokumoku.co.jp/store/tokyo/509/#tabArea1

Food

10

와라 타코 笑たこ

〈배틀 트립〉이라는 프로그램에 등장해 단숨에 인기 명소로 자리매김한 곳이다. 워낙 유동 인구가 많은 하라주쿠의 캣 스트리트에 위치하고 있어 오가며 들르기에 좋다. 간판에 인기 순서대로 번호가 적혀 있어 주문하기 편한데, 방송에 나왔던 메뉴인 시오네기마요(소금, 파, 마요)가 한국인에게는 가장 인기 있다. 소스와 재료의 환상적인 배합은 물론 겉은 바삭하고 속은 쫄깃하고 부드럽다.

위치	메이지진구마에역에서 도보 약 3분. 캣 스트리트 내에 위치.
주소	東京都渋谷区神宮前5-11-3
운영	11:00~20:00
요금	1인 580엔~
전화	03-3409-8787
홈피	waratako.com

Food

⑪

루크스 랍스터 LUKE'S LOBSTER

뉴욕에서 상륙한 인기 맛집으로 랍스터를 잔뜩 넣은 바게트롤이 대표 메뉴다. 사이즈는 일반 사이즈와 US사이즈로 통하는 큰 사이즈 중 고를 수 있다. 테이크아웃해서 먹는 형식이며 랍스터 외에도 크랩롤, 슈림프롤 등의 메뉴와 랍스터와 다른 재료를 반반 섞어서 만든 반반 메뉴도 준비돼 있다.

위치	메이지진구마에역에서 도보 약 3분. 캣 스트리트 내에 위치.
주소	東京都渋谷区神宮前5-25-4 BARCAビル1F
운영	화 · 수요일 11:00~18:00 목~월요일 11:00~20:00
요금	1인 1,100~1,780엔
전화	03-5778-3747
홈피	www.flavorworks.co.jp/brand/lukeslobster.html

Food

⑫

노아 커피 NOA COFFEE

하라주쿠에서 가장 오래된 카페로 다케시타 거리 바로 초입에 있다. 1950년대에 창업한 이 카페는 최근에 리모델링을 통해 현대적이고 편안한 느낌의 카페로 재탄생했다. 바삭한 와플이 대표 메뉴인데 각종 과일을 얹은 와플과 파르페 외에 샐러드, 수프 등도 판매하고 있어 간단하게 끼니를 해결하기에 좋다. 이른 아침부터 밤늦은 시간까지 운영을 하며 좌석 수가 많기 때문에 붐비는 시간대만 아니라면 웨이팅을 하지 않는 것도 장점.

위치	하라주쿠역 다케시타 출구에서 도보 1분.
주소	東京都渋谷区神宮前1-17-5
운영	08:00~23:00
요금	1인 1,000엔~
전화	03-3401-7655
홈피	www.noacafe.jp/harajuku

Food

⓭

피너츠 카페 서니 사이드 키친 PEANUTS CAFE SUNNY SIDE KITCHEN

귀여운 스누피를 테마로 한 카페 겸 캐릭터숍. 캐릭터 테마 카페라 아이들을 동반한 가족들이 많이 방문할 것 같지만 의외로 도쿄의 젊은 연인들에게 인기가 많다. 스누피를 좋아하는 사람이라면 귀여워서 비명을 지를 앙증맞은 스누피 캐릭터가 카페 안 곳곳에 있다. 캐릭터 테마 카페라 하면 캐릭터로 꾸며놓고 음료와 음식은 수준 이하인 경우도 많은데 하라주쿠의 피너츠 카페 서니 사이드 키친은 '하루를 행복하게 하고 건강한 음식'을 모토로 유기농 그래놀라와 신선한 채소를 듬뿍 사용한 건강식을 제공한다. 매장 안에 스누피 캐릭터용품들도 판매하고 있어 식사를 하지 않더라도 구경이 가능하다.

위치 하라주쿠역 다케시타 출구로 나와 도보 2분.
주소 東京都渋谷区神宮前1-14-30 WITH HARAJUKU B2F
운영 09:00~21:30 (LO 20:30)
요금 1인 1,600엔~
전화 03-6434-0046
홈피 www.peanutscafe.jp/shoplist/sunny-side-kitchen

Shopping

❶

넘버 슈가 NUMBER SUGAR

수제 캐러멜 전문점이다. 고급스러운 패키지와 다양하고 뛰어난 맛으로 캐러멜을 좋아하지 않는 사람도 한 번쯤 들러볼 만하다. 시식이 가능한 아이템도 있고 예쁘고 다양한 선물 패키지도 마련돼 있는데, 그중 12가지 맛을 모두 맛볼 수 있는 상품이 인기. 재미 삼아 부담 없이 한두 개 사서 맛봐도 좋을 낱개 상품도 있는데 바닐라와 솔트가 인기가 좋다. 인기 순위대로 진열돼 있어 고르기 편리하다. 한두 개를 사더라도 정성스럽게 포장해 준다.

위치 메이지진구마에역 4번 출구에서 도보 약 5분. 캣 스트리트 내에 위치.
주소 東京都渋谷区神宮前5-11-11 1F
운영 11:00~19:00
요금 1개 124엔~
전화 03-6427-3334
홈피 numbersugar.jp

Shopping

2

소라도 SOLADO

일본의 중고생들을 타깃으로 한 젊은 감각의 숍들이 포진해 있는 작은 쇼핑몰이다. 지하 1층부터 지상 3층까지 총 4개 층으로 구성돼 있으며 내부에는 패션 매장뿐 아니라 식음료를 파는 매장도 함께 자리하고 있다.
'Solar(태양)' 아래에서 'Do(활동하다)'라는 합성어로 음계 '솔라도'를 중의적으로 표현하고 있다. 이름처럼 전반적으로 밝고 화사한 분위기로 1층에는 탁 트인 느낌의 야외 통로가, 3층에는 디저트를 즐길 수 있는 테라스가 마련돼 있다.

위치	하라주쿠역 다케시타 출구로 나와 다케시타도오리를 따라 직진해 내려오면 오른편에 위치.
주소	東京都渋谷区神宮前1-8-2
운영	평일 10:30~20:30, 주말 · 공휴일 10:30~21:00
전화	03-6440-0568
홈피	www.solado.jp

Shopping

3

라포레 하라주쿠 ラフォーレ原宿

1978년 오픈한 쇼핑몰로 둥근 모양의 독특한 건물이 눈길을 잡아끌며 하라주쿠의 랜드마크로 자리 잡은 곳이다. 액세서리, 신발, 서적 등을 파는 140여 개의 숍이 입점해 있는데, 20대 여성들이 좋아하는 브랜드들이 대부분이다. 독특한 디자인의 의류, 가방 등은 패션에 민감한 도쿄 젊은이들이 이곳으로 몰리는 이유라 할 수 있다.
1월 중순과 7월 중순에 하는 대대적인 세일에는 엄청난 인파가 몰리며, 브랜드별 타임 세일이 특히 유명하다. 이를 잘 활용하면 저렴한 가격에 최신 유행하는 옷을 손에 넣을 수 있다.

위치	메이지진구마에역 5번 출구에서 도보 2분. 하라주쿠역 오모테산도 출구에서 직진하다 4차선 대로변에서 좌회전하면 바로.
주소	東京都渋谷区神宮前1-11-6
운영	11:00~20:00
휴무	연중무휴
전화	03-3475-0411
홈피	www.laforet.ne.jp

Shopping

4

수요일의 앨리스 水曜日のアリス

『이상한 나라의 앨리스』를 테마로 한 독특한 상점이다. 나고야와 오사카에서 선풍적인 인기를 끈 곳으로, 2014년 10월 도쿄 하라주쿠에 3호점이 문을 열었다. 외관부터 신비한 분위기를 연출하는 이곳은 단순한 상점 이상의 모습을 보여주며 도쿄의 젊은 여성들을 사로잡았다.

3층으로 이뤄진 매장 곳곳에는 『이상한 나라의 앨리스』에 등장하는 캐릭터들이 전시돼 있어 쇼핑하는 동안 의외의 즐거움을 선사한다. 1층에는 과자, 사탕, 홍차 등 입을 즐겁게 해주는 간식, 2층과 3층에는 액세서리와 에코 가방 등을 판매한다. 액세서리 같은 것은 가격도 저렴하기 때문에 가벼운 마음으로 둘러보며 쇼핑하기에 좋다.

위치 메이지진구마에역 7번 출구에서 오른쪽으로 도보 3분.
주소 東京都渋谷区神宮前6-28-3 カノンビル1~3F
운영 11:00~19:00
전화 03-6427-9868
홈피 www.aliceonwednesday.jp

Shopping

5

니코앤드 NIKO AND

일본 전역에 많은 매장을 가진 라이프스타일 편집숍으로 2014년 하라주쿠에도 문을 연 이후 여전히 인기를 끌고 있다. 의류, 신발 등의 잡화와 자연스러우면서도 멋진 인테리어 소품들이 매장 안을 채우고 있다. 편안한 매장 분위기에 차분하면서도 내추럴한 느낌의 제품들이 많다.

위치 메이지진구마에역 7번 출구에서 신호등 건너 오른쪽으로 도보 5분.
주소 東京都渋谷区神宮前6-12-20 1~2F
운영 11:00~21:00
전화 03-5778-3304
홈피 www.nikoand.jp/tokyo/

Shopping

6

래그태그 RAGTAG

우수한 퀄리티의 의류, 가방, 신발, 액세서리 등 다양한 아이템을 갖추고 있는 중고 명품숍이다. 하라주쿠 외에 시부야, 신주쿠, 시모키타자와 등 전국에 지점이 있다. 총 3층으로 1층에는 비교적 저렴한 남녀 중고 의류, 2층에는 명품 의류, 3층에는 명품백 코너와 휴게 코너가 있다. 매장이 넓고 브랜드와 아이템별로 깔끔하게 분류되어 있어 쇼핑하기가 쉽다.

위치 메이지진구마에역 1번 출구에서 도보 약 7분. 캣 스트리트 내에 위치.
주소 東京都渋谷区神宮前6-14-2
운영 11:00~20:00 전화 03-6419-3770
홈피 www.ragtag.jp/real-store/

Shopping

7

도큐 플라자 東急プラザ

2012년 오픈해 라포레 하라주쿠, 오모테산도 힐즈와 함께 하라주쿠의 3대 쇼핑 스폿으로 손꼽히는 곳이다. 쾌적한 쇼핑 공간과 감각적인 숍 컬렉션으로 이미 젊은이들에게 많은 호응을 받고 있다. 또한 도큐 플라자만의 자랑인 '오모하라의 숲(오모하라는 오모테산도와 하라주쿠의 합성어)'은 각종 나무들을 배치한 도심 속 옥상정원으로서 휴식 공간으로 많은 사랑을 받고 있다.
지하 1층부터 지상 4층에 타미힐피거, 더 셀터 도쿄 등 큰 규모의 매장이 입점해 있으며 그 밖에 여러 패션 브랜드숍이 들어서 있다. 5층에는 생활잡화 브랜드가 자리하고 있고, 6~7층은 식당가로서 스타벅스와 유명 브런치 전문 레스토랑인 빌즈 등이 있다.

위치	하라주쿠역 오모테산도 출구에서 도보 4분. 라포레 하라주쿠 맞은편에 위치.
주소	東京都渋谷区神宮前4-30-3
운영	쇼핑몰 11:00~20:00, 식당가 08:30~22:00
전화	03-3497-0418
홈피	omohara.tokyu-plaza.com/kr

Shopping

8

키디랜드 KIDDY LAND

캐릭터를 좋아하는 사람이라면 주목! 깔끔하고 아기자기한 매력이 넘치는 키디랜드는 헬로키티, 리락쿠마 등 국내외에서 인기 있는 캐릭터 상품들을 모아 놓은 종합 캐릭터 전문점이다.
캐릭터가 워낙 발달한 일본이라 어디에서나 캐릭터 상품들을 쉽게 접할 수 있는데 이 캐릭터 왕국에서 스누피, 레고, 미피 등 층별로 전시된 다양한 상품들을 구경하다 보면 시간 가는 줄 모르고 흠뻑 빠져들 것이다. 주말에는 사람들로 북새통을 이루니 참고할 것.

위치	메이지진구마에역 4번 출구에서 신호등 건너 오모테산도 방향으로 도보 5분.
주소	東京都渋谷区神宮前6-1-9
운영	11:00~20:00
전화	03-3409-3431
홈피	www.kiddyland.co.jp/harajuku

05

최첨단 복합문화지역

롯폰기 六本木, Roppongi

롯폰기는 롯폰기 힐즈와 도쿄 미드타운으로 대표되는 최첨단 복합문화지역으로 손꼽힌다. 아사쿠사나 긴자 등이 도쿄의 정서를 고스란히 간직한 과거의 모습을 보여주고 하라주쿠나 시부야가 도쿄의 현재를 대변한다면, 롯폰기 일대는 가장 미래지향적인 분위기를 풍긴다 하겠다. 세계적인 기업의 빌딩과 세련된 복합시설 외에도 모리 미술관, 국립신미술관, 산토리 미술관 등도 자리하고 있어 그야말로 쇼핑, 다이닝, 예술을 아우르는 기능을 완벽하게 해내는 도쿄의 중심이라 할 수 있다.

*
위치
도쿄 메트로 히비야선日比谷線 롯폰기역六本木駅 하차
도쿄 메트로 지요다선千代田線 노기자카역乃木坂駅 하차
도에이 오에도선大江戸線 롯폰기역六本木駅 하차

롯폰기 Roppongi

아자부주반 Azabu-Jūban

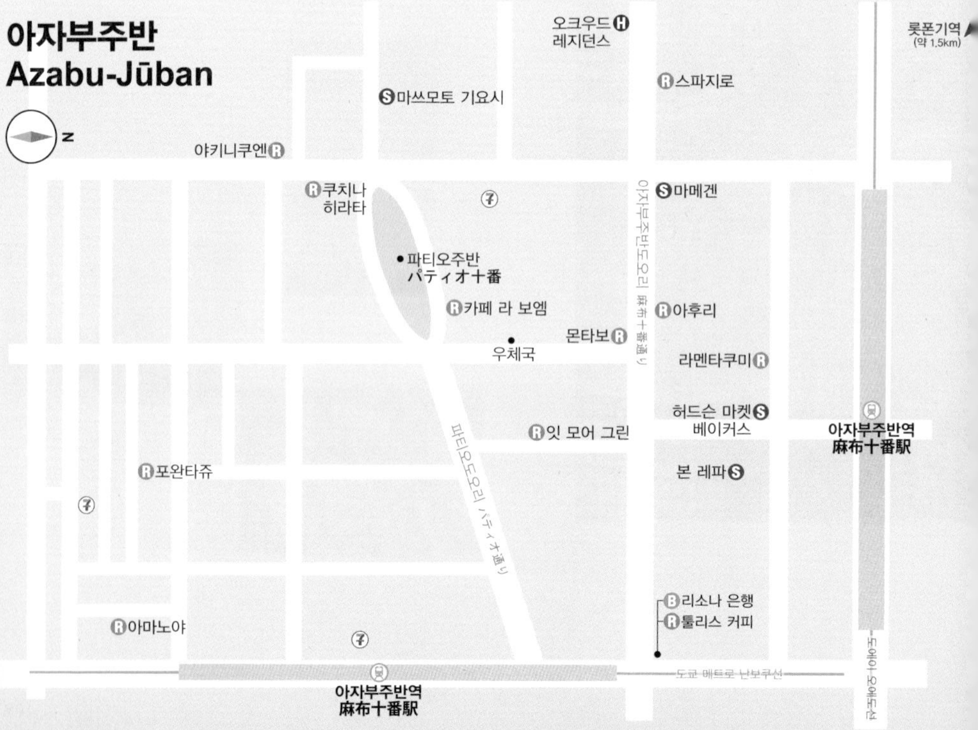

one day course

추천 하루 일정

롯폰기의 주요 볼거리인 도쿄 미드타운, 롯폰기 힐즈, 도쿄타워는 서로 거리가 좀 떨어져 있다. 도쿄타워를 일정에 넣는다면 하루의 시작이나 마지막이 좋고, 두 스폿 간 이동은 택시를 이용해 보는 것도 추천한다.

출발!

10:00

도쿄타워

낮에도 밤에도
멋진 풍경을 볼 수 있다

11:00

하브스

푸짐하고 달콤한
하브스의 밀크레이프는
최고 인기 메뉴

12:00

도쿄 미드타운

도쿄의 손꼽히는
핫플레이스를 여유롭게
돌아보자

13:00

점심 식사(아후리)

아후리의 유자시오라멘은
라멘 초보자에게도 OK

14:00

국립신미술관

보고 싶은 전시를 골라
천천히 감상해 보자

16:30

롯폰기 힐즈

박물관, 갤러리, 전망대,
극장 등이 몰려 있는
최고의 복합문화시설!

18:30

조몬

꼬치 요리와 함께
술 한잔하며 하루를 마무리!

도착

1

도쿄 미드타운 東京ミッドタウン

번화한 도심 한복판에 우거진 넓은 녹지와 현대적인 고층 빌딩으로 구성된 복합공간이며 도쿄 시민들의 휴식과 쇼핑을 위한 명소로 자리 잡은 곳이다. 관광객이 들를 만한 스폿은 쇼핑 공간인 '갤러리아'와 '플라자', 그리고 '가든'이라는 녹지다.

총 4층으로 이뤄진 갤러리아는 1층에서 4층까지 중간이 뻥 뚫린 구조와 자연을 잘 살린 인테리어로 기존의 쇼핑 센터와는 다른 차별점을 보여준다. 쇼핑객의 편의를 고려해 곳곳에 놓인 의자들 하나에서도 도시 속의 힐링을 테마로 한 갤러리아의 콘셉트를 엿볼 수 있다. 갤러리아 내의 가든 테라스에서는 자연을 만끽하며 식사를 즐길 수 있다. 카페와 빵집, 개성 만점의 숍들이 늘어선 공간인 플라자 역시 둘러볼 만하다.

가든은 나무와 잔디로 이뤄진 공간으로 히노키초 공원이 한 부분을 차지한다. 인공적이지만 아름다운 분수와 폭포수를 통해 여유로움을 느낄 수 있는 공간이다.

위치 롯폰기역 8번 출구에서 연결.
노기자카역 3번 출구에서 도보 3분.
주소 東京都港区赤坂9-7-1
운영 11:00~21:00 (상점마다 다름)
전화 03-3475-3100
홈피 www.tokyo-midtown.com

Sightseeing

❷

도쿄타워 東京タワー

파리 에펠탑 설계를 기반으로 만든 도쿄타워는 1958년 전망대 등의 편의시설을 설치한 전파탑으로 문을 열었다. 도쿄 스카이트리에 기능을 일부 이전하긴 했지만 지금도 관동 지역 일부에 디지털 텔레비전 방송과 일부 라디오 방송을 발신하고 있다. 145m 고도에 대전망대가 설치돼 있으며 2개 층으로 구성돼 있다. 바닥이 유리로 되어 있는 이른바 '룩다운 윈도'가 있어 도쿄타워의 발밑 풍경과 함께 아찔함을 맛볼 수 있다. 250m 지점의 특별전망대는 우주공간처럼 꾸며져 있는데, 저녁이면 LED조명과 환상적인 음향시설로 분위기가 무르익는다. 날씨가 좋으면 후지산과 쓰쿠바산을 조망할 수 있다. 이 밖에도 푸드코트, 기념품숍 등이 내부에 자리하고 있으며 금~일요일 및 공휴일에는 저녁 8시부터 특별한 조명을 밝힌 도쿄타워의 모습을 볼 수 있다.

위치 아카바네바시역에서 나와 바로 앞에 있는 신호등을 건넌 후 다시 나오는 신호등을 건너면 주유소가 보인다. 주유소를 왼편에 두고 계속 올라간다. 도보 약 7분.
주소 東京都港区芝公園4-2-8
운영 전망대 09:00~22:30 (최종 입장 22:00)
요금 어른 1,200엔, 고등학생 1,000엔, 초중생 700엔, 4세 이상 500엔
전화 03-3433-5111 홈피 www.tokyotower.co.jp

Sightseeing

❸

롯폰기 힐즈 六本木ヒルズ

단순한 상업시설을 뛰어넘는 새로운 비전의 문화도심이라는 콘셉트를 내걸고 완공된 곳이다. 롯폰기 힐즈의 심볼인 모리타워는 54개 층, 높이가 무려 238m에 이른다. 모리 미술관, 모리 아트 센터 갤러리, 전망대, 극장 등 문화공간뿐 아니라 롯폰기 힐즈 아레나를 중심으로 그랜드 하얏트 호텔과 각종 숍, 레스토랑이 자리하고 있다. 모리 타워의 입구 앞에는 루이즈 부르주아의 작품 '마망'이 세워져 있다.

위치 롯폰기역(메트로 히비야선) 1C 출구에서 바로 연결.
롯폰기역(도에이 오에도선) 3번 출구에서 도보 약 4분.
주소 東京都港区六本 6-11-1
운영 숍 11:00~20:00, 레스토랑 11:00~23:00
전화 03-6406-6000
홈피 www.roppongihills.com

Sightseeing

4

국립신미술관 国立新美術館

'숲속의 미술관'을 콘셉트로 건축가 구로카와 기쇼가 설계한 국립미술관. 실내에 자리한 뒤집힌 원뿔 모양의 구조물로 유명하다. 2007년 1월 21일에 개관한 국립신미술관은 새로운 타입의 미술관으로, 소장품 컬렉션이 없고 다양한 전람회를 개최하고 있다. 아트 센터의 역할을 하므로 영어명은 'Museum'이 아닌 'Art Center'라 하여 'The National Art Center Tokyo'라 부르고 있다.
이곳에서는 12종류의 서로 다른 전람회가 동시에 개최되기도 해서 한꺼번에 많은 전람회를 돌아볼 수 있다. 입장은 무료이나, 전시 갤러리는 티켓 구매가 필요한 경우도 있다.
미술관 안에는 뮤지엄숍과 레스토랑, 카페 등이 있는데, 미슐랭 가이드 최고 등급을 받은 프랑스 요리사 폴 보퀴즈가 운영하는 레스토랑 '브라세리 폴 보퀴즈'도 있다. 가까운 곳에 미드타운의 산토리 미술관과 롯폰기 힐즈의 모리 미술관이 있어 시간을 내어 함께 둘러봐도 좋다.

위치 노기자카역 6번 출구와 바로 연결.
주소 東京都港区六本木7-22-2
운영 10:00~18:00
휴무 화요일
전화 03-5777-8600
홈피 www3.nact.jp

Food

1

아후리 あふり

짜고 느끼해 일본 라멘을 멀리했던 사람이라도 아후리의 라멘은 먹어볼 만하다. 누구나 무난하고 맛있게 먹을 수 있는 만큼 우리나라 여행자들에게 이미 유명세를 떨치고 있다. 롯폰기 외에도 여러 지점이 있으며 지점에 따라 대기 시간을 감수해야 하는 경우도 많다.
아후리의 육수는 천연수를 이용해 9시간 이상 푹 끓여낸다고 한다. 여기에 불맛이 나도록 숯에서 구워낸 두툼한 차슈와 엄선된 달걀까지 완벽하게 삼위일체된 맛과 풍미로 손님들의 입맛을 사로잡았다.
이곳의 대표 메뉴는 유자시오라멘. 상큼한 유자향과 깔끔한 시오라멘의 맛이 환상적으로 어우러진다. 유자를 사용한 소스에 찍어 먹는 쓰케멘 또한 추천 메뉴. 면이 엄청 쫄깃하다.

위치 롯폰기 힐즈 노스타워 지하 2층에 위치.
주소 東京都港区六本木6-4-1 ハリウッドプラザB2F
운영 11:00~22:00
요금 1인 1,100엔~
전화 03-3408-1880
홈피 afuri.com

Food

2

쓰루통탄 つるとんたん

엄청나게 커다란 대접에 제공하는 다양한 우동 메뉴 하나로 젊은이들의 입맛을 단박에 사로잡은 레스토랑이다. 일본의 유명 배우인 나쓰키 마리가 운영한다고 한다. 가장 베이식한 우동 메뉴도 맛있지만 카레 우동과 새우크림 우동海老のクリムおうどん 등도 꽤 인기가 많다. 음식 모형이나 한국어, 영어 메뉴 등이 잘 갖춰져 있어 주문에 큰 어려움은 없다.

우동을 주문하면 국물을 뜨겁게 해서 먹을 건지 차갑게 해서 먹을 건지, 또 면의 굵기는 얇은 것과 굵은 것 중 어떤 것을 선호하는지 물어보기 때문에 취향에 맞춰 선택할 수 있다.

위치	롯폰기역 5번 출구에서 도보 약 7분.
주소	東京都港区六本木3-14-12 六本木3丁目ビル
운영	월~금 11:00~08:00, 토 10:30~08:00, 일 10:30~23:00
요금	1인 880엔~
전화	03-5786-2626
홈피	www.tsurutontan.co.jp

Food

3

토시 요로이즈카 トシヨロイヅカ

프랑스, 스위스, 오스트리아 등에서 경력을 쌓은 세계적인 쇼콜라티에 토시 요로이즈카의 달콤한 작품을 맛볼 수 있는 곳이다. 본점은 에비스, 2호점은 미드타운에 있다.

한눈에 볼 수 있도록 그림 메뉴가 준비돼 있는데, 테이크아웃 전용과 매장에서 주문 가능한 메뉴가 다른 것이 특징. 살롱에 앉아 먹을 수 있는 메뉴 중 수플레 오 외프Souffle aux Oeufs는 부드러운 커스터드 크림의 풍부한 맛을 느낄 수 있다. 살롱에서 먹을 경우 파티시에가 정성스레 케이크 만드는 작업을 눈으로 감상할 수 있다는 것도 하나의 장점. 테이크아웃 메뉴는 좀 더 저렴한 편이다. 그 밖에 장 피에르ジャン・ピエール 등이 토시 요로이즈카의 대표 인기 메뉴로 손꼽힌다.

위치	도쿄 미드타운 1층.
주소	東京都港区赤坂9-7-2 東京ミッドタウンヘプラザ 1F
운영	11:00~21:00 (LO 20:00)
요금	1,000엔 이하
전화	03-5413-3650
홈피	www.grand-patissier.info

Food

❹

하브스 ハーブス

큼지막한 케이크가 가득 찬 쇼케이스만으로도 눈길을 사로잡는 케이크 전문점으로 여러 지점을 가지고 있다. 하브스의 대표 메뉴는 맛도 모양도 압도적인 밀크레이프. 6~7겹의 얇은 크레이프 사이로 적당히 달콤한 크림과 바나나, 딸기, 키위, 멜론 등의 과일들이 터질 듯이 박혀 있는 밀크레이프는 거부할 수 없는 최고의 케이크라 할 수 있다. 계절과 점포별로 한정 메뉴도 선보이니 방문 전 홈페이지를 통해 확인해 보자. 커피 주문 시 진한 맛, 중간 맛, 연한 맛 중에서 선택이 가능하다. 런치 세트도 이용하기 괜찮다.

위치	도쿄 미드타운 2층.
주소	東京都港区赤坂9-7-4 東京ミッドタウンガーデンテラス2F
운영	11:00~20:00 (LO 19:30)
요금	케이크류 800엔~, 런치 세트 2,000엔~
전화	03-6804-5787
홈피	www.harbs.co.jp

Food

❺

스주우 다이닝 육각 酢重ダイニング 六角

히노키초 공원의 사계절 경치를 보면서 식사를 즐길 수 있는 레스토랑. '스주우すじゅう'는 1827년에 나가노현 신슈信州에서 된장으로 창업해 지금까지 신슈산 된장이나 간장, 토속주 등을 판매하고 있다. 가게가 넓고 천장이 높은데다가 창이 커 개방감이 있다. 신슈의 전통 된장과 간장, 국물을 사용하여 제철 식재료의 맛을 최대한 살려 간단하게 요리한다. 런치 타임에는 백미나 현미 중에서 선택할 수 있으며, 현미밥은 빨리 매진된다. 또 밥과 된장국은 리필이 가능하다. 흰 된장, 미역, 유부, 경수채가 든 된장국과 현미밥, 빨강과 노랑 피망, 연근, 껍질콩, 고기가 볶아져 있는 흑초 볶음 세트도 맛있다.

위치	롯폰기역 8번 출구에서 직접 연결.
주소	東京都港区赤坂9-7-4 東京ミッドタウン ガレリアガーデンテラス2F
운영	11:00~23:00
요금	1인 1,200엔~
전화	03-5785-1717
홈피	www.suju-masayuki.com

Food

6

히라타 목장 平田牧場

야마가타현의 유명한 돼지고기 전문 축산 기업인 히라타 목장의 직영 매장이다. 히라타 목장의 돼지고기는 육질이 뛰어난 세 종류의 돼지고기를 교배하여 탄생한 특별한 품종으로, 유명한 돈카츠 식당에서 많이 사용한다. 그곳에서 직접 키운 돼지고기를 재료로 사용하기 때문에 가격이 살짝 비싸지만 그만큼 고기의 퀄리티도 높은 편. 돈카츠를 제외한 미소시루, 양배추, 밥 등은 무료로 리필이 가능하다.

위치 도쿄 미드타운 지하 1층.
주소 東京都港区赤坂9-7-3
東京ミッドタウンガレリアB1F
운영 11:00~21:00 (LO 20:30)
요금 1인 1,300엔~
전화 03-5647-8329
홈피 www.hiraboku.info

Food

7

조몬 ジョウモン

메뉴 대부분이 하카타 스타일의 꼬치구이인 야키토리 이자카야. 곤파치와 더불어 롯폰기에서 유명한 이자카야로 외국인도 많이 찾는다. 가게가 그리 넓지 않아 예약하는 편이 낭패를 겪지 않는다. 벽면에는 잔술 판매용 일본 소주가 가득하다. 삼겹살로 만 아보카도, 치즈 등 다양한 재료로 맛있게 구워주는 꼬치를 즐기며 술을 마실 수 있다. 게다가 실물 크기의 꼬치 모형을 보고 주문할 수 있어 편리하다. 실내로 들어가려면 신발을 벗어야 하고 연기가 자욱하다는 단점이 있다. 먹다 보면 가격대가 꽤 있다.

위치 롯폰기역 3번 출구에서 도보 약 3분.
주소 東京都港区六本木5-9-17
藤森ビル1F
운영 17:00~23:30
요금 1인 3,000엔~
전화 03-3405-2585
홈피 teyandei.com

Focus 01

골목골목 숨은 보물찾기
아자부주반 麻布十番, Azabu-Jūban

도쿄 좀 여행해봤다 하는 여행자라면 아자부주반이라는 명칭이 낯설지 않을 것이다. 여행자들에게는 단순히 '맛집이 많은 작은 동네'라는 이미지가 강하지만 사실 아자부주반은 300여 년이 훨씬 넘는 역사를 가진 곳으로 원래는 조용한 주택가였다.
롯폰기 힐즈와 미드타운 등이 새로 생기면서 유동인구가 많아지고 자연스럽게 개발붐이 일어 지금은 골목골목 작은 숍들과 술집, 레스토랑들로 빼곡히 들어차 있는 다이닝 명소로 주목받고 있다. 오랜 역사를 지닌 동네답게 작은 골목들에는 여전히 고전적인 기품이 느껴지면서도 트렌디한 맛집과 일본 연예인들이 자주 찾는 단골 식당들이 있는데, 300여 개 이상의 상점 중 100년 이상의 역사를 지닌 곳도 많다. 한국 대사관과 영사관이 있어 우리나라 사람들에게도 익숙하다.

★
위치 롯폰기 힐즈와 도쿄타워로부터 도보 약 10~15분이면 닿을 수 있는 거리다.
전철로 이동하는 경우 아래와 같은 방법이 있다.
도쿄 메트로 난보쿠선南北線 아자부주반역麻布十番駅 하차
도에이 오에도선大江戸線 아자부주반역麻布十番駅 하차
홈피 www.azabujuban.or.jp

마메겐 豆源

비둘기 모양 마크가 재미있는 마메겐은 1865년 창업해 무려 140여 년의 역사를 자랑하는 일본 전통 콩과자 전문점이다. 매장 내를 가득 채우고 있는 다양한 색과 포장의 콩과자들은 에도시대 때부터 내려오는 이 집만의 전통 비법으로 만들어진 것이라고 한다. 땅콩, 녹차, 와사비, 커피, 김 등 다양한 부재료로 만들어진 100여 가지에 달하는 과자들은 선물용으로도 매우 좋다. 한 봉지를 사더라도 정성스럽게 포장해 주는 주인 내외의 모습에 저절로 존경을 표하게 되는 포스 있는 집. 아자부주반에 있는 이곳이 본점이며, 백화점 등에도 입점해 있다.

★
- 위치 아자부주반역 4번 출구에서 도보 약 2분.
- 주소 東京都港区麻布十番1-8-12
- 운영 10:00~18:30
- 휴무 화요일 (부정기)
- 전화 03-3583-0962
- 홈피 www.mamegen.com

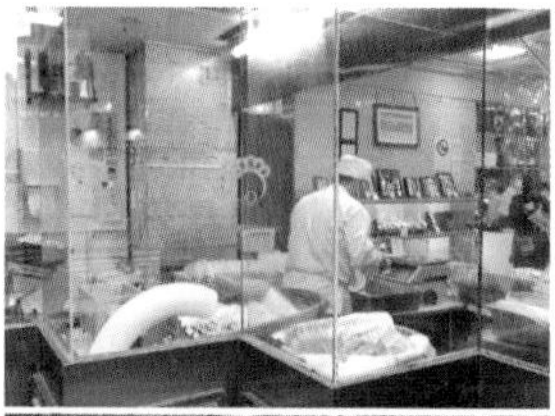

기분도 紀文堂

1910년에 문을 연 일본 전통 과자점. 기분도가 100년이 넘는 시간 동안 한자리에서 인기를 얻고 있는 이유는 바로 맛 때문이다. 소박한 모습의 매장 안 작업장에서 백발의 아버지와 40대 아들이 함께 과자 굽는 모습을 볼 수 있다.
가장 인기 있는 과자는 복을 가져온다는 칠복신이 웃고 있는 모양의 닝교야키人形燒다. 하지만 재빨리 다 팔려나가 구매하기 쉽진 않다. 닝교야키는 달걀이 들어간 반죽에 팥소를 넣은 것을 인형 모양의 틀에 넣어 구워 만든 과자다. 도리야키풍의 와플은 촉촉한 반죽과 부드러운 단맛의 앙금(커스터드 크림, 살구잼, 제철 계절 맛이 있음)이 좋은 균형을 이룬다. 그리고 바로 구워 바삭한 전병도 맛있다. 아자부주반의 대표적인 노포 중 하나인 이곳에서 간식거리를 사도 좋다.

★
- 위치 아자부주반역 4번 출구에서 도보 약 3분.
- 주소 東京都港区麻布十番2-4-9
- 운영 09:30~18:00
- 휴무 화요일
- 홈피 03-3451-8918

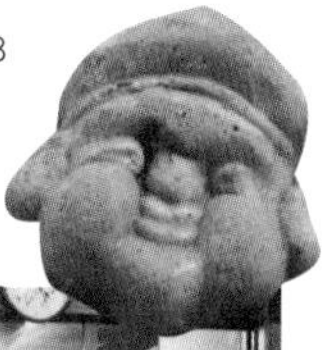

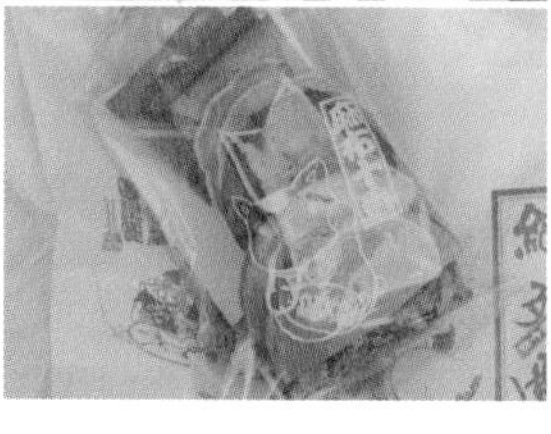

기품 있는 유행의 발상지

06 긴자 銀座, Ginza

도쿄의 모든 유행과 트렌드가 시작되는 곳이면서도 일본 고유의 특성과 기품을 잃지 않는 곳을 꼽는다면 단연 긴자다. 오래전부터 도쿄의 중심지였던 곳이기에 전통 있는 맛집들과 상점들로 가득하다. 그런가 하면 새롭게 떠오르는 신바시와 시오도메를 중심으로 고급 호텔과 대기업 오피스 빌딩이 밀집한 덕에 젊은 감각의 스타일리시한 숍들이 양산되고 있다. 기모노를 곱게 차려입은 단아한 중년 여성의 모습과 유행에 뒤처지지 않는 젊은이들이 자연스레 어우러지는 곳. 바로 그것이 이 지역의 특징이자 매력이라 하겠다. 긴자의 메인 스트리트에는 주말이면 차량 진입을 금지한다. 산책하듯 아이쇼핑을 하고 파라솔 아래 앉아 사람들을 구경하는 것도 주말의 긴자에서 가능한 즐거움이다.

*
위치

긴자
도쿄 메트로 긴자선銀座線 긴자역銀座駅 하차
도쿄 메트로 마루노우치선丸ノ内線 긴자역銀座駅 하차
도쿄 메트로 히비야선日比谷線 긴자역銀座駅 하차
도쿄 메트로 유라쿠초선有楽町線 긴자잇초메역銀座一丁目駅 하차

신바시
JR 도카이도선東海道線 신바시역新橋駅 하차
JR 야마노테선山手線 신바시역新橋駅 하차
도에이 아사쿠사선浅草線 신바시역新橋駅 하차
도쿄 메트로 긴자선銀座線 신바시역新橋駅 하차

시오도메
도에이 오에도선大江戸線 시오도메역汐留駅 하차
유리카모메ゆりかもめ 시오도메역汐留駅 하차

GINZA CORE
50
KICKS
NISSAN

긴자
Ginza
N
우에노역(약 6km)
도쿄역
東京駅
다마히데
도쿄국제포럼
東京国際
フォーラム
도쿄 메트로 히비야선
센트레
더 베이커리
사쿠라도오리 桜通り
도에이 아사쿠사선
JR 유라쿠초역
有楽町駅
긴자잇초메역
座一丁目駅
더 페닌슐라 도쿄
히쓰마부시 나고야 빈초
히비야 공원
日比谷公園
마쓰모토
기요시
유라쿠초
마루이
마로니에
게이트 긴자1
긴자 덴류
히비야역
日比谷駅
미키모토 2
유라쿠초 마리온
마로니에
게이트 긴자2
무인양품
플래그십
스토어
샤넬
이토야
불가리
도쿄 메트로 마루노우치선
TYO-NRT
정류장
렌가테이
에르메스
와코
백화점
마쓰야 백화점
코치
미키모토
기무라야 소혼텐
사토요스케 우동
D&G
긴자역
銀座駅
긴자역
銀座駅
쇼와도오리 昭和通り
긴자 카가리
에트로
까르띠에
마네켄
긴자 미쓰코시
소토보리도오리
샤넬
긴자 코어
미도리 스시
나미키도오리
도리코로루
유니클로
긴자 식스
고다이메 하나야마 우동
스즈란도오리
쓰바메 그릴
가부키자
歌舞伎座
내추럴 로손
히가시긴자역
東銀座駅
쓰바키야 코히텐
긴자 라이온
시세이도
긴자국제호텔
고모로 소바
돈카츠
아오키
스와로브스키
긴자 그랜드
호텔
카페 드 람브르
애플 스토어
덴쿠니
우체국
미쓰이 가든 호텔
긴자 프리미어
쓰키지혼간지
築地本願寺
돈키호테
본점
신바시역
新橋駅
신바시역
新橋駅
쓰키지 시장
築地市場
도에이 오에도선
닛테레
日テレ
콘래드 도쿄
시오도메역
汐留駅
인터컨티넨털 도쿄 베이,
뉴욕 라운지, 셰프스 라이브 키친
하마리큐 은사정원
浜離宮恩賜庭園

one day course

추천 하루 일정

역사 깊은 쇼핑몰과 레스토랑, 커피숍이 그득한 긴자와 모던한 핫플레이스 시오도메, 신바시까지 세 지역을 하루에 돌아봐도 좋다.

출발!

11:00

센트레 더 베이커리

워낙 인기가 많으니 오픈 전에 도착해 줄을 서는 것이 좋다

12:00

이토야

구경하다 보면 시간 가는 줄 모를 만큼 다양한 문구용품이 가득!

13:00

와코 백화점

긴자의 인기 촬영 스폿인 시계탑 앞에서 기념사진 한 컷

13:30

긴자 쇼핑거리

쇼핑을 하지 않아도 걷는 것만으로 기분 좋아지는 느낌!

16:00

카페 드 람브르

커피에 관심이 있다면 성지순례처럼 들러봐야 할 곳

17:30

돈키호테 본점

최고의 인기 쇼핑 스폿! 가격도 저렴하고 물건도 다양하다

19:00

닛테레

일본 연예인을 좋아한다면 기념품숍도 꼭 들러보자

20:00

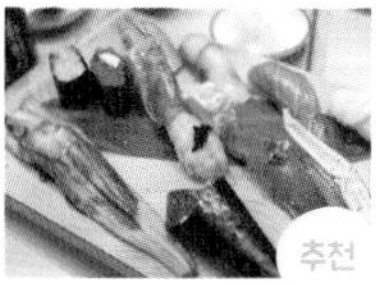

저녁 식사(미도리 스시)

합리적인 가격에 즐기는 푸짐한 스시로 저녁 식사

도착

Focus 02

도쿄의 주방
쓰키지 시장 築地場外市場, Tsukiji Outer Market

도쿄도 주오구에 위치한 수산물 도매시장. 1935년 개장한 이래 장내, 장외 시장으로 나뉘어 운영되었다. 하지만 장내 시장은 2018년 10월 6일 영업을 종료하고 신축된 고토구의 도요스豊洲 시장으로 이전했으며, 현재는 장외 시장만 남아 관광객들을 맞고 있다. 장외 시장은 소매 전문 시장으로, 일반 관광객이라면 이쪽의 볼거리만으로도 충분할 것이다. 도쿄만에 접해 있고, 긴자에서 걸어서 갈 수 있다. 여전히 매력적인 골목에서는 회칼, 식기류 등 독특한 기념품도 판매한다. 게다가 각종 해산물 꼬치, 즉석 해산물 구이, 따끈한 계란말이 등 눈길을 사로잡는 군것질거리가 많아 이곳에서 아침 혹은 점심을 해결해도 좋다. 또 시장 입구의 스시조すし兆와 같은 가게에서는 눈앞에서 바로바로 만들어주는 스시를 즐길 수 있다. 가성비는 더할 나위 없이 좋다.

★

위치 쓰키지역, 쓰키지시조역에서 도보 약 5분.
운영 월~토 08:00~14:00, 일 · 공휴일 10:00~14:00
홈피 www.tsukiji.or.jp
주소 東京都中央区築地4-16-2
전화 03-3547-7074

마루타케 丸武

1920년대 설립된 80년 이상의 역사를 가진 계란말이 전문점으로 현재 3대째 대를 이어 운영되고 있다. 매일 아침 3시부터 숙련된 장인이 전통적인 방법으로 계란을 굽는다. 추가 첨가물 없이 재료의 감칠맛과 비밀 맛국물만 사용하는데 갓 구워낸 계란말이를 한입 베어 물면 입안에서 녹는 푹신하고 절묘한 식감이 일품이다. 작은 사이즈의 계란말이는 100엔으로 부담 없이 맛볼 수 있다.

★
주소 東京都中央区築地4-10-10
운영 월~토 04:00~14:30,
일 08:30~14:00
요금 100엔~
전화 03-3542-1919
홈피 www.tsukiji-marutake.com

호르몬 니코미 키츠네야 牛丼ホルモンきつねや

소내장으로 만든 호르몬동으로 유명한 곳이다. 백종원의 〈스트리트 푸드 파이터〉에 소개된 이후 한국인들 사이에서 인기가 높으며, 긴 시간 웨이팅이 필요하다. 큰 솥 안에서 계속 끓인 곱창을 그릇에 담아 파 등을 곁들여 내주며, 몇 개의 좌석밖에 없어서 대부분 서서 먹는다.

★
주소 東京都中央区築地 4-9-12
운영 06:30~13:00
휴무 수 · 일요일
요금 800엔~
전화 03-3545-3902

메지카페 MEJICAFE

비좁고 복잡한 쓰키지 시장 한쪽에 자리 잡은 테이크아웃 전문 커피숍. 작고 허름하지만 1875년부터 이어져 온 엄청난 내력의 카페이다. 가게 규모는 역사에 맞지 않게 소박한데 커피 맛은 소박하지 않다. 로스팅의 정도와 산지 등이 잘 정리되어 있고 스몰과 라지, 두 사이즈만 있어 쉽게 주문이 가능하다. 앉을 수 있는 좌석은 없지만, 이른 아침 쓰키지 시장에 도착했거나 점심 식사 후에 이곳의 커피를 한번 마셔보는 것을 추천한다.

★
주소 東京都中央区築地4-11-7
운영 08:00~15:00
휴무 월요일
요금 480엔~
전화 03-3541-8196
홈피 mejicafe.base.shop

Sightseeing

❶

닛테레 日テレ

1952년 설립된 일본 최초의 민영방송사로 닛폰 텔레비전을 줄여 닛테레라는 애칭으로 부르기도 한다. 특히 닛테레 2층 벽면에 설치돼 있는 닛테레 오토케는 세계 최대 규모의 태엽시계로, 한국에서도 유명한 미야자키 하야오가 디자인하고 지브리 스튜디오에서 제작한 것으로 유명하다. 하루에 4~8회 정도 시계 전체가 움직이면서 멜로디가 나오는데, 마치 만화영화에서 툭 튀어나온 듯한 모습으로 많은 여행자들이 이곳 앞에서 사진을 찍는다. 닛테레의 각종 캐릭터 상품과 기념품을 구매할 수 있는 닛테레야도 둘러볼 만하다.

위치 시오도메역에서 도보 약 3~4분.
주소 東京港区東新橋1-7-1
전화 03-6215-4444
홈피 www.ntv.co.jp

ⓒDick Thomas Johnson

Sightseeing

❷

와코 백화점 和光百貨店

세이코Seiko 시계와 보석, 도자기 등을 비롯해 고가 브랜드가 주를 이루는 최고급 백화점이므로 쇼핑에 목적을 두기보다는 긴자를 상징하는 마스코트라고 생각하는 게 좋겠다. 실제로 저명인사들이 많이 찾는 곳이며, 선뜻 들어가기 주눅 들 정도로 여느 백화점과는 다른 분위기를 풍긴다. 특히 와코가 유명해진 건 우리나라에서도 인기가 많은 〈명탐정 코난〉의 타이틀롤에 등장하는 배경이기 때문. 실제로 많은 여행자들이 이곳 시계탑 앞에서 기념사진을 찍기도 한다.

위치 긴자역 A10 출구로 나오면 바로.
주소 東京都中央区銀座4-5-11
운영 11:00~19:00
전화 03-3562-2111
홈피 www.wako.co.jp

Sightseeing

3

긴자 식스 GINZA SIX

버블경제가 무너지면서 침체기에 접어들었던 긴자의 분위기를 쇄신한다는 목표로 2017년 오픈 이후 긴자의 핫 플레이스로 떠오른 곳. 천장에 매달린 구사마 야요이의 작품이 랜드마크로, 이것을 보기 위해 방문하는 사람들도 많다. 'LIFE at It's BEST(최고로 충만한 삶)'를 모토로 하는 긴자 식스는 단순히 쇼핑만을 위한 공간이 아니라 정신적인 면도 아울러 만족시킬 수 있는 공간으로 설계되었다. 긴자 최대 규모의 럭셔리한 매장에는 명품숍과 개성 넘치는 숍들이 들어서 있으며 플래그 6층의 쓰타야 서점에는 전 세계 6만여 권의 아트 서적을 판매하고 있다. 13층의 옥상 정원도 놓치지 말 것. 고층 건물이 즐비한 도심 한가운데에서 고즈넉한 분위기를 즐기며 쉬어 갈 수 있는 곳이다.

위치 긴자역 A3 출구에서 도보 3분.
주소 東京都中央区銀座6-10-1
운영 숍 10:30~20:30,
레스토랑 11:00~23:00
전화 03-6891-3390
홈피 ginza6.tokyo

Food

1

센트레 더 베이커리 CENTRE THE BAKERY

식빵 하나 먹자고 긴 시간 줄을 서서 대기해야 한다? 이해가 안 될 수도 있겠지만 이곳에선 일상적으로 일어나는 일이다. 이곳은 유명 파티시에 뷔론Viron이 관여하고 있는 요식업 전문회사에서 론칭한 베이커리다. 오픈 시간 전부터 가게 앞에는 식빵을 사려는 사람들로 긴 줄이 늘어선다. 식빵을 구매하는 줄과 테이블에 앉아 식사를 하고 가는 줄이 나뉘어 있는데 먹고 가는 줄이 훨씬 짧다. 식빵은 1인 5개까지만 구매가 가능하다.

대표 식빵 3종류(일본산 밀가루를 이용한 가쿠쇼쿠빵角食パン, 미국과 캐나다산 밀가루를 이용한 빵, 영국식 식빵イギリスパン)와 버터 3종류(에쉬레 버터, 홋카이도산 버터, 일본 인기 버터), 잼 5종류로 구성된 '잼 버터 세트ジャム+バターセット'가 가장 인기 있다. 주문을 한 후 전시된 토스트기 중 마음에 드는 것을 골라 테이블에서 직접 구워 먹는 형식이다.

위치 긴자잇초메역에서 도보 약 3분.
주소 東京都中央区銀座1-2-1
東京高速道路紺屋ビル1F
운영 10:00~19:00(빵 소진 시 영업 종료)
휴무 화요일 (카페만)
요금 잼 버터 세트 1,760엔~
전화 03-3562-1016

Food

②

미도리 스시 美登利寿司

우메가오카, 시부야 등 도쿄에만도 여러 지점을 가지고 있는 실속 있는 초밥 전문점이다. 초밥 위에 얹어진 생선의 양이 푸짐해 보기만 해도 흐뭇한 스시 세트를 합리적인 가격에 즐길 수 있어 한국인 여행자들에게도 상당히 인기가 있다. 사람에 따라 다르겠지만 지점별로 분위기나 퀄리티가 차이 날 때도 있는데 우메가오카역 지점이나 긴자점은 꽤 괜찮은 편. 매장 입구 발권기에서 번호표를 발권해 대기한다. 메뉴판에 사진이 있어 사진을 보고 취향에 맞는 구성을 찾아 주문해도 되고, 단품으로 하나씩 먹고 싶은 것을 골라 주문해도 좋다.

위치	신바시역 긴자 방면 출구에서 도보 약 5분, 고가 아래쪽에 위치.
주소	東京都中央区銀座7-2 先東京高速道路山下ビル1F
운영	평일 11:00~15:00 (LO 14:00), 17:00~22:00 (LO 21:30) 토 · 공휴일 전날 11:00~22:00 (LO 21:30) 일 · 공휴일 11:00~21:00 (LO 20:30)
휴무	1월 1일
요금	1인 1,600엔~
전화	03-5568-1212
홈피	www.sushinomidori.co.jp

Food

③

덴쿠니 天国

1885년에 창업한 덴동(튀김덮밥) 전문점. 처음엔 작은 포장마차에서 시작했지만 덴동 하나로 지금의 덴쿠니의 모습을 갖췄다. 덴동은 밥 위에 각종 튀김을 푸짐하게 올리고, 달달하고 짭조름한 간장 소스를 더해 함께 먹는 음식이다. 유명한 맛집이라고 해서 우리나라의 바삭한 튀김을 생각한다면 실망할 수도 있다. 덴쿠니의 튀김은 바삭하지 않고 오히려 부드러운 편.

위치	긴자역 A3 출구에서 도보 약 5분.
주소	東京都中央区銀座8-11-3
운영	11:30~15:00 (LO 14:15) 17:00~22:00 (LO 21:00)
휴무	일요일, 연말연시
요금	1인 1,600엔~
전화	03-3572-1092
홈피	www.tenkuni.com

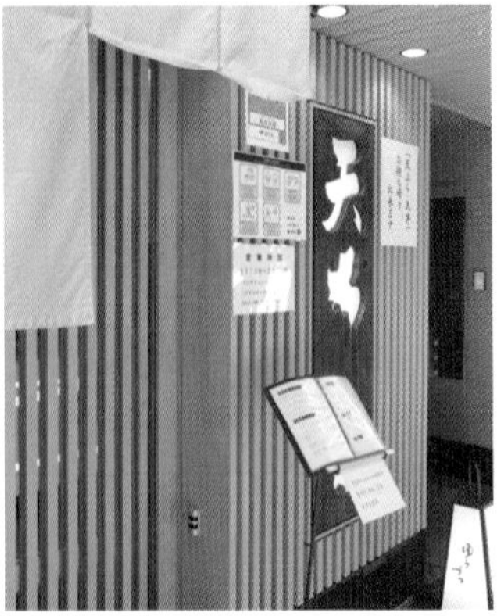

Food

4

긴자 카가리 銀座篝

미슐랭에 랭크된 인기 라멘 맛집으로 보통의 일본 라멘과 다른 독특한 스타일의 라멘을 판매한다. 닭을 베이스로 한 국물이 엄청 진하고, 면은 중화풍의 소바를 사용한다. 잡내 없이 깔끔한 육수는 분명 한 단계 높은 고급스러운 맛인데 사람에 따라서는 입에 맞지 않을 수도 있다. 걸쭉하고 진한 삼계탕 국물과 비슷하다. 다진 생강과 마늘 플레이크가 함께 제공되는데, 라멘에 넣으면 또 다른 풍미를 주며 느끼한 맛을 감소시켜 준다. 일본인 손님보다는 외국인 손님이 많은 편으로 실내는 깔끔하지만 좌석 간 간격이 좁고 카운터석밖에 없다. 이 집의 라멘을 먹으려면 항상 긴 대기줄을 각오해야 한다. 대기 중일 때 먼저 메뉴판을 보여주며 자리에 앉으면 바로 주문을 하고 결제를 하는 시스템. 식당이 있을 것 같지 않은 골목길 안쪽에 자리하기 때문에 찾기가 어려우며 카드 결제가 되지 않는다는 점도 기억할 것.

- 위치 긴자역 C3 출구에서 도보 약 5분.
- 주소 東京都中央区銀座6-4-12
- 운영 11:00~21:30
- 요금 1인 1,200엔~

Food

5

히쓰마부시 나고야 빈쵸 ひつまぶし名古屋備長

히쓰마부시는 양념으로 구운 장어를 '히쓰마'라는 그릇에 담아 밥과 함께 제공하는 것으로 나고야가 유명하다. 나고야 빈쵸의 장어는 질 좋은 장어를 현지의 양념을 가미해 센 불에서 구워낸다. 간이 잘 배여 있는 장어는 겉은 바삭하고 살점은 입에서 살살 녹는다. 가격이 비싸지만 않다면 매일 먹고 싶은 맛이다. 일본에서는 워낙 장어 요리를 좋아하고 유명한 집도 많지만 나고야의 히쓰마부시는 먹는 방법이 특이하다. 음식이 나오면 일단 장어 본연의 맛을 먼저 즐기고 이어 다진 파와 김, 와사비를 넣어 먹다 마지막으로 따뜻한 육수를 부어 오차쓰케로 마무리한다. 미리 예약을 하면 웨이팅 없이 입장이 가능하다.

- 위치 긴자역에서 도보 5분.
  마로니에 게이트 긴자1 12층
- 주소 東京都中央区銀座2-2-14
  マロニエゲート銀座1 12F
- 운영 11:00~15:00 (LO 14:30)
  17:00~21:00 (LO 21:00)
- 요금 히쓰마부시 3,950엔~,
  장어덮밥 3,000엔~
- 전화 03-5159-0231
- 홈피 hitsumabushi.co.jp

Food

6

쓰바키야 코히텐 椿屋珈琲店

긴자의 골목 한구석에 조용하게 자리한 쓰바키야 코히텐은 다이쇼시대를 모티브로 한 독특한 인테리어와 클래식 음악이 흐르는 실내, 메이드 복장을 한 친절한 점원, 고소한 커피 향기까지 완벽하게 어우러지는 멋진 공간이다. 도쿄에 여러 지점이 있는데 이곳이 본점. 실내는 금연석과 흡연석으로 구분돼 있으며 마치 과거로 온 듯한 묘한 느낌을 들게 한다. 케이크 종류도 웬만한 디저트숍 이상의 수준이며, 커피와 함께 곁들여 먹으면 금상첨화다. 매일 하프와 피아노 등 라이브 연주도 선보이고 있다.

위치 긴자역 B3 출구에서 도보 약 3분.
주소 東京都中央区銀座7-7-11 菅原電気ビル2~3F
운영 일~목 10:00~22:00, 금 · 토 10:00~22:30
요금 케이크 세트 1,755엔~ 블렌드 커피 1,000엔
전화 03-3572-4949
홈피 www.towafood-net.co.jp/shops/4000-5

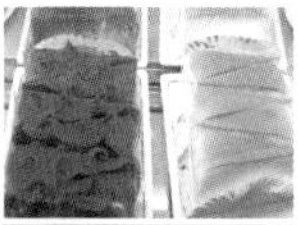

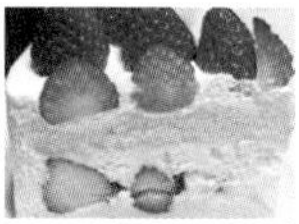

Food

7

다마히데 玉ひで

오야코동은 닭고기와 달걀을 얹은 덮밥인데, 오야코동의 '오야'는 부모를 뜻하고 '코'는 자식을 뜻한다. 말 그대로 닭고기와 달걀, 부모 자식에 해당하는 요리 재료들이 고스란히 얹어져 있는 덮밥이다. 1760년부터 8대째 이어 오고 있는 다마히데의 주무기는 원래 샤모나베(스키야키와 비슷한 것으로 닭고기를 재료로 함). 우연히 먹다 남은 샤모나베 국물에 달걀을 풀고 밥을 비벼 먹는 손님을 보고 오야코동을 만들기 시작했다고 한다. 이때부터 2백여 년간 오야코동의 창시자로 새로운 역사를 써 온 셈이다. 가장 인기 있는 메뉴는 간소 오야코동. 노른자를 그대로 살리고 닭고기를 좀 더 큼직하게 조리해 풍부한 맛이 나는 가쿠미 오야코동도 인기 있다. 현재 다마히데 본점은 리노베이션 중으로, 점내에서 식사할 공간이 넉넉하지 않다.

위치 닌교초역 A2번 출구로 나오면 우측에 바로. 스이텐구마에역에서 8번 출구로 나온 후 50m 정도 직진하면 닌교초역 A2번 출구가 보인다. 작은 신호등 건너 좌측에 위치.
주소 東京都中央区日本橋人形町 1-17-10
운영 11:00~15:00, 16:00~19:00
요금 1인 1,200엔~
전화 03-3668-7651

Food

8

기무라야 소혼텐 木村屋総本店

단팥빵 하나를 맛보자고 긴 줄이 늘어서 있는 기이한 광경을 목격할 수 있는 곳이 바로 기무라야 소혼텐이다. 1800년대부터의 역사를 자랑하는 곳으로, 가장 인기 있는 빵은 단팥빵인 사쿠라 앙빵. 그야말로 기무라야 소혼텐의 간판 메뉴인 셈이다. 깨 단팥빵인 케시 앙빵과 속에 치즈크림이 들어 있는 치즈크림 앙빵도 인기가 많다. 1층에서는 팥빵을 비롯해 130여 가지의 빵을 팔고 있으며 2~4층에는 앉아서 먹을 수 있는 카페가 있다.

위치	긴자역 C8 출구에서 도보 약 5분.
주소	東京都中央区銀座4-5-7
운영	10:00~20:00
요금	300엔~
전화	03-3561-0091
홈피	www.ginzakimuraya.jp

Food

9

긴자 덴류 銀座天龍

긴자 덴류는 1949년 창업한 정통 북경요리 전문점이다. 이곳이 본점인데, 간판 메뉴는 보기만 해도 흐뭇한 길고 큰 사이즈의 중화식 교자. 최고급 돼지고기와 매일 산지에서 직송되는 신선한 배추, 대파, 간장을 맷돌로 40분 동안 갈아 소를 만들고 육즙에 만두를 익히는 덴류만의 방식을 고집하고 있다. 가격대도 합리적이며, 짭짤하고 풍부한 맛의 교자는 양도 꽤 많은 편이다.

위치	긴자잇초메역 5번 출구에서 도보 1분.
주소	東京都中央区銀座2-5-19 PUZZLE GINZA 4F
운영	평일 11:00~21:30, 주말 11:30~21:30
요금	1인 1,230엔~
전화	03-3561-3543
홈피	www.tenryu-ginza.jp

Food

⑩

사토요스케 우동 佐藤養助うどん

1665년에 창업한 아키타현 이나니와 우동집. 일본의 3대 우동이라고 하면 사누끼, 미즈사와, 이나니와 우동을 일컫는다. 아키타현 지역에 있는 이나니와 우동은 면발이 얇고 납작한데 겨울이면 눈이 많이 와서 이동에 제약이 있는 지역의 특성상 오래 보관하기 위해 얇고 납작한 건면이 발달했다고 한다. 이를 삶으면 다시 우동의 쫀득하고 탱글탱글한 식감이 살아난다.
아키타현 지역 사람들은 차가운 면을 쯔유나 참깨, 된장 등으로 만든 소스에 찍어 먹는 자루우동 스타일로 즐긴다. 사토요스케 우동의 면발도 윤기가 흐르면서 탱글탱글하며 쫀득쫀득한 식감이 일품이다. 그중에서도 세이로 우동은 간장 쓰유, 참깨 된장 쓰유로 즐기는 클래식한 인기 메뉴이다. 이 외에도 아키타의 식재료를 사용한 일품요리는 물론, 엄선한 아키타의 일본 술도 준비하고 있다. 디너 타임은 별도 서비스료로 10%를 더 받는다.

위치 긴자역 C3 출구에서 도보로 2분.
주소 東京都中央区銀座6-4-17 出井本館1F
운영 **평일** 런치 11:30~15:00 (LO 14:30), 디너 17:00~22:00 (LO 21:30)
주말 · 공휴일 런치 11:30~15:00 (LO 14:30), 디너 17:00~21:00 (LO 20:30)
요금 세이로 우동 1,300엔
전화 03-6215-6211
홈피 www.sato-yoske.co.jp

Food

⑪

쓰바메 그릴 つばめグリル

1930년 문을 연 쓰바메 그릴은 지금도 여전히 최고의 햄버그스테이크 전문점으로 명성이 자자하다. 오랜 명성은 이곳의 신선한 재료 관리에서 비롯되는데, 특히 고기는 부위별로 사 오는 게 아니라 최상품의 고기를 한 마리 통째로 사 와서 손질한다고 한다. 대표 메뉴는 단연 햄버그스테이크.
평일 오전 11시부터 오후 5시까지 런치 메뉴를 제공하는데 저렴한 가격에 알차게 구성된 다양한 세트를 맛볼 수 있다.

위치 긴자역 A4 출구에서 약 150m.
주소 東京都中央区銀座5-8-20 銀座コアB1F
운영 11:00~21:30
요금 런치 1,500엔~
전화 050-5485-1379
홈피 www.tsubame-grill.co.jp

Food

⑫

돈카츠 아오키 とんかつ檍

2010년에 도쿄도 오타구의 가마타에서 창업한 돈카츠점. 아오키에서는 SPF 돼지고기를 사용한다. SPF는 Specific(특정) Pathogen(병원체) Free(없음)의 약칭이다. SPF 돼지고기는 철저히 위생 관리되었기 때문에 살짝만 익혀도 맛있게 먹을 수 있다. 그래서 아오키의 돈카츠는 바싹 익히지 않은 미디엄 레어다. 단면의 색깔이 핑크색이고 육질이 부드러우며, 비계도 달콤하고 맛있다. 히말라야 암염, 오키나와 소금, 직접 만든 돈카츠 소스 등이 함께 나온다. 돈카츠는 암염(소금)에 찍어 먹으면 돼지고기의 고소한 맛을 더욱 살릴 수 있다. 와인이나 겨자 등을 더해 독자적인 배합으로 완성한 아오키의 특제 소스도 궁합이 좋다. 우엉, 무, 양파, 돼지고기, 흰 된장을 넣어 끓인 미소시루도 맛이 깊고 좋다. 체인점이지만, 관광객은 물론 현지인에게도 인기가 많아 최소 1시간 이상은 줄을 설 각오를 해야 한다. 하지만 줄을 서서 기다리는 동안 미리 주문을 받아서 차례가 되어 가게에 들어서면 곧바로 음식이 서비스된다. 맥주를 한잔 곁들이는 것도 추천!

위치	긴자역 A2 출구에서 도보로 6분.
주소	東京都中央区銀座8-8-7 第3ソワレ·ドビルB1F
운영	11:00~15:00, 17:00~20:00
휴무	일 · 월요일
요금	1인 1,800엔~
전화	03-3573-1600
홈피	www.tonkatsu-aoki.com

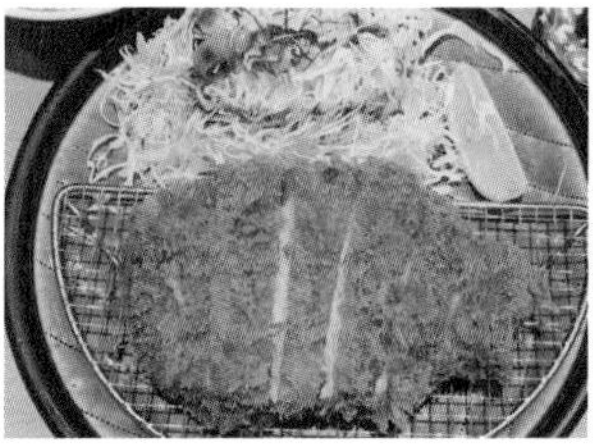

Food

⑬

카페 드 람브르 カフェ·ド·ランブル

1948년, 일본뿐 아니라 세계적으로 인정받는 바리스타 세키구치 이치로가 오픈한 오랜 역사의 전형적인 일본 킷사텐喫茶店(옛날식 다방, 찻집)이다. 넬 드립 커피로 유명한 이곳은 간판에 당당히 적힌 커피만 판매한다는 문구만으로도 그 자부심을 엿볼 수 있다. 수많은 원두 종류를 갖추고 있으며 평소에 접하지 못하는 다양한 커피 메뉴들도 맛볼 수 있다. 한국어로 자세한 설명이 적힌 메뉴판도 준비돼 있다. 가격대는 좀 비싸지만 커피에 관심이 있다면 성지순례처럼 들러봐야 할 곳. 한국어가 가능한 직원이 있다.

위치	긴자역 A3 출구로 나와 직진하다 야마하 악기 전문점 옆 골목으로 들어가면 우측 첫 번째 골목 안쪽에 위치.
주소	東京都中央区銀座8-10-15
운영	화~토 12:00~20:30, 일 12:00~18:30
휴무	월요일
요금	1인 1,000엔~
전화	03-3571-1551
홈피	www.cafedelambre.com

Food

⑭

고다이메 하나야마 우동 五代目花山うどん

넓고 납작한 면발이 특징인 히모카와 우동을 국물, 튀김과 함께 맛볼 수 있는 식당. 일본 전국 우동대회의 첫 수상 가게로 5대째 가업을 이어오고 있다.

차가운 우동과 뜨거운 우동 둘 다 주문이 가능한데 덴푸라 우동 세트가 인기 메뉴이다. 긴자 세트를 시키면 온우동과 냉우동을 반반씩 맛볼 수 있으니 역시나 추천한다. 넓적한 면은 탱글탱글 쫄깃하고 소스도 자극적이지 않은 맛이며 덴동의 튀김은 바삭하다. 이곳은 곱빼기가 무료인데 우동의 양이 많아서 대식가가 아니라면 보통으로도 충분할 것이다. 가격이 싼 것은 아니지만 땅값 비싼 긴자라는 것과 실내도 넓고 쾌적한 식당이라는 것을 감안하면 불만이 있을 수 없다.

위치	히가시긴자역에서 도보 6분.
주소	東京都中央区銀座3-14-13
운영	평일 11:00~16:00, 18:00~22:00 주말 11:00~16:00
요금	1인 1,280엔~
전화	03-6264-7336
홈피	www.hanayamaudon.co.jp/ginza

Food

⑮

도리코로루 TRICOLORE

융 드립 커피로 유명한 도리코로루의 긴자 본점이다. 융 드립은 핸드 드립에서 쓰이는 종이 필터 대신 플란넬Flannel이라는 천으로 만들어진 필터에 커피를 담아 추출하는 방식으로 커피의 진한 풍미를 느낄 수 있다. 황금 비율을 자랑하는 카페라테도 인기가 많으며 아침 시간에는 커피와 샐러드, 토스트 등으로 구성된 모닝 세트도 준비돼 있다.

위치	긴자역 A5 출구로 나와 첫 번째 블록에서 우회전해 조금만 들어가면 좌측에 위치.
주소	東京都中央区銀座5-9-17
운영	08:00~19:00 (LO 18:30)
요금	1인 1,000엔~
전화	03-3571-1811
홈피	www.tricolore.co.jp

Shopping

❶

긴자 미쓰코시 銀座三越

일본을 대표하는 백화점인 미쓰코시의 긴자점이다. 쇼핑 공간은 지하 3층부터 지상 12층에 걸쳐 마련돼 있으며 일본 최고의 백화점 브랜드인 만큼 핸즈프리 쇼핑 서비스, 택배 서비스, 냉장 코인 로커 서비스 등 다양한 편의를 제공한다. 특히 지하 3층에는 가격적으로 유리한 와인, 사케 등을 판매하고 있어 한번 둘러볼 만하다. 지하 2층에는 홍차와 스위츠 매장을 비롯해 미쓰코시의 엄선된 과자 셀렉트숍인 카유안Kayuan이 있다. 1층부터 5층은 여성 패션잡화 매장이 주를 이루는데, 지하 2층에서는 파리 최고의 쇼콜라티에 장 폴 에방Jean Paul Hevin의 초콜릿 부티크도 만나볼 수 있다.

위치 긴자역에서 도보 1분.
주소 東京都中央区銀座4-6-16
운영 10:00~20:00
(레스토랑 · 카페는 점포에 따라 다름)
아트 아쿠아리움 미술관
10:00~19:00
전화 03-3562-1111
홈피 www.mistore.jp/store/ginza.html

Shopping

❷

마쓰야 백화점 松屋百貨店

고가의 브랜드들이 주를 이루는 백화점이지만 우리나라 주부들에게도 인기가 많은 로열 코펜하겐, 이딸라 매장이 있어 여행자들도 자주 찾는 곳이다. 지하 2층~지상 9층 규모로 지하 2층과 1층에는 최고의 퀄리티를 자랑하는 신선식품 매장이 입점해 있을 뿐만 아니라 도시락과 각종 음식들을 판매하며 구매품 보관소도 설치돼 있다. 1층에서는 화장품, 스카프, 우산 등을 판매하며, 2~6층에는 패션 브랜드들이 포진해 있고, 7층에서는 가정용품과 기모노, 침구류 등을 판매한다. 8층에는 식당가가 형성돼 있다.

위치 긴자역 A12 출구와 직접 연결.
주소 東京都中央区銀座3-6-1
운영 숍 10:00~20:00,
식당가 11:00~22:00 (LO 21:30)
전화 03-3567-1211
홈피 www.matsuya.com/ginza

Shopping

3

무인양품 플래그십 스토어 無印良品銀座

2019년 4월 '무인양품 긴자'와 무인양품의 첫 호텔 '무지 호텔 긴자'가 개점했다. 상품 판매는 물론 다양한 서비스를 제공하는 이곳은 무인양품 매장 중 최대 시설을 자랑한다. 지하 1층의 '무지 다이너'는 유기농이나 저농약 등 엄격한 조건으로 재배한 채소를 중심으로 제철 해산물과 고기 등을 사용한 요리를 선보인다. 점내에서 제공되는 두부는 유리창 너머로 들여다볼 수 있는 두부 공장에서 만들어진다. 아침에는 방금 만든 두부죽, 주먹밥과 된장국, 토스트, 스크램블드에그 등이 500엔에 제공된다. 1층의 '베이커리'에서는 제빵사가 개점 시간에 맞춰 구워내는 빵을 살 수도 있다. '무지 호텔 긴자'는 6층(프런트)부터 10층까지이다. 6층의 일본식 레스토랑 'WA'에서는 일본 각지의 제철 식재료로 만든 오반자이를 즐길 수 있다. 3개월마다 지역을 바꿔가며 현지의 음식을 메뉴화하고 있다.

위치 긴자역 B4 출구에서 도보로 3분.
주소 東京都中央区銀座3-3-5
운영 1~6층 11:00~21:00, B1층 07:30~21:00 (LO 20:00)
전화 03-3538-1311
홈피 www.muji.com

Shopping

4

돈키호테 본점 ドン・キホーテ銀座本館

일본의 웬만한 최고급 쇼핑몰과 브랜드숍을 제치고 어쩌면 한국인 여행자들에게 최고 인기 있는 쇼핑 스폿으로 당당히 꼽을 수 있는 곳이라 하겠다. '저렴한 물건의 천국'이라는 슬로건을 내걸 정도로 가격 면에서 메리트가 있는 곳이다. 또한 각종 잡화부터 식료품까지 없는 게 없을 정도로 다양하게 갖춰진 아이템을 한 번에 둘러볼 수 있다는 점 역시 돈키호테의 매력 중 하나다. 특히 긴자점은 돈키호테의 총본점으로 가장 많은 아이템 수를 자랑하는 곳이며, 신주쿠 등 다른 지점에 비해 비교적 쾌적하게 쇼핑을 즐길 수 있다.

위치 긴자역에서 도보 약 10분. 미쓰이 가든 호텔 긴자 프리미어 맞은편.
주소 東京都中央区銀座8-10 銀座ナイン3号館
운영 07:00~02:00
전화 0570-023-811
홈피 www.donki.com

Shopping

5

유니클로 UNIQLO

우리나라에도 많은 매장을 가지고 있는 중저가 캐주얼 브랜드다. 긴자 유니클로는 9번째 글로벌 플래그십 스토어이자 가장 큰 유니클로 매장으로, 2021년 9월 리뉴얼 오픈했다. 같은 아이템이라도 한국과 비교해 가격적으로 이득이 있는 경우도 있고 무엇보다 일반적인 상품뿐 아니라 일본 전통의상인 유타카 등 아이템이 다양하다. 최대 규모의 UT 스페셜층은 구경 삼아 한 번쯤 들러볼 만하다. 수많은 디자인의 티셔츠를 만날 수 있는데 캐릭터부터 일본 고유의 디자인까지 다양해서 선물용으로도 꽤 좋은 선택이 될 수 있다.

위치 긴자역 A2 출구로 나와 조금만 직진하면 우측에 위치.
주소 東京都中央区銀座6-9-5
운영 11:00~21:00
전화 03-6252-5181
홈피 www.uniqlo.com

Shopping

6

애플 스토어 APPLE STORE

일본에서 최초로 오픈한 애플 전문 매장. 아이폰이나 아이패드의 최신모델을 직접 사용해볼 수도 있고 다양한 주변기기들도 판매하고 있다. 매장은 4개의 층으로 이뤄져 있다. 특히 아이폰이나 아이패드의 신모델이 나올 때쯤이면 구매를 위해 엄청난 줄이 늘어서는 풍경이 연출되기도 한다.

위치 신바시역 2번 출구에서 도보 약 5분.
주소 東京都中央区銀座8-9-7
운영 10:00~21:00 전화 03-4345-3600
홈피 www.apple.com/jp/retail/ginza

Shopping

7

이토야 伊東屋

1904년에 창업한 일본의 대형 문구센터. 본점은 2015년 여름에 재개장을 했는데, 여행자들의 흥미를 끌 만한 아이템이 훨씬 많다. 1층은 카드, 필기구, 스티커, 2층은 일본식 편지지, 캐릭터용품, 홈파티용품, 3층은 사무용품, 4층은 수첩, 노트, 5층은 포장용품, 종이, 앨범 등을 판매한다. 지하는 액자, 작품, 1~2층은 한정 만년필, 오르골, 잉크, 고급 필기구, 3층은 디자인 문구류, 4~5층은 화구, 6층은 지구본 등의 아이템을 취급하고 있다.

위치 긴자역 A13 출구에서 도보 2분.
주소 東京都中央区銀座2-7-15
운영 월~토 10:00~20:00, 일 · 공휴일 10:00~19:00
전화 03-3561-8311
홈피 www.ito-ya.co.jp

07 골목골목을 거닐며 누리는 자유
지유가오카 自由が丘, Jiyugaoka

'자유의 언덕'이란 의미를 가진 지유가오카는 고급 주택가들이 몰려 있는 곳으로 일본인들, 특히 주부들이 살고 싶어 하는 동네로 항상 손꼽히는 지역이다. 골목 구석구석 아기자기한 소품들을 파는 가게와 세련된 명품숍, 입안을 황홀하게 하는 디저트 카페가 넘쳐나는 곳이다. 지유가오카는 홍상수 감독의 영화 〈자유의 언덕〉의 모티브가 된 곳이라고도 한다. 도쿄 도심의 복잡함에서 벗어나 여유 있게 천천히 걸으며 재미있는 물건이 가득한 가게들을 둘러보다 보면 이곳만의 매력에 흠뻑 빠질 것이다. 걷다가 지칠 때면 곳곳에 자리한 디저트 카페에서 쉬어 갈 수 있으니 그야말로 금상첨화다.

*
위치
도큐 도요코선東横線 지유가오카역自由が丘駅 하차
도큐 오이마치선大井町線 지유가오카역自由が丘駅 하차

03-3725-3
Si Beaux
Emile

지유가오카
Jiyugaoka
N
루사루카
몽상클레르
지유가오카
가쿠엔 고등학교
지유가오카 롤야
몬도
라비타
ラ・ヴィータ
고소안
아엔
지유도오리
니시키야 키친
ABC마트
가베리도오리
나미노
콰트르 세종
이솝
투데이즈
스페셜
웰시아
히로노오도리
사봉
피플 트리
조신지
이데숍
도큐 도요코선
메이플 스트리트
오니버스 커피
로열 크리스털 커피
타이잔성지엔텐
야마모토 햄버그
퓰리처 호텔
엑셀시오르 카페
요시노야
스시잔마이
북오프
북쪽
출구
스위츠 포레스트
정면
출구
퍼스트 키친
자유의
여신상
지유가오카역
自由が丘駅
하나카베츠
남쪽
출구
그린 스트리트
파리 세베유
베이크 더 숍
플리퍼스
차노코
몽소플뢰르
갭
무인양품
다마가와학원
내추럴 키친 &
도큐 오이마치선
다이코우로우
지유도오리
오쿠사와 신사
奥沢神社

one day course

추천 하루 일정

지유가오카의 가게들은 비교적 늦은 시간인 오전 11시부터 문을 여는 곳이 많다. 따라서 숙소 주변에서 식사를 하거나 시간을 보낸 후 조금 여유 있게 출발하는 것이 좋다.

출발!

→

10:00

조신지

고요한 정적 속에서 아침 산책을 즐겨보자

→

11:30

가베라도오리

예쁘고 아기자기한 소품들을 득템할 수 있는 곳!

→

12:30

몽상클레르

천재 파티시에의 케이크는 어떤 맛일까?

↓

13:30

점심 식사(아엔)

신선한 제철 재료로 몸도 마음도 건강해지는 느낌~

←

14:30

라비타

멋진 다리를 배경으로 기념사진 한 장 찰칵!

←

15:00

카틀레야도오리

골목 구석구석 예쁜 가게들이 즐비해 눈이 즐거워지는 곳!

←

16:30

로열 크리스털 커피

달콤한 디저트들의 향연! 우아하게 차를 마셔보자

↓

17:30

그린 스트리트

거리를 거닐며 유럽에 와 있는 듯한 분위기를 만끽해 보자

→

19:00

저녁 식사 (나미노)

연어가 듬뿍 올라간 해산물덮밥은 맛도 좋고 건강에도 좋다

→

도착

Sightseeing

❶

조신지 浄真寺

상점이 열기도 전에 지유가오카에 일찍 도착했다면 이곳에 가볼 것을 추천한다. 1878년에 처음 세워진 이 사원은 관광객에게 거의 알려지지 않아 한적하고 고요해 사원 내부를 천천히 둘러보는 것만으로도 충분한 힐링을 선사한다. 700년 이상 된 도쿄에서 가장 오래된 나무가 있었다고 하며, 3개의 아미타상이 보관돼 있는 것으로도 유명하다. 이 아미타상은 에도시대 사람인 가세키 쇼닌(1617~1694)이 그의 전 인생을 쏟아부어 만든 9개의 아미타상 중 일부다. 각각의 아미타상은 손의 위치와 모양이 다른데, 이것은 밀교의 영향을 받은 것이라 한다.

위치 지유가오카역 정면 출구에서 역을 등지고 왼쪽으로 가면 철로가 나온다. 철로를 건너지 말고 계속 직진하다 이정표가 나오면 좌회전해서 도보 7분.
주소 東京都世田谷1階奥沢7-41-3
운영 06:00~16:30
요금 무료
전화 03-3701-2029
홈피 kuhombutsu.jp

Sightseeing

❷

라비타 ラ・ヴィータ

운하의 도시 베네치아를 모델로 한 쇼핑몰이다. 작은 운하 양편에 카페와 옷가게 등의 상점이 몇 곳 있을 뿐, 쇼핑몰 자체의 규모는 크지 않다. 실제로 베네치아를 가본 사람이라면 베네치아와 별로 닮지 않은 모습과 규모에 실망하기 십상이다. 그러나 예쁜 다리와 건물들을 배경으로 사진 찍기에는 그만인 곳이니 큰 기대 없이 산책한다는 기분으로 둘러보면 좋다.

위치 지유가오카역 정면 출구에서 카틀레야도오리로 진입해 도보 8분.
주소 東京都目黒区自由が丘2-8-3
운영 08:30~20:00
휴무 부정기
요금 무료

Food

1

로열 크리스털 커피 ロイヤルクリスタルコーヒー

2021년 7월 지유가오카에 문을 연 카페. 1층에는 원두의 숙성과 로스팅은 물론 패킹까지 하는 커피 팩토리, 앤티크 커피잔과 그라인더 등을 전시하는 갤러리, 그리고 로스팅한 원두나 기념품을 사거나 커피와 아이스크림, 가벼운 식사 등을 할 수 있는 코너가 있다. 호텔 느낌의 2층 로열 크리스털 카페에서는 애프터눈 티 등을 여유롭게 즐길 수 있다. 차는 TWG의 찻주전자로 제공된다. 두 명이 방문하면 애프터눈 티 1인분에 나머지 한 명은 차나 커피만 주문해도 충분한 양의 스위츠가 나온다. 지유가오카에서 문을 연 지 얼마 되지 않았지만, 건물이나 실내 인테리어가 고풍스러워 나름의 역사가 있는 듯한 느낌이다. 시간이 있다면 1층의 갤러리를 제대로 둘러보는 것도 추천!

위치 지유가오카역에서 도보로 약 5분.
주소 東京都目黒区自由が丘2-16-3
운영 평일 11:00~20:00,
주말 · 공휴일 11:00~19:00
요금 차 800엔~, 애프터눈 티 3,500엔~
전화 03-5726-9268
홈피 www.royalcrystalcoffee.jp

Food

2

아엔 あえん

모스 버거를 만든 모스 다이닝에서 운영하는 곳이다. 아엔은 무기질 원소인 아연을 의미하는데, 다소 생뚱맞은 가게 이름은 미네랄을 포함한 건강한 채소를 주재료로 사용하기 때문이라고 한다. 유기농 채소와 질 좋은 돼지고기 등 재료 선택에 있어서 특히 엄격한 아엔은 제철에 맞는 재료를 사용한 건강한 요리를 추구하는 곳이다.

좁은 입구에 비해 크지도 넓지도 않은 실내는 목재를 많이 사용해 편안한 느낌을 준다. 계절마다 계절의 특징에 맞는 메뉴를 선보이고 있는데, 신선한 샐러드와 함께 방금 지은 듯 따끈한 솥밥, 디저트와 커피까지 제공하는 세트 메뉴를 추천한다.

위치 지유가오카역 정면 출구에서 도보 12분. 가베라도오리 ABC마트에서 좀 더 걸어가면 반대편에 위치.
주소 東京都目黒区自由が丘2-8-20
운영 **월~토** 런치 11:00~15:00,
디너 17:00~21:00
일 런치 11:00~15:00,
디너 17:00~22:00
요금 런치 1,000엔~, 디너 4,000엔~
전화 03-5731-8251

Food

❸

고소안 古桑庵

정갈하게 꾸며진 일본식 정원을 바라보면서 차를 즐길 수 있는 카페다. 이름처럼 오래된 뽕나무(桑)로 지은 집이다. 작명은 『나는 고양이로소이다』 등으로 유명한 일본의 소설가 나쓰메 소세키의 사위가 한 것이다. 1954년에 완공되었고, 1999년부터 찻집 겸 갤러리로 운영되고 있다. 세련되고 서구적인 지유가오카의 거리를 걷다 보면 언덕 위에 있는 고풍스러운 전통 가옥 고소안에 다다르게 된다. 창가 자리에 앉아 고소안의 정원을 보면서 차를 마시거나, 표정이 풍부한 인형이나 골동품이 장식된 다실을 구경할 수도 있다. 맑은 날이든 비가 오는 날이든 나름의 정취가 있어 여행지임을 잊고 차와 디저트를 즐기며 잠시 정담을 나누어도 오래도록 기억에 남을 것이다.

위치 지유가오카역에서 도보로 약 5분.
주소 東京都目黒区自由が丘1-24-23
운영 평일 12:00~18:30,
주말 · 공휴일 11:00~18:30
휴무 수요일
요금 1인 1,000엔~
전화 03-3718-4203
홈피 kosoan.co.jp

Food

❹

타이잔성지엔텐 大山生煎店

타이잔성지엔텐은 상하이를 대표하는 음식인 샤오룽바오(육즙이 가득 찬 중국식 고기만두)를 맛볼 수 있는 곳이다. 샤오룽바오는 1930년대 상하이의 한 찻집에서 시작된 음식으로 일본에서는 이곳이 최초로 취급하기 시작했다고. 큰 철판 위에 구워서 나오는 모습만 봐도 군침이 도는 샤오룽바오는 부담 없이 간식 삼아 맛보기에 좋아 인기가 많다. 포장용으로 주문하면 좀 더 저렴하다는 점을 참고할 것. 땅콩소스가 들어가는 매콤하고 고소한 중국식 탄탄면도 즐길 수 있는데, 구운 샤오룽바오 3개와 함께 제공되는 탄탄면 세트는 980엔이다.

위치 지유가오카역 북쪽 출구로 나와 철길을 왼편에 두고 오른쪽으로 직진, 정면에 지유도오리가 나오면 왼쪽으로 꺾어 한 블록쯤 걸어가면 오른쪽 골목 안쪽에 위치.
주소 東京都目黒区自由が丘1-4-6 1F
운영 12:00~22:00
(재료 소진 시 판매 종료)
요금 샤오룽바오 390엔~
전화 03-5731-0977
홈피 www.taizan-shengjian.com

Food

5

오니버스 커피 ONIBUS COFFEE

커피 애호가들에게 유명한 오니버스 커피가 2022년 4월 지유가오카에도 문을 열었다. 지유가오카점은 커피는 물론 생산자나 산지의 투명성이 높은 계절 식재료로 만든 브런치와 점포 내에서 직접 만든 디저트, 여기에 더해 캐주얼하게 와인까지 즐길 수 있다.

'ONIBUS'는 포르투갈어로 '공공버스', '만인을 위하여'라는 어원을 가진 말이다. 사람과 사람을 연결하는 버스처럼 커피를 통해서 사람과 사람을 연결하고 싶은 마음을 담았다고 한다. 일상에 녹아든 커피 한잔을 즐기고 싶다면 추천!

위치 지유가오카역에서 도보로 약 8분.
주소 東京都目黒区緑が丘2-24-8
운영 09:00~17:00
요금 530엔~
전화 03-6421-3939
홈피 onibuscoffee.com

Food

6

몽상클레르 モンサンクレール

'일본이 낳은 천재 파티시에'로 불리는 쓰지구치가 운영하는 디저트 전문점. 이미 우리나라뿐 아니라 세계적으로 명성을 얻어 케이크 마니아들의 성지가 된 지 오래다. 일본 최대 제과대회에서 최연소 우승, 세계 최고의 국제제과대회에서 개인 최고 점수 획득, '초콜릿의 미슐랭'이라 불리는 프랑스 C.C.C Club des Croqueurs de Chocolat 평가단 최고 등급인 별 5개 획득 등 화려한 그의 이력을 알고 나면 왜 몽상클레르가 이처럼 각광을 받는지 이해가 간다.

어느 것을 먹어도 맛있지만 세라비, 몽상클레르 등이 가장 인기가 많은 케이크다. 우리나라의 남산 반얀트리 호텔에도 지점이 있다.

위치 지유가오카역 정면 출구에서 도보 10분. 가베라도오리에 위치.
주소 東京都目黒区自由が丘2-22-4
운영 11:00~18:00
휴무 수요일
요금 800엔~
전화 03-3718-5200
홈피 www.ms-clair.co.jp

Food

7

야마모토노 햄버그 山本のハンバーグ

야마모토노 햄버그의 지유가오카 지점. 카페와 빵집은 많지만 맛집은 그다지 없는 지유가오카에서 식사하러 들러볼 만한 곳이다. 식사 시간이 지난 시간에도 기다리는 사람들이 있을 정도로 인기가 많은 곳. 오리지널 햄버그스테이크는 물론 토마토 하나를 통째로 익혀 올린 햄버그, 마늘을 얹은 햄버그 등 다양한 햄버그를 만날 수 있다. 저녁에는 와인을 마시며 천천히 식사를 즐기는 손님도 많다.

위치 지유가오카역 정면 출구에서 오른쪽으로 조금 가다 철길 안쪽으로 직진. 도보 약 3분.
주소 東京都目黒区自由が丘1-13-4
운영 **평일** 런치 11:00~15:00, 디너 17:00~22:00
주말 · 공휴일 11:00~22:00
요금 1인 1,400엔~
전화 03-6421-2241
홈피 www.yamahan.tokyo

Food

8

차노코 茶乃子

나무를 많이 사용한 인테리어가 편안한 느낌을 주는 카페 겸 레스토랑이다. 카페에서 간단한 식사를 판매하는 정도라 생각하면 좋다. 그렇다고 이곳의 음식이 형편없는 것은 아니다. 대표 메뉴는 비프 카레로 국물이 흥건하고 건더기가 없어 다소 휑뎅그렁하고 맛없어 보이지만, 한입 먹는 순간 의외의 맛에 놀라게 될 것이다.

위치 그린 스트리트 내에 위치.
주소 東京都世田谷区奥沢5-26-12 久保ビル1F
운영 평일 10:30~20:30, 주말 10:30~21:00
요금 1인 1,050엔
전화 03-3724-4962

Food

9

베이크 더 숍 BAKE the SHOP

홋카이도가 본점인 타르트 전문점으로 디저트의 격전지인 지유가오카에서도 인기가 있다. 치즈타르트는 질 좋은 홋카이도와 프랑스산 치즈를 사용해 한입 베어 문 순간 입에서 살살 녹는 부드러움을 느낄 수 있다. 기존의 공방형 점포 형태로 운영하던 '베이크'는 문을 닫고, 2022년 2월 '베이크 더 숍'으로 새롭게 문을 열었다. 지금은 베이크 치즈 타르트, 프레스 버터 샌드, 링고 등의 브랜드가 모인 복합형 편집숍 형태로 운영되고 있다. 계절에 맞춰 한정 타르트를 판매하기도 한다. 베이크 더 숍 내에서 시식은 불가하며, 테이크아웃만 가능하다.

위치	지유가오카역 정면 출구로 나와 왼쪽으로 가서 철길 건너면 바로.
주소	東京都目黒区自由が丘1-31-10 BAKEビル1F
운영	11:00~20:00
요금	230엔~
전화	03-5726-8861
홈피	cheesetart.com

Food

10

나미노 波の

2016년 11월에 오픈한 해산물 돈부리 전문점. 지유가오카의 인기 맛집 나미노의 주메뉴는 홋카이도산 쌀로 지은 밥과 홋카이도산 연어알로 만든 이쿠라동(연어알덮밥)이다. 이쿠라동에는 1종류의 연어알만 들어 있는 덮밥과 3가지 알을 선택할 수 있는 삼색동, 5가지 알을 선택할 수 있는 오색동 등이 있다. 된장국은 유상으로 제공되지만, 점심시간에는 무료이다. 또한 덮밥 메뉴를 주문하면 달걀이 서비스로 제공되므로, 남은 밥에 비벼 먹거나 밥을 더 받아 달걀밥으로 먹을 수 있다. 영양란, 홋카이도산 쌀을 먹여 키운 닭이 낳은 달걀, 일본 최대의 유자 생산지인 고치현에서 유자를 먹여서 키운 닭이 낳은 달걀 중 하나를 선택할 수 있다. 쉽게 구하기 어려운 특별한 달걀이므로, 꼭 먹어보자.

위치	지유가오카역에서 도보로 약 3분.
주소	東京都目黒区自由が丘1-3-22 B1F
운영	런치 11:00~15:00 (LO 14:30), 디너 17:00~21:00 (LO 20:30)
요금	1인 1,500엔~
전화	03-6421-1765
홈피	naminoikura.com

Shopping

1

투데이즈 스페셜 TODAY'S SPECIAL

우리나라에서도 입소문으로 인기를 끌며 없어서 못 샀던 마이보틀. 바로 그 마이보틀로 유명해진 투데이즈 스페셜은 식재료와 각종 생활용품을 파는 편집숍이다. 원래 이곳은 토털 인테리어 리빙숍인 시보네Cibone였는데, 같은 회사 계열인 투데이즈 스페셜로 브랜드 명칭이 바뀌며 업그레이드됐다.
1층은 마이보틀을 포함한 생활용품, 2층은 의류를 비롯한 잡화를 판매하며, 3층에는 카페와 레스토랑이 자리하고 있다. 시부야 히카리에에도 매장이 있으나 지유가오카 매장이 더 크다.

위치	지유가오카역 정면 출구에서 도보 6분. 가베라도오리에 위치.
주소	東京都目黒区自由が丘2-17-8
운영	11:00~20:00
전화	03-5729-7131
홈피	www.todaysspecial.jp

Shopping

2

가베라도오리 ガーベラ通り

지유가오카의 메인 스트리트 중 하나. 디자인 가구와 인테리어 잡화점인 이데숍IDEE Shop, 마이보틀로 유명한 투데이즈 스페셜 등 잡화 전문점과 인테리어 소품점이 길게 이어진 거리 곳곳에 자리 잡고 있다. 다른 곳에서는 찾을 수 없는 특이하고 재미있는 아이템을 갖춘 잡화 매장들을 둘러보다 보면 시간 가는 줄 모른다. 이데숍이나 투데이즈 스페셜 등은 매장 내에 베이크숍이나 카페도 함께 운영하고 있으니 간단한 식사를 하거나 간식을 즐겨도 좋다. 거리 끝쯤에는 유명한 케이크 전문점인 몽상클레르가 있다.

위치	지유가오카역 정면 출구에서 도보 5분.
운영	11:00~20:00 (상점마다 다름)

Shopping

③

니시키야 키친 NISHIKIYA KITCHEN

'세계의 요리를 간단하게'라는 모토로 각종 레토르트 제품을 판매하는 니시키야 식품 회사의 직영점이다. 각종 카레, 파스타 소스뿐 아니라 육개장과 곰탕까지 90여 종류의 레토르트를 판매하고 있다. 매장에 들어서면 다양한 종류의 레토르트 제품에 놀라게 된다. 내용물이 충실하고 맛난 것으로 평판이 자자하다.

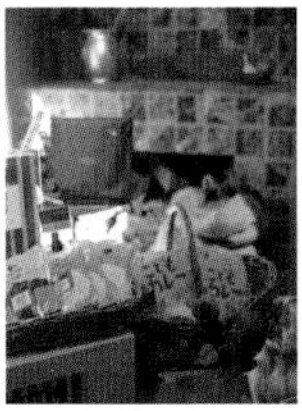

위치	지유가오카역 정면 출구에서 도보로 약 7분. 가베라도오리에 위치.
주소	東京都目黒区自由が丘2-8-17
운영	11:00~19:00
요금	450엔~
전화	03-6421-2560
홈피	nishikiya-shop.com

Shopping

④

그린 스트리트 GREEN STREET

마치 유럽 소도시의 거리에 와 있는 것 같은 느낌을 주는 지유가오카의 쇼핑 스트리트 중 하나다. 디저트 테마파크인 스위츠 포레스트, 팬케이크 전문점 하나캬베츠, 꽃집 몽소플뢰르 등이 이 거리에 있다.

길 중간중간 그늘을 드리운 나무와 운치 있는 벤치가 어우러져 이 길을 걷는 것 자체만으로도 즐거움을 느낄 수 있다. 하나캬베츠 같은 카페의 야외 테이블 중 하나를 차지해 길 가는 사람들을 구경하거나, 쇼핑 중 벤치에 앉아 잠시 쉬어 가는 여유를 느껴보자.

위치	지유가오카역 남쪽 출구에서 정면 오른쪽으로 도보 1분.
운영	11:00~20:00 (상점마다 다름)

Shopping

⑤

카틀레야도오리 カトレア通り

한적한 지유가오카의 쇼핑 스트리트에 비해 조금은 복잡한 느낌의 거리. 프랑스 직영의 생활잡화 전문점인 콰트르 세종, 드러그스토어인 웰시아, 보디용품 전문점인 사봉, 초콜릿 전문점 고디바 매장 등이 있고, 곁가지로 뻗은 골목 안쪽에는 여러 매장과 레스토랑, 카페들이 구석구석 자리 잡고 있다.

위치	지유가오카역 정면 출구에서 나와 도보 1분.
운영	11:00~20:00 (상점마다 다름)

08 유럽 분위기 풍기는 세련된 쇼핑가
에비스 恵比寿, Ebisu 다이칸야마 代官山, Daikanyama

여유와 세련됨이 넘치는 에비스와 다이칸야마는 부유층과 상류 외국인들이 많이 거주하는 지역이다. 부유함이 넘치는 이곳에는 멋진 레스토랑과 카페, 독창적인 상점들이 곳곳에 자리 잡고 있다.
에비스는 1928년경에 현재의 에비스 가든 주변으로 일본 맥주 회사의 시설들이 세워지면서 개발됐다. 1988년에 양조장이 지바로 이동한 후 이 지역에는 유럽 분위기가 물씬 나는 에비스 가든 플레이스가 들어서게 됐고, 1994년에 대중에 개방됐다. 에비스의 서쪽 언덕 지대에 자리 잡은 다이칸야마는 독특한 고급 쇼핑과 맛집 탐방이 가능한 곳이다.

*
위치

에비스
JR 야마노테선山手線 에비스역恵比寿駅 하차
도쿄 메트로 히비야선日比谷線 에비스역恵比寿駅 하차

다이칸야마
JR 야마노테선山手線 에비스역恵比寿駅 하차
도쿄 메트로 히비야선日比谷線 에비스역恵比寿駅 하차
도큐 도요코선東横線 다이칸야마역代官山駅 하차

에비스, 다이칸야마
Ebisu, Daikanyama

one day course

추천 하루 일정

에비스역을 경계로 에비스와 다이칸야마가 양쪽에 위치해 있는데, 거리가 조금 있는 편이므로 동선을 잘 정해서 움직이는 것이 좋다.

출발!

11:00

스타벅스 리저브 로스터리 도쿄

메구로강 경치를 보면서 커피 한잔

12:00

에비스 가든 플레이스와 타워 전망대

에비스 가든 플레이스 곳곳에 놓인 멋진 조각품들도 놓치지 말 것!

13:00

점심 식사(안신)

다이칸야마 T 사이트를 둘러보기 전에 점심 식사

14:30

다이칸야마 T 사이트

현지인 모드로 영화, 음반 등을 찾아보는 것도 좋다

17:00

다이칸야마 어드레스 디세

트렌디한 도쿄 멋쟁이들의 감각 훔쳐보기!

19:00

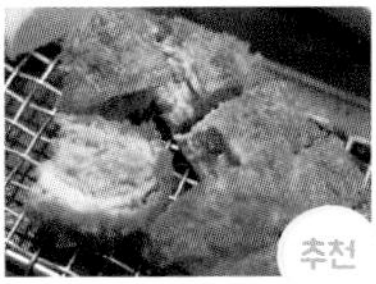

저녁 식사(기무카츠)

25겹 돈카츠를 맛보려면 1시간 줄 서기는 기본

도착

Sightseeing

❶

에비스 가든 플레이스 恵比寿ガーデンプレイス

이국적인 건축물과 아치형 지붕, 넓은 광장 등으로 구성된 에비스 가든 플레이스는 단순한 쇼핑 스폿을 뛰어넘는 곳이다. 영국 런던의 코벤트 가든을 연상시키는 이곳은 쇼핑 매장, 멋진 레스토랑, 미술관 등이 자리하고 있어 젊은 연인들의 데이트 장소로 손꼽히고 있다.

과거 이곳에는 삿포로 맥주 공장이 있었는데, 1994년 재개발을 통해 지금의 모습으로 바뀌었다. 에비스 가든 테라스, 센터 플라자, 에비스 맥주 기념관, 에비스 가든 플레이스 타워, 도쿄도 사진미술관, 웨스틴 호텔 등이 에비스 가든 플레이스를 이루고 있다.

입구에 있는 파빌리온에서는 하루에 세 차례(정오, 오후 3시, 오후 6시) 인형들이 나와 공연을 하며 볼거리를 제공한다. 정면 안쪽에 위치한 눈에 띄는 건축물은 스타 셰프인 조엘 로부숑Joel Robuchon의 레스토랑이고, 그 앞 샤토 광장에는 로댕 등 유명 조각가의 작품이 곳곳에 놓여 있다. 중앙의 가든 테라스에서는 때때로 공연이 열리고, 크리스마스 무렵이면 휘황찬란한 일루미네이션이 연출되기도 한다.

위치	에비스역 동쪽 출구에서 에비스 스카이워크를 통해 도보 약 5분.
주소	東京都渋谷区恵比寿4-20
전화	03-5423-7111
홈피	gardenplace.jp

恵比寿ガーデンプレイス

에비스 가든 플레이스 타워 전망대

恵比寿ガーデンプレイスタワー展望臺

에비스 가든 플레이스의 랜드마크인 에비스 가든 플레이스 타워는 167m 높이의 빌딩으로 지하 5층~지상 40층으로 이뤄진 고층 건물이다. 지하 2층부터 지상 4층까지는 커피숍, 약국, 은행 등의 상업 시설이 자리하고 있고, 38층과 39층에는 레스토랑과 무료 전망대가 있다. 백화점 고층부의 식당가와 비슷한 분위기의 식당가는 일식, 한식, 중식 등 다양한 요리를 멋진 전망을 보며 즐길 수 있는 곳이다. 무료 전망대에서 창밖으로 펼쳐지는 도쿄의 전망을 감상하는 것도 좋다.

위치	에비스 가든 플레이스 내.
주소	東京都渋谷区恵比寿4-20-1
운영	11:00~23:30
요금	무료

恵比寿ガーデンプレイス

에비스 맥주 기념관 ヱビスビール記念館

에비스 맥주 탄생 120주년인 2010년에 에비스 맥주의 양조장이 있던 곳에 세워진 기념관이다. 1889년에 이곳에 양조 공장이 세워지고 1890년에 에비스 맥주가 처음 출시됐다고 한다.

기념관은 에비스 맥주의 역사를 전시한 갤러리, 커뮤니케이션 스테이지, 에비스 테이스팅 살롱으로 이뤄져 있다. 커뮤니케이션 스테이지 입구에는 에비스 공장에서 1987년까지 실제로 사용했던 큰 구리 솥이 전시돼 있다. 에비스 갤러리에는 에비스 맥주의 역사를 보여주는 자료관이 있어 에비스 맥주의 발전 과정을 한눈에 볼 수 있다. 시대별로 달라지는 에비스 맥주병의 디자인을 보는 것도 흥미롭다.

2022년 10월 31일부터 휴관 중이며 리모델링 후 2024년에 '에비스 브루어리 도쿄'로 재개관할 예정이다.

위치	에비스 가든 플레이스 내.
주소	東京都渋谷区恵比寿4-20-1
운영	11:00~19:00 (2023년 4월 기준 임시 휴업 중)
요금	무료
전화	03-5423-7255
홈피	www.sapporobeer.jp/brewery/y_museum

Food

❶

기무카츠 キムカツ

밀푀유 돈카츠라고도 불리는 기무카츠의 돈카츠는 무려 25겹으로 겹친 고기를 특제 생빵가루를 입혀 저온 기름에 8분간 튀기고 2분간 뜸 들이는 그들만의 방식으로 만들어진다.
플레인, 흑후추, 갈릭, 치즈, 유자후추, 매실, 양파 등 7가지 종류를 갖췄으며 양배추 샐러드만 곁들여진 단품 메뉴도 주문이 가능하다. 갓 지은 밥과 된장국이 추가로 제공되는 세트 메뉴도 즐길 수 있다. 특히 기무카츠의 밥은 고슬고슬하고 차져 돈카츠보다 호평을 받는 경우가 종종 있으니 이왕이면 세트 메뉴를 즐겨보자.

위치	에비스역 동쪽 출구로 나와 교차로를 지나 직진하면 우측에 위치.
주소	東京都渋谷区恵比寿4-9-5
운영	평일 11:00~15:00 (LO 14:30), 17:00~23:00 (LO 22:00) 주말 · 공휴일 11:00~22:00 (LO 21:00)
요금	런치 1,200엔~
전화	03-5420-2929
홈피	www.kimukatsu-ebisu.com

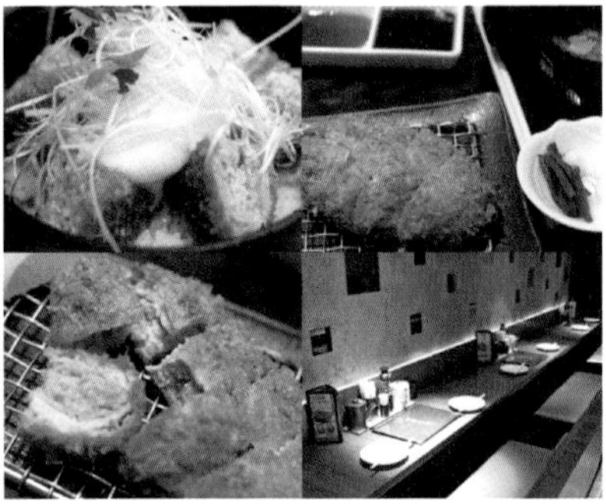

Food

❷

알로하 테이블 アロハテーブル

와이키키에 본점이 있는 알로하 테이블은 하와이풍의 독특한 메뉴 구성과 분위기로 젊은 여성들에게 인기가 많은 브런치 레스토랑이다. 특히 오후 3시까지 제공되는 브런치 세트는 빵, 계란, 연어, 치즈 등 조화로운 메뉴 구성은 물론 커피, 주스 등이 포함돼 알찬 느낌이다. 또한 알로하 테이블의 밥은 현미와 백미를 적절한 비율로 섞어 조리해 건강에도 좋다. 런치에만 주문이 가능한 오늘의 플레이트Today's Plate는 매일 엄선된 요리 구성으로 인기가 많다.

위치	다이칸야마역에서 도보 약 5분. 에비스역에서 도보 약 7분. 다이칸야마 쓰타야 바로 옆에 위치.
주소	東京都渋谷区猿楽町17-10 代官山アートビレッジ1F
운영	11:00~22:00
요금	1인 1,265엔~
전화	03-5456-7033
홈피	alohatable.com

Food

3

안티카 피제리아 다 미켈레

アンティーカピッツェリアダ ミケーレ

1870년에 생긴 나폴리의 유명한 피자 가게 미켈레의 지점이다. 매장 한쪽에 있는 화덕은 이탈리아에서 직접 공수해 온 것이며 밀가루와 기름, 토마토 같은 재료도 본사와 동일한 것을 사용한다고 한다.

가게는 퇴근 후 피자를 곁들여 맥주 한잔하며 부담스럽지 않게 즐길 수 있는 분위기다. 큼직한 크기의 담백하고 맛난 나폴리 피자를 합리적인 가격에 맛볼 수 있기 때문에 매장에는 항상 손님들이 북적거린다. 친절하고 활달한 직원들도 이곳의 인기에 한몫하고 있다.

위치	에비스역 동쪽 출구에서 도보 약 6분.
주소	東京都渋谷区恵比寿4-4-7
운영	평일 11:30~15:00, 17:30~21:30 주말 · 공휴일 11:30~21:30
요금	피자 1,980엔~
전화	03-5447-3800
홈피	www.damichele.jp

Food

4

쓰쿠모 라멘 九十九ラーメン

일본 정통식 라멘을 이미 맛봤다면 독특한 맛과 아이디어를 자랑하는 쓰쿠모 라멘을 강력 추천한다. 이곳의 간판 메뉴는 고수가 한가득 올라간 토마토 베이스의 팍치 라멘. 고수에 거부감이 없다면 강력 추천. 개운하면서 매콤하고 깔끔한 맛이 끝내준다. 또 치즈 라멘도 인기 메뉴 중 하나로 앙증맞은 사이즈의 교자와 함께 주문하면 좋다. 이곳이 본점이다.

위치	에비스역 서쪽 출구에서 도보 약 6분.
주소	東京都渋谷区広尾1-1-36 本国ビル1F
운영	11:00~03:00
휴무	연중무휴
요금	1인 1,000엔~
전화	03-5466-9566
홈피	www.tukumo.com

Food

5

버거 마니아 BURGER MANIA

도쿄 10대 햄버거 맛집 중 하나로 기본에 충실한 햄버거를 먹을 수 있다. 두툼한 햄버거 패티는 촉촉하면서도 씹는 맛이 있으며 느끼하지 않다. 햄버거와 함께 제공되는 감자튀김도 바삭하니 맛있다. 햄버거 외에 재료가 듬뿍 들어간 샌드위치도 역시 수준급 이상. 에비스 외에 히로오와 시로카네에도 매장이 있다.

위치	에비스역 동쪽 출구에서 도보 7분.
주소	東京都渋谷区恵比寿4-9-5
운영	11:00~22:00 (LO 21:30)
휴무	수요일
요금	햄버거 1,210엔~
전화	03-6277-4221
홈피	maniacorporation.com /burger-mania

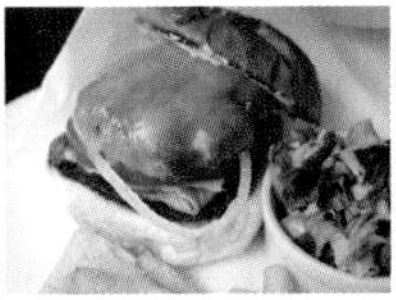

Food

6

스타벅스 리저브 로스터리 도쿄 STARBUCKS RESERVE ROASTERY TOKYO

2019년 2월 28일에 개점한 이곳은 벚꽃으로 유명한 메구로강 변에 있는 도쿄의 핫플레이스다. 스타벅스의 프리미엄급 커피만을 내는 점포로, 매장 내에서 직접 로스팅하는 것을 볼 수 있다. 4층 건물을 채운 독특한 실내 인테리어, 매장 안에서 이루어지는 다양한 공정이 방문객들의 눈길을 사로잡는다. 커피는 물론, 2층에서는 티바나를, 4층에서는 칵테일을 즐길 수도 있다.
스타벅스 리저브 로스터리는 2014년 시애틀에 1호점, 2017년 상하이, 2018년 밀라노와 뉴욕에 이어 도쿄에 오픈했으며 2019년 오픈한 시카고 매장까지 전 세계에 6곳밖에 없다. 일부러 찾아가서 볼만하여 많은 방문객이 아침 일찍부터 문전성시를 이룬다. 특히 메구로강과 주변의 풍경을 한눈에 볼 수 있는 3층 테라스석은 봄철 벚꽃이 피는 시기를 기대하게 한다. 스타벅스 리저브 로스터리 도쿄의 MD 상품도 발뮤다의 한정판을 비롯해 이세이 미야케의 한정판 스카프 등 다른 곳에서는 없는 고가의 것들이 많다.

위치	나카메구로역에서 도보 10분.
주소	東京都目黒区青葉台2-19-23
운영	07:00~22:00
요금	620엔~
전화	03-6417-0202
홈피	store.starbucks.co.jp

Food

7

사루타히코 커피 猿田彦珈琲

2011년 6월에 오픈하여 커피 마니아들 사이에서 호평받고 있는 일본의 로컬 스페셜티 커피 브랜드이다. 특히 라테가 부드럽고 풍미 있다는 평이 많다. 에비스역을 이용한다면 바로 옆에 있는 아트레 내에 매장이 있으니 잠깐 들려서 커피 한잔 마셔도 좋다. 에비스에는 사루타히코 커피의 본점도 자리하지만, 본점 매장은 겨우 3~4좌석밖에 없을 정도로 비좁다.

위치	에비스역 앞 아트레 내 1층.
주소	東京都渋谷区恵比寿南1-6-1 アトレ恵比寿西館1F
운영	08:00~22:30 (LO 22:00)
요금	680엔~
전화	03-5475-8548
홈피	sarutahiko.co

Food

8

안신 あんじん

다이칸야마 쓰타야 서점 2호관 2층에 있는 레스토랑이다. 우리말로 '안심'이라는 뜻의 레스토랑으로 호텔 라운지 못지않은 분위기를 자랑한다. 신문은 물론 해외 유명 잡지와 책 등이 비치되어 있어 음료와 식사를 즐기면서 읽을 수 있다. 단 무료석 외에 테이블 차지Table Charge를 받는 유료석도 있으므로, 좌석을 선택하고 직원에게 안내받을 때까지 기다려야 한다.

맛있는 커피, 엄선한 맥주, 오리지널 칵테일, 주류와 간단한 안주, 식사 메뉴까지 준비되어 있다. 운전자를 위한 무알코올 칵테일도 있다. 평일 런치 나폴리탄 세트는 2,200엔에 제공된다. 가격대가 높아 식사 해결만을 위해서는 추천하지 않는다. 하지만 한동안 머무를 여유가 있다면 천천히 즐길 만하다.

위치	다이칸야마역에서 도보 약 5분.
주소	東京都渋谷区猿楽町17-5
운영	11:00~22:00 (런치 11:00~17:00, LO 21:00)
요금	런치 2,200엔~
전화	03-3770-1900
홈피	store.tsite.jp/daikanyama

Food

9

나카요시 하나레 なかよしはなれ

솥밥으로 유명한 나카요시 하나레는 퇴근길에 친구나 동료, 혹은 혼자서라도 편하게 술을 기울일 만한 이자카야 느낌의 가게이다. 저녁에도, 술을 마시지 않아도, 혼자라도 편안하게 집밥 같은 정식을 맛볼 수 있다.

바싹바싹하게 튀긴 튀김 정식, 정갈하게 구워내는 생선 정식, 맛이 깊게 밴 조림 정식을 1,000엔으로 즐길 수 있다. 회 2종과 구이, 조림이 제공되는 오반자이 정식(1,600엔)에 좋아하는 술이라도 한잔 곁들인다면 그야말로 가성비 훌륭한 저녁 식사가 된다.

위치	에비스역 동쪽 출구에서 도보 약 8분.		
주소	東京都渋谷区恵比寿1-21-5		
운영	일~목 11:00~22:30, 금 11:00~23:00		
요금	1인 1,000엔~	전화	03-6447-7669
홈피	nakayoshihanare.owst.jp		

Shopping

1

다이칸야마 T 사이트 代官山T-SITE

다이칸야마에서 가장 핫한 문화공간이라 할 수 있다. 다이칸야마 T 사이트는 다양한 상점과 레스토랑 등이 모여 있는 복합시설로, 쓰타야 서점을 중심으로 몇 개의 전문점이 산책로처럼 연결되어 있다. 다이칸야마의 쓰타야는 3개의 건물로 구성돼 있는데 2층의 연결 통로로 이동할 수 있다. 내부는 서점뿐 아니라 카페와 레스토랑, 잡화점 등으로 알차게 구성돼 있어 쇼핑과 문화생활을 한 번에 즐길 수 있다. 특히 티 트래블T-Travel에서는 다양한 책과 인터넷 검색을 통해 필요한 여행 정보도 얻을 수 있고, 실제 항공권이나 여행상품 등의 예약도 가능하다. 다이칸야마 쓰타야의 스타벅스에서는 서점의 책들을 마음껏 읽으며 시간을 보낼 수 있다. 이곳에서만 살 수 있는 다이칸야마 한정 텀블러도 판매한다.

위치 다이칸야마역에서 도보 약 5분.

주소 東京都渋谷区猿楽町16-15

운영 09:00~22:00 전화 03-3770-2525

홈피 store.tsite.jp/daikanyama

Shopping

2

자파디 두 ザパディ·ドゥ

다이칸야마의 손꼽히는 인기 잡화점으로 아기자기한 분위기와는 거리가 있다. 가게 이름은 다르지만, 지유가오카의 돌턴Dulton과 같은 계열의 가게이다.
개점한 지 25년이 넘은 다이칸야마의 자파디 두 매장의 물건은 인테리어 소품과 주방용품이 주를 이룬다. 고급스럽고 클래식한 분위기의 물건들도 많이 눈에 띈다. 키친 툴을 다양하게 갖추었고, 오랫동안 사랑받는 물건과 반짝이는 아이디어가 돋보이는 개성 가득한 신상품이 고객을 기다리고 있다.

위치 다이칸야마역에서 도보 약 3분.

주소 東京都渋谷区恵比寿西1-33-15 EN代官山1F

운영 11:00~20:00

전화 03-5458-4050

홈피 www.dulton.jp/stores/daikanyama

Shopping

3

알레고리 홈툴스 ALLEGORY HOMETOOLS

일본 최대 여행사인 JTB에서 만든 『루루부 도쿄』 2023년 판에 소개된 잡화점이다. 언덕길 동백꽃 담벼락 옆에 있는 아기자기한 가게로 구경하는 것만으로도 기분이 좋아진다.

알레고리의 콘셉트는 '언젠가 사용해 보고 싶은 것, 항상 사용하고 싶은 것'이다. 알레고리 다이칸야마점은 세련된 테이블 웨어뿐만 아니라 나무상자나 바구니, 작은 병 등 다양하게 활용할 수 있는 생활잡화가 많다. 겉보기엔 아담하지만, 감각 있고 실용성 있는 생활 도구를 비교적 저렴한 가격으로 판매하고 있다.

위치 다이칸야마역에서 도보 약 2분.
주소 東京都渋谷区恵比寿西1-32-29
운영 12:00~19:00
전화 03-3496-1516
홈피 www.allegory.co.jp/shop

Shopping

4

다이칸야마 어드레스 디세 代官山アドレスディセ

건물 전면에 적힌 '17dixsept'에서 '디세'는 프랑스어로 '17'이라는 뜻이다. 이 쇼핑 공간의 주소가 다이칸야마 17번지이기 때문에 이름 붙은 것이다. 다이칸야마의 라이프스타일에 부합하는 가게들이 모인 라이프스타일 갤러리라고도 할 수 있다.

주거 공간과 쇼핑 공간이 결합된 다이칸야마의 핫플레이스로 1층부터 3층에 다양한 가게들이 입점해 있다. 1층에는 차, 과자, 식기 등을 판매하는 루피샤 본 마르셰와 베이커리, 식료품점, 약국, 꽃집 등이 자리한다. 2층에는 리넨, 코튼 등의 소재를 사용한 고급 디자인숍을 비롯해 여성용품 매장과 인테리어숍 등이 있고, 3층에는 액세서리, 완구, 헤어살롱 등과 생활잡화 매장도 들어서 있다. 입구에 있는 해바라기 모양의 가로등 조형물은 다이칸야마의 상징이기도 하다.

위치 다이칸야마역 북쪽 출구로 나와 왼쪽으로 직진해 보도교를 건너면 나오는 광장 앞편에 위치.
주소 東京渋谷代官山17-6
운영 1층 10:00~22:00, 2 · 3층 11:00~20:00
휴무 1월 1 · 2일
전화 03-3461-5586
홈피 www.17dixsept.jp

09 활기 넘치는 시타마치의 감성
우에노 上野, Ueno

우에노 동물원과 우에노 공원이 가장 먼저 떠오르는 곳으로 여행자들이 밀집하는 지역과 다른 매력을 지녔다. 오래된 거리와 여유로운 공원, 소박하고 친절한 사람 등 한마디로 표현하자면 사람 냄새나는 진짜 일본 동네인 셈이다. 그런가 하면 역 앞에 형성돼 있는 재래시장 아메야요코초는 그 어느 곳보다 활기가 넘친다. 하루쯤 시간을 내서 공원과 우에노 골목골목을 걸어보고, 시장에 가서 흥정을 하고 길거리 음식을 먹으며 색다른 도쿄의 매력에 빠져보자.

*
위치
JR 게이힌도호쿠선京浜東北線 우에노역上野駅 하차
JR 야마노테선山手線 우에노역上野駅 하차
도쿄 메트로 긴자선銀座線 우에노역上野駅 하차
도쿄 메트로 히비야선日比谷線 우에노역上野駅 하차
게이세이 본선 우에노역上野駅 하차
게이세이 스카이라이너スカイライナー 우에노역上野駅 하차
게이세이 나리타 스카이 액세스成田スカイアクセス 우에노역上野駅 하차

우에노
Ueno

N
우체국
국제어린이
도서관
게이세이선
도쿄예술대학
대학미술관
東京藝術大学
大学美術館
도쿄국립박물관
東京国立博物館
시노부가오카
중학교
도쿄도미술관
東京都美術館
우에노 동물원
上野動物園
JR 야마노테선
국립과학박물관
国立科学博物館
증기기관차
우에노 공원
上野公園
국립서양미술관
国立西洋美術館
이즈에이 우메가와테이
모란 정원
ぼたん苑
우체국
우에노대불
上野大佛
도쿄문화회관
東京文化会館
이와쿠라
고등학교
우에노 세이요켄
인쇼테이
공원 출구
도쿄 메트로 지요다선
JR 우에노역
上野駅
우에노노모리 미술관
上野の森美術館
중앙
출구
웬디스
퍼스트 키친
이치란
야마시타
출구
아사쿠사역
(약 3km)
우에노노모리
사쿠라 테라스
히로코지
출구
보트 타는 곳
벤텐도
弁天堂
시노바즈
출구
미쓰이
가든 호텔
도쿄대학
우에노역
上野駅
우에노역
上野駅
시노바즈 연못
不忍の池
게이세이 우에노역
京成上野駅
마루이
마쓰모토
기요시
アメヤ横丁
시타마치 풍속자료관
下町風俗資料館
우에노 터미널 호텔
구 이와사키
저택 정원
旧岩崎邸庭園
이즈에이 본점
아메야요코초
도쿄 메트로 긴자선
돈카츠 야마베
센트리온 호텔 우에노
미나토야식품 본점
도에이 오에도선
우에노히로코지역
上野広小路駅
돈키호테
STARBUCKS
우에노오카치마치역
上野御徒町駅
프레시니스 버거
마쓰자카야
4번
출구
3번
출구
다케야
유시마역
湯島駅
JR 오카치마치역
御徒町駅
나카오카치마치역
仲御徒町駅
도쿄역(약 5km)
카페 벨로체

one day course

추천 하루 일정

지역 자체는 넓지만 여행자들이 필수적으로 들러볼 곳은 명확한 편이라 하루 안에 둘러보기에 충분하다. 동물원이나 박물관 등 운영 시간이 정해져 있는 곳들을 먼저 둘러본 후 남은 일정을 이용해 주변 골목과 아메야요코초를 돌아보면 좋다.

출발!

10:00

국립서양미술관

공원 안에 위치해 있어 산책하다 들르기에 좋다

11:30

우에노 공원 산책

방문 시기에 따라 패스해도 좋다. 봄에 방문했다면 벚꽃 구경은 필수!

12:30

추천

점심 식사(인쇼테이)

우에노 공원을 바라보며 일본식 백반의 매력에 빠져보자

13:30

우에노 동물원

동원과 서원으로 나뉘어 있지만 모노레일을 타고 편하게 둘러볼 수 있다

16:00

아메야요코초 구경

꼭 무언가를 사지 않아도 둘러보는 것만으로도 재미가 있는 곳!

18:00

추천

저녁 식사(이즈에이)

비싸지만 살살 녹는 장어는 내일을 위한 투자라 생각하고 나에게 선물하자

도착

*
다이토구 메구린 버스
台東区めぐりん

우에노 공원, 우에노 동물원, 아메야요코초를 중심으로 돌아보는 것은 도보로 충분히 이동 가능하다. 하지만 좀 더 여유롭게 우에노의 구석구석을 둘러보고자 한다면 메구린을 이용하는 것이 편리하다.

메구린 버스는 아사쿠사와 우에노를 연결하는 버스로 총 세 가지 노선이 있다. 버스 요금은 100엔(현금만 가능)이며 1일 승차권(전 노선 1일 무제한 승차)은 300엔에 구입할 수 있다. 아침 7시부터 저녁 8시까지 15분마다 한 대씩 운행한다. 어른 1명당 어린이 2명까지 무료로 승차할 수 있으며 환승 지점에서 1회까지 무료로 환승이 가능하다. 운전기사에게 요청하면 환승티켓을 받을 수 있다.

홈피 www.city.taito.lg.jp/kenchiku/kotsu/megurin/index.html

Sightseeing

1

우에노 동물원 上野動物園

1882년 개원한 일본 최초의 동물원으로 전체 면적은 140km^2에 이른다. 제2차 세계대전 중 많은 동물들이 살해되었는데, 그 당시 죽은 동물들의 넋을 위로하기 위한 위령탑이 동물원 내에 자리하고 있다. 이후 전 세계 동물원들과의 친선을 활발히 한 결과 약 850종 2,000여 마리의 동물을 갖추고 있는 명실공히 일본 최고의 동물원으로 꼽히고 있다.

동물원은 동쪽과 서쪽의 두 공간으로 나뉘어 있는데 모노레일로도 이동이 가능하다. 자이언트 판다, 갈라파고스 코끼리 거북 등 진귀한 동물들이 많아 가족 단위 여행자에게 인기가 많은 곳이다.

JR 우에노역 공원 출구 쪽의 정문에서 시작해 전체를 다 둘러보는 데 꽤 시간이 걸리는 편이다. 외부 음식 반입이 안 되는 대신 레스토랑을 비롯해 중간중간 휴식을 취할 수 있는 테이블과 의자가 많이 갖춰져 있는 편이다. 입장권 구매 시 여권을 제시하면 20% 할인을 받을 수 있으니 여권을 꼭 지참하자.

위치	우에노역 공원 출구 방면에서 도보 약 5분.
주소	東京都台東区上野公園9-83
운영	09:30~17:00 (입장권 판매는 16:00까지)
휴무	월요일, 12월 29일~1월 1일
요금	어른 600엔, 65세 이상 300엔, 중학생 200엔, 어린이 무료 **무료 입장일** 개원기념일 3월 20일, 녹색의 날 5월 4일, 도민의 날 10월 1일
전화	03-3828-5171
홈피	www.tokyo-zoo.net

Sightseeing

2

우에노 공원 上野公園

1873년 지정된 일본 최초의 공원이자 가장 큰 규모를 자랑하는 곳이다. 공원의 공식 명칭은 우에노은사공원上野恩賜公園으로 '황제가 선물한 우에노의 공원'이라는 뜻이다. 도쿄 시민의 휴식처이자 수많은 관광객이 찾는 곳이며, 특히 봄에는 만발한 벚꽃을 즐기려는 방문객들로 발 디딜 틈이 없을 정도.

공원 내에는 국립서양미술관을 비롯해 일본에서 가장 오랜 역사를 자랑하며 방대한 일본 문화재를 전시하는 도쿄국립박물관, 19세기 말에서 20세기 초까지 서민들의 생활을 보여 주는 시타마치 풍속자료관, 우주나 공룡부터 세계 최신 기술까지 2만 5천 점 이상의 전시물을 소장한 국립과학박물관 등이 있다. 안쪽으로는 일본 최초의 동물원인 우에노 동물원을 비롯해 레스토랑, 카페 등 각종 편의시설도 자리하고 있다. 또 에도시대의 일본식 정원인 모란 정원을 감상할 수 있다.

위치	우에노역에서 도보 약 2분.
주소	東京都台東区上野公園
운영	05:00~23:00
요금	무료
전화	03-3828-5644
홈피	www.kensetsu.metro.tokyo.lg.jp/jimusho/toubuk/ueno/index_top.html

Sightseeing

3

국립서양미술관 国立西洋美術館

20세기를 대표하는 프랑스 건축가 르 코르뷔지에(1887~1965)가 설계를 맡아 1959년 3월에 준공한 건물로, 건물 자체가 유네스코 세계문화유산에 등재되어 있다. 국립서양미술관은 회화, 조각, 소묘, 판화, 공예 등의 분야에 걸쳐 약 6,000점의 서양 미술 작품을 소장하고 있다. 새로 생긴 부속 건물에는 모네, 반 고흐, 고갱, 모로의 작품 등이 있다. 정원에는 로댕의 〈지옥의 문〉, 〈칼레의 시민들〉, 〈생각하는 사람〉, 부르델의 〈활 쏘는 헤라클래스〉 등의 조각품이 있다. 우에노 공원을 산책하면서 공원 안 미술관이나 박물관을 둘러보며 하루를 보내는 것도 좋다.

위치	우에노역 공원 출구에서 도보로 약 1분.
주소	東京都台東区上野公園7-7
운영	화~목 · 일 09:30~17:30, 금 · 토 09:30~20:00
휴무	월요일
요금	**상설전** 어른 500엔, 대학생 250엔
전화	050-5541-8600
홈피	www.nmwa.go.jp

4

아메야요코초 アメヤ横丁

우에노역과 오카치마치역 사이의 고가 철로를 따라 형성돼 있는 도쿄의 대표적인 재래시장으로 길이가 약 400m에 이른다. 원래 제2차 세계대전 후에 암시장으로 형성됐던 것이 시장으로 발전했다고 하는데, 아메야요코초라는 이름도 그 당시 미국산 물건을 많이 판다고 해 '아메리카'의 '아메'를 딴 것에서 비롯되었다. 시장에 들어서면 상점을 구경하려는 사람들로 발 디딜 틈 없이 북적이는데 특히 주말에는 더욱 복잡하다.

건어물, 어패류, 과일, 야채 등 일반적으로 재래시장에서 볼 수 있는 다양한 물건들은 물론이며 식품, 의류, 신발, 액세서리 등의 생활필수품과 전통 공예품, 기념품숍도 찾아볼 수 있다. 아메야요코초를 이루고 있는 숍이 무려 400여 곳이라니 그 규모가 짐작된다. 아메야요코초는 도쿄에 남아 있는 유일한 재래시장으로서 둘러보는 것만으로도 색다른 경험이 된다.

육류보다는 해산물이 주를 이루는 아메야요코초의 시장에는 발걸음을 옮길 때마다 갈등을 불러일으키는 먹음직하고 싼 식당들이 많다. 즉석에서 무게를 달아 요리하는 해산물 레스토랑부터 신선한 회를 푸짐하게 얹어주는 회덮밥집, 상큼한 과일가게, 유명한 다코야키집까지 없는 것이 없을 정도다. 특히 중화요리전문점 친친켄珍々軒은 싸고 맛있기로 유명해 단골손님이 많다.

위치 우에노역(JR) 중앙개찰구 방면으로 나와 도보 약 3분. 우에노역(메트로) 5B 출구에서 도보 약 3분.
주소 東京都台東区上野4-1-9
운영 10:00~19:00 (상점마다 다름)
휴무 1월 1 · 2일
전화 03-3831-4350
홈피 www.ameyoko.net

Tip 마무리 쇼핑은 이곳에서!

다케야 多慶屋

도쿄에서 가장 오래된 할인전문점이다. 육류가공품과 건어물, 레토르트 식품, 도시락 등의 먹거리는 물론이고 가전제품과 화장품, 기념품, 의류, 건강식품 등 대부분의 아이템을 취급한다. 게다가 모든 제품을 대상으로 택스 리펀드를 받을 수 있어 여행자들에게 사랑받고 있다. 택스 리펀드는 여권을 지참하고 면세 카운터에서 받을 수 있다.

위치 오카치마치역 북쪽 출구에서 바로. 나카오카치마치역 A7번 출구 바로 앞.
주소 東京都台東区台東4-33-2
운영 10:00~20:30
휴무 1월 1일
전화 03-3835-7777
홈피 www.takeya.co.jp

Food

❶

미나토야식품 본점 みなとや食品本店

아메야요코초의 활력 넘치는 분위기를 찾아온 여행자라면 식사는 이곳에서 하는 걸 추천한다. 시장통에 자리한 작은 가게로 입구를 두른 천막 위에 수많은 종류의 가이센동(해산물덮밥) 사진과 가격이 붙어 있다. 실내에도 좌석이 있고 바깥쪽에도 테이블이 있다. 메뉴를 고르고 먼저 계산부터 하는 시스템으로, 100엔을 추가하면 먹을 수 있는 된장국도 굉장히 실하다. 가격 대비 훌륭한 신선도와 맛을 가진 해산물덮밥을 즐길 수 있다. 바로 옆에 같은 오너가 경영하는 다코야키집도 인기 만점으로 후식으로 즐겨도 좋겠다.

위치 아메야요코초 내에 위치.
유니클로 쪽 시장 입구로 진입하면 바로 왼쪽에 보인다.
주소 東京都台東区上野4-1-9
운영 11:00~19:00
요금 1인 1,000엔~
전화 03-3831-4350

Food

❷

돈카츠 야마베 とんかつ山家

가격이 싸다고 해서 질이 떨어지거나 맛없는 것은 아니라는 걸 증명하는 돈카츠 전문점이다. 식사 시간이면 대기 시간을 감수해야 하는 이곳의 돈카츠는 2,000~3,000엔 하는 유명 돈카츠 전문점에 뒤지지 않는 크기와 질, 맛을 보장한다. 메뉴는 가장 기본인 로스카츠 정식과 히레카츠, 믹스, 가키후라이 정식이 전부다. 주문하면 밥과 된장국, 양배추 샐러드가 함께 나온다.

위치 우에노오카치마치역 혹은
우에노히로코지역에서 도보 약 4분.
주소 東京都台東区上野4-5-1
운영 11:00~15:00, 17:00~21:00
요금 1인 800엔~
전화 03-5817-7045

Food

3

우에노 세이요켄 上野精養軒

우에노 공원 한쪽에 자리 잡은 유서 깊은 양식당. 개항 이후 서양의 문물을 배우기 위해 파견된 사절단을 이끈 이와쿠라의 지원을 받아 1872년 쓰키지에 최초로 문을 열었고, 1876년 우에노에도 지점이 생겼다. 관동대지진 때 쓰키지의 본점이 소실되면서 우에노 지점이 사실상 본점이 되었다. 초창기에는 주로 유명 인사나 귀족 등 정재계 사람들이 모이는 사교장으로 각광을 받았고, 주요 회담이 열리기도 했다. 이곳은 일본식으로 발전한 서양 요리를 제공하는 카페랑트 랑돌레Caferant Le Landaulet와 정통 프랑스 코스 요리를 제공하는 그릴 후쿠시마Grill Fukushima 두 개의 식당으로 나뉘어 있다. 관광객이 편하게 이용할 수 있는 곳은 카페랑트 랑돌레로 하야시라이스와 비프 스튜가 대표 메뉴이다. 특히 하야시라이스는 원조로 거론되고 있을 정도로 유서가 깊다.

위치	우에노역 공원 출구에서 도보 3분. 게이세이우에노역 이케노하타 출구에서 도보 5분.
주소	東京都台東区上野公園4-58
운영	평일 11:00~17:00, 주말 10:30~18:00
휴무	월요일
요금	비프 스튜 2,600엔, 오므라이스 2,000엔
전화	03-3821-2181
홈피	www.seiyoken.co.jp

Food

4

이즈에이 본점 伊豆榮本店

일본에는 장어를 '꿰는 데 3년, 자르는 데 5년, 굽는 데 한평생'이라는 말이 있는데, 이는 최상의 장어 맛을 내려면 엄청난 수련이 필요하다는 뜻이다. 이즈에이는 300년에 걸쳐 장인을 기르고 민물장어구이의 기술을 계승해 8대째인 지금까지 현지인들의 사랑을 받고 있다. 본점을 포함해 우에노에만 매장이 3곳 있다. 우에노역에서 가까운 본점은 전동 휠체어 리프트와 엘리베이터도 갖추었다. 우에노 공원 안에 있는 이즈에이 우메가와테이는 정원이 아름다워 봄의 벚꽃, 가을의 단풍 등을 즐기며 식사할 수 있다.

장어 메뉴는 송(松-장어 110g), 죽(竹-장어 130g), 매(梅-장어 160g)가 있다. 장어 도시락과 장어덮밥이 있는데, 담는 용기만 다르고 음식은 같다. 양념하지 않은 시라야키동도 송 · 죽 · 매로 제공된다. 곁들여 먹을 야채절임, 장국, 소스로는 간장과 산초가 함께 제공된다. 요리의 간은 소스를 더하지 않아도 되지만, 산초를 뿌리면 느끼하지 않고 산뜻한 맛이 난다.

기모노를 입은 여성이 접객하며 전체적으로 조용한 분위기라 여럿이서 편하게 대화하며 식사할 수 있는 식당은 아니다. 하지만 접하기 힘든 오랜 전통의 장어 요리를 먹어보고 싶다면 추천한다.

위치	우에노역에서 시노바즈 쪽 도보로 약 5분. 게이세이우에노역 도보로 약 3분.
주소	東京都台東区上野2-12-22
운영	11:00~21:00 (LO 20:30)
휴무	연중무휴
요금	2,000엔~
전화	03-3831-0954

Food

5

인쇼테이 韻松亭

우에노 공원 안에 있는 가이세키 전문 식당으로 메이지시대인 1875년에 해외에서 온 손님을 맞이하기 위해 설립되었다. 제철에 나는 신선한 야채와 콩을 주재료로 가이세키 스타일 코스를 제공하는데, 점심에는 비교적 저렴한 가격에 아기자기 다양한 가이세키 요리를 맛볼 수 있다(일본의 많은 유명 식당이 그렇듯 저녁 식사는 예산을 높게 잡아야 하니 점심을 공략하자). 일본 전통 스타일의 실내는 꽤 편안한 느낌을 주며 커다란 통창을 통해 우에노 공원을 바라볼 수 있다는 점도 이곳의 장점 중 하나. 좌석 간의 간격도 넓어서 여유 있게 식사를 하며 여행 중 지친 다리를 쉬어 가기에 좋은 곳이다.

위치	우에노역 공원 출구에서 도보 3분. 게이세이우에노역 이케노하타 출구에서 도보 5분.
주소	東京都台東区上野公園 4-59
운영	**런치** 11:00~15:00 **디너** 월~토 17:00~23:00 (LO 21:00), 일 · 공휴일 17:00~22:00 (LO 20:30)
요금	런치 1,360엔, 하나카고젠 2,060엔
전화	03-3821-8126
홈피	www.innsyoutei.jp

Food

6

우에노노모리 사쿠라 테라스 上野の森さくらテラス

원래 영화관, 극장 등이 있던 건물이 본격 미식을 위한 건물로 재탄생했다. 우에노노모리 사쿠라 테라스는 답답하지 않은 분위기의 건물 안에 카페를 비롯해 오이스터 테이블, 가츠라쿠, 도쿄순두부, 히나스시 우에노점 등 총 18개의 레스토랑이 옹기종기 모여 있다. 일부 레스토랑은 시원한 테라스를 갖추고 있어 여유로운 분위기도 느낄 수 있다. 우에노 공원으로 연결되는 에스컬레이터가 있어 식사 전후로 우에노 공원과 연계하는 스케줄이라면 편리하게 이동할 수 있다.

위치	우에노역에서 도보 약 2분. 아트레Atre 쇼핑몰과 붙어 있다.
주소	東京都台東区上野公園1-54
운영	11:00~23:00 (상점마다 다름)
홈피	ueno-sakura.jp

10

에도시대 감성을 품은 옛 번화가

아사쿠사 浅草, Asakusa

도쿄에서 가장 일본 분위기를 느낄 수 있는 곳을 추천한다면 단연 아사쿠사다. 아사쿠사는 에도시대의 정서를 물씬 느낄 수 있는 독특한 분위기를 가진 지역으로, 센소지浅草寺와 가미나리몬雷門을 중심으로 돌아보면 된다. 가미나리몬에서 센소지까지 들어가는 길을 따라 일본 전통 잡화는 물론이고 유명 먹거리들이 가득해 이동하는 것 자체가 큰 즐거움으로 다가온다. 골목골목에는 100년 이상의 전통을 잇는 덴동집과 스키야키집 등이 가득하며, 인근에는 조리기구 등 음식 관련 상품 전문 상가인 갓파바시 도구가合羽橋道具街 등의 상점가도 자리한다.

*

위치

도쿄 메트로 긴자선銀座線 아사쿠사역浅草駅 하차
도에이 아사쿠사선浅草線 아사쿠사역浅草駅 하차
도부 이세사키선伊勢崎線 아사쿠사역浅草駅 하차

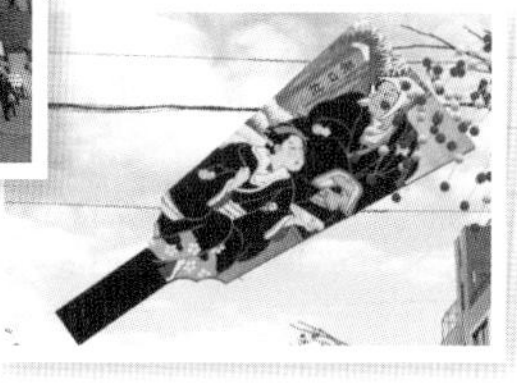

아사쿠사
Asakusa
N
카루보
버브 크리에이션
벤텐
일 세레노
카오산 도쿄 오리가미
고토토이도오리 言問通り
사쿠라 호스텔
센소지 병원
아쿠아필드
하나야시키 花やしき
아사쿠사 뷰 호텔
라멘벤키
우마미치도오리 馬道通り
호텔 게이한
센소지 浅草寺
아사쿠사 가게쓰도
우체국
에도도오리 江戸通り
마쓰야
아사쿠사역 (쓰쿠바 익스프레스) 浅草駅
요시노야
갓파바시도구가
아사쿠사 초등학교
나카미세도오리 仲見世通り
기무라야 닝교야키 본점
아사쿠사 멘치
아사쿠사 초친 모나카
덴보인도오리
다이코쿠야 본점
스미다강 隅田川
모스 버거
아사쿠사공회당 浅草公会堂
스타의 광장 スターの広場
요시노야
소메타로
마쓰야
도미 인 익스프레스
아사쿠사 센트럴 호텔
오렌지도오리
仲見世通り
이마한 본점
스미다 공원 隅田公園
오와리야
아사쿠사 실크푸딩
모스 버거
가미나리몬도오리 雷門通り
아오이마루신
가미나리몬 雷門
우에노역 (약 3km)
수상버스 승차장
도쿄 스카이트리
호텔 선루트
게이트 호텔 가미나리몬
아사쿠사 문화관광센터
도쿄 소라마치
고쿠사이도오리 国際通り
아즈마바시 吾妻橋
아사쿠사역 浅草駅
토리톤
긴자 그릴 카디나르
아사히 맥주 타워 アサヒビールタワー
프레시니스 버거
다와라마치역 田原町駅

one day course

추천 하루 일정

센소지 주변은 걷는 것만으로도 마음이 들뜨는 독특한 매력을 가진 곳이다. 시간을 넉넉히 잡고 거리를 거닐며 100년 이상의 오랜 역사를 가진 상점에서 군것질도 즐기면서 여유로운 일정을 보내보자.

출발!

10:00

센소지

기념 삼아 오미쿠지 뽑기도 해보고, 센소지 앞 향 연기를 쐬며 무병장수를 기원해 보자

10:30

가미나리몬과 나카미세도오리 구경

가미나리몬 길 건너편에 문화관광센터가 있으니 관광 전 방문해 보자

11:30

아사쿠사 군것질 즐기기

나카미세도오리의 역사 깊은 가게에서 군것질 즐기기는 필수!

13:00

점심 식사(다이코쿠야)

오랜 역사를 자랑하는 곳! 덴동을 맛보며 그 분위기를 느껴보자

14:30

갓파바시도구가

신기한 조리 도구와 잡화들을 구경할 수 있는 곳!

16:00

아사쿠사 실크푸딩

앉아서 맛보기에는 자리가 협소하므로 테이크아웃을 추천!

17:00

스카이트리 쇼핑가

전망대가 목적이라면 티켓을 먼저 산 후 쇼핑 시간을 적절히 조율하는 것이 좋다

18:00

도쿄 스카이트리

도쿄 야경 스폿으로 가장 핫하게 꼽히는 곳인 만큼 로맨틱한 야경을 마음껏 즐겨보자

19:00

저녁 식사(토리톤)

유명한 맛집인 만큼 대기 시간이 길 수도 있다는 것을 참고할 것

도착

Sightseeing

1

센소지 浅草寺

도쿄 관광 1순위 아사쿠사, 그중에서도 빼놓을 수 없는 곳이 센소지다. 센소지는 도쿄에서 가장 오래되고 규모가 큰 사찰로 도쿄를 찾는 관광객 대부분이 방문하는 곳이다. '아사쿠사 관음'이라는 애칭으로 모든 일본인들의 사랑을 받고 있으며, 연간 약 3,000만 명의 참배객들이 찾아오는 민중 신앙의 중심지이기도 하다.

628년 스미다강에서 백제인 히노구마 형제가 던져 놓은 그물에 걸린 관음상을 모시기 위해 사당을 지었고, 이후 쇼카이 승려가 645년에 절을 세운 것이 센소지의 유래로 알려져 있다. 그 뒤 센소지는 참배객들이 증가하며 발전을 거듭했고, 센소지의 발전과 함께 도쿄만의 조그만 어촌에 지나지 않던 아사쿠사도 에도 문화의 중심지로 자리 잡았다. 그러나 관동대지진과 제2차 세계대전 당시 대부분의 건물이 소실됐으며, 현재의 건물들은 1960년 이후에 재건된 것이다. 이곳에는 고려 승려 혜허가 그린 고려불화 〈수월관음도〉가 소장되어 있기도 하다.

센소지의 정문에 해당하는 가미나리몬을 지나 내부로 들어가면 보장문, 본당인 관음당, 국보인 법화경을 비롯한 귀중한 보물들이 소장되어 있는 호조몬과 오층탑 등이 있다.

위치	아사쿠사역 1 · 3번 출구에서 도보 5분.
주소	台東区浅草2-3-1
운영	4~9월 06:00~17:00, 10~3월 06:30~17:00
전화	03-3842-0181
홈피	www.senso-ji.jp

Sightseeing

2

나카미세도오리 仲見世通り

가미나리몬에서 호조몬까지 이어지는 약 250m의 거리로 90여 개의 상점이 빽빽이 들어서 있다. 서울의 인사동과 비슷한 느낌인데 일본 전통 인형과 공예품을 파는 상점, 직접 구운 전병 등 갖가지 군것질거리를 파는 상점은 물론 특이하고 재미있는 물건들이 많아 구경하는 재미가 쏠쏠하다. 그러나 상점에서 파는 물건들 다수가 '메이드 인 차이나'로 질이 떨어지는 경우도 많다. 언제나 관광객이 넘치기 때문에 여유 있게 구경하려면 주말이나 공휴일은 피해서 가는 게 좋다.

위치 아사쿠사역 1 · 3번 출구에서 도보 5분.
주소 台東区浅草2-3-1
운영 09:00~19:00 (상점마다 다름)
홈피 www.asakusa-nakamise.jp

Sightseeing

3

가미나리몬 雷門

높이 3.9m, 지름 3.3m, 무게 700kg에 이르는 거대한 등롱이 걸려 있는 센소지의 정문이다. 센소지뿐만 아니라 아사쿠사의 상징으로서 문의 좌우 측에 각각 번개신상, 바람신상이 안치돼 있다. 등롱의 정면에 '가미나리몬雷門', 뒤쪽에 정식 명칭인 '후라이진몬風雷神門'이라고 쓰여 있다. 또 등롱의 밑에는 용이 정교하게 조각되어 있다. 가미나리몬은 '벼락의 문'이라는 뜻으로 센소지가 태풍이나 홍수, 화재 등의 자연재해를 피할 수 있길 기원하는 의미가 있다. 1865년에 일어난 화재로 탔으나 1960년에 현재의 형태로 재건됐다.

위치 아사쿠사역 1 · 3번 출구에서 도보 5분.
주소 台東区浅草2-3-1

Sightseeing

4

도쿄 스카이트리 東京スカイツリ

2012년에 오픈한 도쿄 스카이트리는 최첨단 자립식 전파탑으로서 지진이 잦은 일본의 자연환경에 맞게 내진성이 뛰어난 일본 전통 공법을 활용해 지어졌다. 634m의 높이를 가진 세계 최고의 탑으로 기네스북에 등재됐으며, 단숨에 일본의 새로운 상징이자 명소로 떠올랐다.

전망대는 350m 높이의 템보덱Tembo Deck과 450m 높이의 템보 갤러리아Tembo Galleria 두 개인데, 템보덱 전망대는 360도 유리벽을 통해 수도권 지역 전체를 내려다볼 수 있도록 설계됐다. 날씨가 좋은 날에는 후지산까지도 조망이 가능하다. 이보다 더 높은 템보 갤러리아는 튜브형의 유리로 된 복도가 이어져 있어 마치 공중을 산책하고 있는 것 같은 느낌을 준다. 밤에는 파란빛과 남보랏빛 조명이 하루씩 번갈아 켜지며 환상적인 분위기를 연출한다.

위치 도쿄 스카이트리역에서 도보 1분. 오시아게역에서 도보 5분. 센소지에서 도보 15~20분 정도.
주소 東京スカイツリータウン 押上 1-1-2
운영 08:00~22:00
전화 0570-55-0634
홈피 www.tokyo-skytree.jp/kr

Tip 도쿄 스카이트리 티켓 구입

외국인은 당일권 판매 대열에 줄을 서지 않고 따로 전용 창구를 통해 패스트 티켓을 구입할 수 있다(여권 지참 필수). 일반 티켓에 비해 가격이 비싸지만 시간을 절약할 수 있다는 장점이 있다.
도쿄 스카이트리 4층 서쪽 로비 패스트 스카이트리 티켓 카운터에서 판매하며 당일권 매표소와 다른 장소이므로 주의하자. 판매는 08:00~21:00까지다.

티켓 종류	12세 이상	6~11세
싱글 (플로어 350)	3,200엔	1,600엔
콤보 (플로어 350+450)	4,200엔	2,100엔

Sightseeing

5

갓파바시도구가 かっぱ橋道具街

주방용품에 관한 한 없는 것이 없는 곳으로 100년 이상의 역사를 가진 일본 최대의 주방용품 도매시장이다. 약 800m의 거리에는 조리 도구와 식기, 인테리어용품, 플라스틱 음식 모형, 식자재 등 각종 주방용품을 판매하는 점포들이 모여 있다. 시중보다 10~30% 저렴하게 구입할 수 있을 뿐 아니라 다양한 상품들이 있기 때문에 요식업 관계자들이나 주방용품에 관심이 많은 사람들이 필수로 들르는 곳이다. 커피와 커피용품을 파는 유니언에서는 가게에서 직접 로스팅한 좋은 원두를 저렴하게 살 수 있다. 참고로 '갓파바시'는 상상 속 생물 갓파에서 따온 이름으로 시장 곳곳에서 갓파상을 볼 수 있다.

위치 아사쿠사역에서 도보 10분.
다와라마치역에서 도보 5분.
주소 東京都台東区浅草3-8
운영 10:00~17:00 (점포마다 다름)
홈피 www.kappabashi.or.jp

Sightseeing

6

아즈마바시, 아사히 맥주 타워
吾妻橋, アサヒビールタワー

센소지에서 스미다강 쪽을 바라보고 걸으면 빨간색 교량인 아즈마바시와 아사히 본사 건물이 함께 어울려 있는 풍경이 한눈에 들어온다. 스미다강을 가로지르는 아즈마바시는 1774년에 에도시대의 상인 이에몬이 만든 다리로, 당시에는 이 다리를 지나다니는 사람에게 통행료를 받았다고 한다. 원래 목재로 만들어진 다리였으나 1887년에 철제로 교체됐다. 황금색으로 번쩍번쩍 빛나는 건물은 성화대의 불을 모티브로 한 아사히 맥주의 본사다. 오른쪽에 있는 검은색 건물은 아사히 슈퍼드라이홀로 맥주 거품을 재현한 독특한 황금색 상징물이 특징이다.

위치 아사쿠사역에서 도보 2분.
주소 東京都墨田区吾妻橋1-23-1

Food

❶

다이코쿠야 본점 大黒家本店

1887년 창업한 이래로 무려 4대째 자리를 지키고 있는 든든한 식당이다. 원래 다이코쿠야는 작은 국숫집으로 시작했는데, 단가가 낮은 국수로 그저 그런 매출을 유지하던 중 유독 튀김 소바를 선보이는 날에만 매출이 급등했고, 이후로 아예 덴동으로 업종을 바꾸었다고 한다.

다이코쿠야의 가장 기본 메뉴는 큰 새우튀김, 보리멸튀김, 가키아게(야채와 해산물을 섞어 튀긴 것)가 하나씩 밥 위에 얹어 나오는 덴동이다. 새우를 좋아한다면 큰 새우튀김 3개가 얹어 나와 포만감을 주는 에비텐동海老天丼(1,950엔)을 주문해 보자.

위치 센소지를 마주 보고 덴보인도오리伝法院通り를 따라 좌회전해서 조금만 가면 좌측에 위치.
주소 東京都台東区浅草1-38-10
운영 일~금 11:00~20:30, 토 · 공휴일 11:00~21:00
휴무 연중무휴
요금 덴동 1,700엔~
전화 03-3844-1111
홈피 www.tempura.co.jp

Food

❷

이마한 본점 今半本店

이마한은 청일전쟁 때 고기 통조림을 제조해 일본군에게 납품하기 시작한 것이 시초가 된 곳이다. 그 후 아사쿠사에 둥지를 틀었으며, 1895년에 창업해 5대째 가업을 이어온 이들의 땀과 노력으로 최고의 스키야키집으로 자리를 굳혔다. 스키야키는 상당히 고가의 음식이라 마음 놓고 주문하기에는 무리가 있으니 조금이라도 저렴하게 맛보려면 점심시간에 방문하는 것이 좋다. 점심에 한해 제공되는 스키야키 정식이나 와풍 스테이크 정식이 추천할 만하다.

위치 아사쿠사역에 내려 가미나리몬의 오른쪽 길을 따라 걷다가 우동집 골목으로 꺾으면 5m 정도 떨어진 곳에 위치.
주소 東京都台東区浅草1-19-7
운영 11:30~20:30
휴무 화요일
요금 스키야키 세트 4,500엔~
전화 03-3841-1411
홈피 www.imahan-honten.co.jp

Food

3

아오이마루신 葵丸進

1946년 창업 이래 덴동 맛집으로 이름을 알린 곳이다. 내부는 비교적 널찍한 편이지만 인테리어는 소박하다. 가장 저렴한 덴동에도 입맛을 돋우는 고추튀김, 큼직한 오징어튀김과 생선튀김, 새우튀김이 넉넉하게 올라가 있고 튀김옷이 꽃처럼 화려하다. 바삭하고 고소한 튀김과 짭조름한 간장 맛이 어우러져 조화를 이루지만, 우리 입맛에는 다소 짜게 느껴질 수도 있다. 튀김은 입구에서 테이크아웃도 가능하다.

위치	아사쿠사역 3번 출구로 나와 정면으로 도보 3분.
주소	東京都台東区浅草1-4-4
운영	11:30~21:00 (LO 20:00)
요금	런치 2,000엔~, 디너 5,000엔~
전화	03-3841-0110
홈피	www.aoi-marushin.co.jp

Food

4

오와리야 尾張屋

1870년에 오픈해 100년이 넘은 역사를 가진 소바 전문점이다. 소바를 좋아하는 사람이라면 꼭 들러볼 만한 곳으로 한국에서 먹던 것과는 다른 차원의 소바를 맛볼 수 있다. 가장 유명한 메뉴는 큼직한 새우튀김을 얹은 덴동 소바. 일반 소바는 뜨거운 소바, 차가운 소바가 있다. 소바 자체만으로도 진가를 알 수 있는 곳이다.

위치	아사쿠사역 3번 출구로 나와 정면으로 도보 3분.		
주소	東京都台東区浅草1-7-1		
운영	11:30~20:00	휴무	금요일
요금	1,000엔~	전화	03-3845-4500
홈피	www.asakusa-umai.ne.jp/umai/owariya.html		

Food

5

아사쿠사 실크푸딩 浅草シルクプリン

이름처럼 실크 같이 부드럽고 달콤한 푸딩으로 유명한 곳이다. 가게는 협소한 편으로 앉아서 먹고 갈 수 있는 몇 개의 좌석이 놓여 있긴 하지만 대부분 테이크아웃한다. 한글로 메뉴 이름이 적혀 있기도 하고 가장 인기 있는 순서대로 번호가 매겨져 있어 메뉴 선택이 편리하다. 에도 거리 강변 쪽에 '테스타 로사 카페Testa Rossa Cafe'도 운영하고 있다.

위치	아사쿠사역에서 도보 약 2분. 가미나리몬을 마주 보고 왼쪽으로 한 블록 정도 가면 위치.
주소	東京都台東区浅草1-4-11 (**테스타 로사 카페** 東京都台東区駒形2-6-1)
운영	11:00~21:00
요금	푸딩 490엔, 프리미엄 실크푸딩 590엔~
전화	03-5828-1677 (**테스타 로사 카페** 03-3843-7771)
홈피	silkpurin.com

Food

6

아사쿠사 가게쓰도 浅草花月堂

일본의 국민 빵이라 불러도 손색없는 것이 멜론빵이다. 1945년에 문을 연 이곳은 오랜 세월 멜론빵을 판매해 특히 어른 손바닥 크기를 훌쩍 넘는 점보 멜론빵이 유명하다. 사실 멜론빵이라는 이름은 표면의 모양이 멜론 같다고 해 붙여진 것으로 실제로 멜론 맛이 나지는 않는다. 아이스크림을 속에 듬뿍 넣은 아이스 멜론빵도 인기 아이템 중 하나. 내부에 앉아서 먹고 갈 만한 좌석이 마련돼 있으나 대부분 테이크아웃이 주를 이룬다. 크기가 크고 아사쿠사 주변에 먹거리들이 많으니 하나 사서 일행과 나눠 맛보는 것도 좋겠다.

위치	아사쿠사역에서 도보 약 4분. 센소지 근처에 위치.
주소	東京都台東区浅草2-7-13
운영	평일 10:00~16:00, 주말 10:00~17:00 (빵 소진 시 영업 종료)
요금	점보 멜론빵 250엔
전화	03-3847-5251
홈피	asakusa-kagetudo.com

Food

7

펠리컨 카페 ペリカンカフェ

우치다 슌타로 감독의 〈펠리칸 베이커리〉(2020)는 1942년 개점한 이래 식빵과 롤빵 단 두 가지 메뉴만으로 도쿄 사람들에게 사랑받고 있는 펠리컨 빵집에 대한 다큐멘터리 영화이다. 아사쿠사의 한 모퉁이에 있는 작은 빵집 펠리컨 앞에는 이른 아침부터 빵을 사려는 사람들이 줄을 선다. 사람을 위해 사람이 만든다는 정직한 신념으로 식빵과 롤빵 분야에서는 도쿄 최고임을 자부한다. 공기와 같이 없어서는 안 될 빵, 질리지 않고 매일 먹을 수 있다는 단골손님들의 감상처럼 펠리컨의 빵은 많은 도쿄 사람의 일상을 사로잡았다. 2017년부터는 직영으로 펠리컨 카페를 운영하고 있다. 이곳에서는 식빵의 풍미를 더 돋우도록 숯불로 빵을 굽는다. 일부러 찾아가서 먹어볼 만한 빵이다.

위치	다와라마치역에서 도보로 약 5분. 아사쿠사역에서 도보로 약 5분.
주소	東京都台東区寿3-9-11
운영	09:00~17:30 (LO 17:00)
휴무	일 · 공휴일 · 특별 휴업일 (여름 · 연말연시)
요금	직화 토스트 세트 650엔
전화	03-6231-7636
홈피	pelicancafe.jp

Food

8

기무라야 닝교야키 본점 木村家人形焼本舗

닝교야키는 인형 모양으로 구워낸 빵을 말하는데, 기무라야 본점은 메이지 원년에 창업한 아사쿠사에서 가장 오랜 역사를 자랑하는 곳이다. 빵의 모양은 아사쿠사의 상징인 오층탑, 번개, 비둘기 등의 모양을 따와서 만들어진 것이라고 한다.

위치 나카미세도오리를 따라 걷다 보면 센소지 가기 전 오른쪽에 위치.
주소 東京都台東区浅草2-3-1
운영 09:00~18:00
요금 600엔(팥소 O 8개)
전화 03-3841-7055
홈피 www.kimura-ya.co.jp

Food

9

아사쿠사 초친 모나카 浅草ちょうちんもなか

2000년에 오픈한 곳으로 찹쌀을 사용해 한 장 한 장 구워낸 과자 사이에 아이스크림을 끼워서 판다. 바닐라, 녹차, 팥, 검은깨 등 다양한 맛의 아이스크림이 있으며 크림치즈, 연유 등 그때그때 독특한 맛도 선보이고 있다.

위치 나카미세도오리를 따라 걷다 보면 센소지 가기 전 오른쪽에 위치.
주소 東京都台東区浅草2-3-1 仲見世商店街内
운영 10:00~17:30
요금 아이스 모나카 350엔
전화 03-3842-5060
홈피 www.cyouchinmonaka.com

Food

10

아사쿠사 멘치 浅草メンチ

아사쿠사의 명물 먹거리로 인기가 급부상하고 있는 곳이다. 바삭하게 튀겨낸 고소한 멘치카츠를 즉석에서 파는데 주말에는 긴 줄이 늘어설 정도다. 육즙이 가득한 돼지고기가 듬뿍 들어 있는 멘치카츠는 소스보다 카라시(겨자)에 찍어 먹는 것을 추천한다.

위치 센소지를 마주 보고 덴보인도오리를 따라 왼쪽으로 꺾어 걷다 보면 우측에 위치.
주소 東京都台東区浅草2-3-3
운영 10:00~19:00 (매진 시 영업 종료)
요금 1개 350엔 전화 03-6231-6629
홈피 www.asamen.com

Food

⑪

토리톤 トリトン

삿포로에서 유명한 초밥 체인점 토리톤이 도쿄에 상륙했다. 삿포로를 넘어 도쿄 시민들의 입맛까지 사로잡아 대기표를 뽑고 기다리는 사람들의 행렬이 이어지고 있다. 이곳에서는 손님들 대부분이 스시 레일 위를 지나가는 초밥을 가져다 먹기보다는 스마트 기기로 먹고 싶은 초밥을 직접 주문한다. 기기의 언어도 선택할 수 있다. 즉석에서 초밥을 만들어주기 때문에 확실히 초밥의 상태가 신선하다. 감칠맛 나는 두툼한 초밥에 술 한잔 곁들이면 꿀잠 예약!

위치	도쿄 소라마치 6층.
주소	東京都墨田区押上1-1-2 東京スカイツリータウン・ ソラマチ6F
운영	11:00~23:00 (LO 22:00)
요금	140엔~
전화	03-5637-7716
홈피	toriton-kita1.jp/shop/solamachi

Food

⑫

긴자 그릴 카디나르 銀座グリルカーディナル

1966년에 설립된 긴자의 선술집 '카디나르'가 다년간의 경험과 실력을 바탕으로 도쿄 소라마치에 새롭게 오픈한 서양식 레스토랑이다. 식당 내부의 인테리어는 패밀리 레스토랑 같은 밝은 분위기지만, 직원들의 정중한 서비스는 특급 호텔의 식당에 와 있는 듯한 느낌을 준다.

데미그라스 소스를 듬뿍 얹은 카디나르의 특제 햄버그스테이크와 오므라이스가 인기 메뉴. 오므라이스는 여러 종류의 버섯과 신선한 계란을 듬뿍 사용해 부드러운 맛이 일품이다. 좀 더 색다른 메뉴를 원한다면 부드러운 프랑스산 푸아그라를 올린 햄버그스테이크를 주문해 보는 것도 괜찮다.

위치	도쿄 소라마치 7층.
주소	東京都墨田区押上1-1-2 東京スカイツリータウン・ ソラマチ7F
운영	11:00~23:00 (LO 22:00)
요금	햄버그스테이크 1,580엔~
전화	03-5610-2872
홈피	www.cardinal-japan.com/ restaurant/grill_cardinal

Shopping

1

도쿄 소라마치 東京ソラマチ

도쿄 소라마치는 스카이트리와 연결해 건설된 초대형 쇼핑시설로서 중앙의 도쿄 스카이트리를 사이에 두고 웨스트야드, 타워야드, 이스트야드의 3개 구역으로 나뉜다. 도쿄 스카이트리의 인기와 함께 관광객은 물론 도쿄 시민들의 새로운 쇼핑 스폿으로 각광을 받고 있다. 플라네타리움, 수족관을 비롯해 300여 개의 다양한 상점과 엔터테인먼트 시설이 입점해 있으며, 도쿄 스카이트리와 관련된 한정품을 파는 가게도 있다.
먹기 아까울 만큼 귀여운 캔디를 파는 아메자이쿠 아메신(4층)에서는 숙련된 사탕 기술자가 동물이나 사람 모양 사탕을 만들어내는 모습을 볼 수 있다.
또한 소라마치에는 도쿄의 유명 식당과 디저트 가게들이 다수 입점해 있다. 특히 주목할 곳은 6~7층의 다이닝가. 로쿠린샤, 토리톤 등 도쿄의 유명 맛집들이 대거 포진해 있어 식도락을 위한 목적만으로 방문해도 좋을 정도다.

위치	도쿄스카이트리역 오시아게 방면 출구에서 도보 1분.
주소	東京スカイツリータウン 押上 1-1-2
운영	매장 10:00~21:00, 6층 · 7층 · 30층 · 31층 음식점 11:00~23:00
전화	0570-55-0102
홈피	www.tokyo-solamachi.jp

11

도쿄 교통의 집결지이자 최대 상업지구

마루노우치 丸の内, Marunouchi

도쿄역과 마루노우치 주변은 도쿄의 대표적인 비즈니스 중심지이자 상업지구다. 도쿄역 주변으로는 황궁과 공원 등이 조성돼 있으며 고급 호텔들과 오피스 건물들이 자리 잡고 있다. 마루노우치는 동그라미 안이라는 의미로 황궁 주변으로 발달된 지역을 이른다. 도쿄중앙우체국, 도쿄역, 도쿄 상공회의소, 도쿄국제포럼 등이 이 지역에 운집해 있다.

*
위치
JR 게이요선京葉線 도쿄역東京駅 하차
JR 게이힌도호쿠선京浜東北線 도쿄역東京駅 하차
JR 도카이도선東海道線 도쿄역東京駅 하차
JR 소부카이소쿠선総武快速線 도쿄역東京駅 하차
JR 야마노테선山手線 도쿄역東京駅 하차
JR 요코스카선横須賀線 도쿄역東京駅 하차
JR 주오카이소쿠선中央快速線 도쿄역東京駅 하차
도쿄 메트로 마루노우치선丸ノ内線 도쿄역東京駅 하차

다케바시역
竹橋駅
히가시교엔
東御苑
도쿄 메트로 한조몬선
도쿄 메트로 도자이선
도에이 미타선
도쿄 메트로 마루노우치선
오테마치역
大手町駅
오테마치역
大手町駅
오테마치역
대手町駅
오테마치역
팰리스 호텔
오테마치역
大手町駅
와다쿠라분수공원
和田倉噴水公園
고쿄 皇居
고쿄가이엔
皇居外苑
마루노우치 호텔
호텔 메트로폴리탄
TYO-NRT 하차장
니혼바시 출구
호텔 류메이칸
가츠키치
신마루노우치 빌딩
마루노우치 북쪽출구
샹그릴라 호텔 도쿄
도쿄역 중앙출구
도쿄 스테이션 호텔
야에스 북쪽출구
그릴 만텐보시
마루노우치 빌딩
마루노우치 남쪽출구
도쿄역
東京駅
야에스 남쪽출구
니주바시마에역
二十橋前駅
킷테
TYO-NRT 승차장
하코아 다이렉트 스토어
사자 커피
에어포트 리무진 승강장
브릭 스퀘어
에쉬레
토키아
하토버스 승강장
코트야드 메리어트
신니혼바시역
新日本橋駅
만다린 오리엔탈 도쿄
스마일 호텔 니혼바시 미쓰코시마
미쓰코시마에역
三越前駅
가네코 한노스케
니혼바시 미쓰코시
미쓰코시마에역
三越前駅
니혼바시역
日本橋駅
니혼바시
日本橋
마루젠
니혼바시 다카시마야
주오도오리 中央通り
쇼와도오리 昭和通り
임페리얼 가든 시어터
히비야역
日比谷駅
유라쿠초역
돈카츠 시게
무인양품
도쿄 스퀘어 가든
교바시역
京橋駅
빅 카메라
유라쿠초역
有楽町駅
타카라초역
宝町駅
게이오
긴자잇초메역
銀座一丁目駅
페닌슐라
히비야역
日比谷駅
히비야역
日比谷駅
유니클로
루미네
나미키도오리
도쿄 다카라즈카 극장
히비야 샹테
긴자역
銀座駅
마쓰야
임페리얼 호텔
N
긴자역
銀座駅
긴자역
긴자 미쓰코시
고속도로
신토미초역
新富町駅
히가시긴자역
東銀座駅
히가시긴자역
東銀座駅
마루노우치
Marunouchi

one day course

추천 하루 일정

도쿄역과 도쿄역 지하에 조성된 상가, 그리고 고쿄가이엔을 둘러보는 일정을 놓치지 말자. 특히 도쿄역은 워낙 방대하고 복잡해 길을 잃기 쉬우므로 역내에 구비된 안내도를 챙겨두는 것이 좋다.

출발!

10:30

고쿄가이엔

사쿠라다문, 니주바시 등 일본을 대표하는 역사적인 건물을 둘러보자

13:00

점심 식사(가츠키치)

두툼한 돈카츠 점심으로 든든하게 배 채우기~

14:00

킷테

층별로 다양한 매장이 입점해 있어 시간 가는 줄 모르고 구경하게 되는 곳

17:00

브릭 스퀘어

브릭 스퀘어 내 미술관에서는 볼만한 전시가 열리기도 하니 참고하자

18:00

도쿄역

쇼핑과 식사를 한 번에 해결하고 싶다면 도쿄역으로 가자

18:30

도쿄역 상점가

볼거리, 먹거리, 살 거리가 가득한 도쿄역 상점가는 놓치지 말아야 할 필수 코스!

20:00

저녁 식사
(도쿄 라멘 스트리트)

로쿠린샤를 비롯해 일본의 유명한 라멘집을 한곳에서 만날 수 있다

도착

Sightseeing

❶

도쿄역 東京駅

다양한 노선이 통과하는 교통 중심지이자 유행과 역사를 만드는 문화 중심지로서 도쿄의 상징과도 같은 랜드 마크다. 도쿄역 서쪽은 마루노우치 방면, 동쪽은 야에스 방면, 북쪽은 니혼바시 방면이라 부른다. 1896년 건설이 결정됐다가 청일전쟁과 러일전쟁으로 늦어져 1914년 완성됐다. 역사 안에는 각종 쇼핑 스트리트와 다이닝 스트리트가 조성돼 있어 또 하나의 엔터테인먼트 중심지 역할을 하고 있으며 고풍스러운 도쿄 스테이션 호텔도 들어서 있다.

위치 도쿄역 마루노우치 출구로 나가면 바로.

Sightseeing

❷

고쿄가이엔 皇居外苑

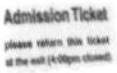

고쿄皇居(황거)를 둘러싸고 있는 공원으로 크게 기타노마루 공원, 고쿄마에 광장까지도 포함한다. 넓은 광장을 비롯해 니주바시, 사쿠라다문 등 일본을 대표하는 역사적인 건물들을 둘러볼 수 있다. 원래 황실의 정원으로 쓰이던 곳이었는데 1949년 일반에 공개하기로 결정해 개원했고, 이후 도쿄의 대표적인 관광 명소 중 하나로 자리매김했다. 고쿄 내부는 미리 신청한 사람에 한해 가이드 동행하에 입장을 허락한다.

니주바시二重橋는 고쿄를 잇는 대표적인 다리다. 말 그대로 2단 구조로 되어 있어 니주바시라는 이름이 붙었으며 평소에는 출입이 불가능하다. 사쿠라다문은 고쿄에 있는 대표적인 문으로 일본의 중요문화재로 지정돼 있으며 현재 통행이 가능하다. 오테몬으로 연결돼 있는 고쿄히가시교엔과 연계해 둘러보는 것을 추천한다.

위치 니주바시마에역 B6 출구에서 도보 약 2분. 도쿄역 중앙 출구에서 나와 정면으로 약 10분 직진해 와다쿠라분수공원을 가로지르면 보인다.
주소 東京都千代田区皇居外苑1-1
전화 03-3231-5509
홈피 fng.or.jp/koukyo

Food

❶

가츠키치 かつ吉

시부야에 본점이 있는 프리미엄 돈카츠 전문점. 돈카츠치고는 가격대가 꽤 높은 편이지만 그만큼 퀄리티가 보장된다. 질 좋은 고기를 사용하여 두툼하게 튀겨낸 돈카츠는 부드럽고 육즙이 풍부하며 겉옷은 얇고, 바삭하다. 돈카츠 외에 굴튀김도 있는데 이것 또한 일품이다. 밥은 시소가 들어가 있는 것과 맨밥 중 하나를 선택할 수 있다. 함께 나오는 밑반찬과 양배추, 된장국도 충실한 편. 사진이 들어간 영어 메뉴판이 있다.

위치	도쿄역 마루노우치 중앙 출구에서 도보 3분.
주소	東京都千代田区丸の内1-5-1 新丸の内ビルディング5F
운영	11:00~14:30, 17:00~21:00
요금	런치 1,700엔~
전화	05-03134-5268
홈피	www.bodaijyu.co.jp/restaurant/shinmaru

Food

❷

사자 커피 SAZA COFFEE

1969년 이바라키현의 작은 마을에서 시작된 커피숍. 창업자 스즈키 요시오는 커피보다 차를 좋아하는 주민들에게 커피를 알리기 위해 노력했고, 이러한 노력 덕분에 점차 명성을 얻어갔다. 현재는 스즈키 요시오의 아들 스즈키 타로가 가업을 물려받아 사자 커피를 이끌고 있다. 점차 사세를 확장 중이나 무분별하게 매장 수를 확대하기보다 최상의 커피를 제공하는 것을 목표로 퀄리티를 높이기 위해 힘쓴다. 매장 수는 10여 개에 불과하지만, 최고급 수준의 원두로 스타벅스를 제치고 일본 최고 카페로 평가받은 바 있다. '도쿠가와 쇼군'이라는 특이한 이름의 원두와 '파나마 게이샤'가 인기 메뉴. 질 좋은 원두를 사용하는 만큼 가격대는 조금 높은 편이다.

위치	도쿄역 마루노우치 남쪽 출구에서 도보 1분. 킷테 1층.
주소	東京都千代田区丸の内2-7-2 JPタワーKITTE 1F
운영	11:00~21:00
요금	드립커피 700엔~
전화	03-6268-0720
홈피	www.saza.co.jp

Food

3

돈카츠 시게 とんかつ繁

1972년부터 이어오고 있는 돈카츠 가게. 유라쿠초역과 도쿄역을 연결하는 선로의 바로 아래 자리 잡고 있다. 실내는 2개의 테이블석과 몇 사람이 겨우 앉을 수 있는 카운터 좌석이 전부. 다소 비좁고 답답한 실내는 민감한 사람이라면 살짝 눈살을 찌푸릴 수도 있다. 그러나 오랜 역사를 가진 만큼 이 집의 돈카츠는 기본에 충실하다. 돈카츠 하나하나 크기가 크고 두툼하지만 겉은 바삭하고 속은 부드럽다. 예약을 받지 않고 배달도 하지 않으며 주말에는 문을 닫는다. 또 현금 결제만 가능하다. 빠르게 변화하는 세상과는 상관없이 자신만의 방식대로 식당을 운영하는 곳. 옛날 일본의 소설 속에나 나올 법한 가게로 주방을 책임지고 있는 주인은 그저 묵묵히 돈카츠를 튀겨낸다.

위치	유라쿠초역에서 도보 3분.
주소	東京都千代田区丸の内3-6-10
운영	11:00~14:00, 18:00~20:30
휴무	주말 · 공휴일
요금	로스카츠 정식 1,500엔, 히레카츠 정식 1,500엔
전화	03-3231-4885

Food

4

가네코 한노스케 金子半之助

식사 시간이면 긴 줄을 감수해야 하는 오랜 역사의 덴동 전문점이다. 붕장어를 통째로 튀겨낸 것과 새우 등 고급스러운 재료가 아낌없이 올라간 덴동임에도 1,000엔 내외의 가격대를 유지하고 있어 여행자와 현지인의 사랑을 듬뿍 받고 있다. 평일에는 오후 3~4시 사이에 방문하면 좀 더 편하게 착석할 수 있다. 주말은 가능하면 피하는 것이 상책. 근처에 튀김 정식만 전문으로 판매하는 같은 이름의 자매 가게가 있으니 덴동을 먹을 것인지 튀김 정식을 먹을 것인지 선택해 정확한 장소로 찾아가자.

위치	미쓰코시마에역 A1 출구에서 도보 약 1분.
주소	東京都中央区日本橋室町1-11-15 1~2F
운영	평일 11:00~22:00 (LO 21:30), 주말 · 공휴일 10:00~21:00 (LO 20:30)
요금	1인 1,200엔
전화	03-3243-0707
홈피	kaneko-hannosuke.com

Food

5

그릴 만텐보시 グリル満天星

도쿄역 근처의 회사원들에게 열렬한 지지를 받고 있는 집이다. 굳이 멋을 내지 않은 경양식집 분위기의 그릴 만텐보시는 오므라이스와 햄버그스테이크로 이미 유명세를 떨치고 있다. 특히 이 집 오므라이스의 최고 비법을 한마디로 정의하자면 '느림'. 쌀과 아홉 가지 채소를 따로 정성스레 볶아내 하룻밤을 숙성시킨 후 밥과 함께 조리한다고 한다. 그래서인지 푸딩 못지않은 부드러운 계란과 고슬고슬한 밥, 깊은 맛의 소스 조화가 예사롭지 않다. 평일 오전 11시부터 오후 3시 반까지 제공되는 점심 세트도 인기 만점.

위치	도쿄역 마루노우치 남쪽 출구 정면 맞은편의 마루노우치 빌딩 식당가 5층.
주소	東京都千代田区丸の内2-4-1 丸の内ビルディング5F
운영	월~목 11:00~15:30, 17:30~22:00 금 11:00~15:30, 17:30~23:00 토 11:00~23:00 일 · 공휴일 11:00~21:00
요금	런치 1,500엔~
전화	03-5288-7070
홈피	marubiru.manten-boshi.com

Food

6

에쉬레 エシレ

에쉬레는 인구 3,000명 정도가 살고 있는 프랑스 중서부에 위치한 작은 마을의 이름이다. 이 마을에서는 1894년부터 버터를 만들기 시작했는데 우수함을 인정받아 전 세계적으로 최고의 버터로 꼽힌다. 브릭 스퀘어에 위치한 이곳은 그 우수한 버터는 물론이고 에쉬레 버터로 만들어진 다양한 제품을 맛볼 수 있어 주말에는 긴 줄이 늘어서기도 한다. 가장 인기 있는 메뉴는 크루아상과 피낭시에, 마들렌. 평범한 입맛을 가진 사람이라면 별 감흥이 없을 수도 있지만 사이즈가 작으니 기념 삼아 하나쯤 맛보는 것도 좋겠다.

위치	도쿄역에서 도보 약 5분, 브릭 스퀘어 1층에 위치.
주소	東京都千代田区丸の内2-6-1 丸の内ブリックスクエア1F
운영	10:00~20:00
요금	크루아상 573엔
전화	03-6269-9840
홈피	www.kataoka.com/echire/

Shopping

❶

킷테 KITTE

구 도쿄중앙우체국 건물을 일부 개조하고 신축해 2013년 문을 연 쇼핑몰이다. 지하 1층부터 지상 6층으로 이뤄져 있는 킷테의 지하 1층에는 도시락, 스위츠, 베이커리 등 전국 각지의 명품 먹거리 매장이 입점해 있으며 5~6층에는 레스토랑이 모여 있다. 4층의 생활잡화 코너에는 하코아 다이렉트 스토어, 앙제뷰로, 캠핑용품 전문점인 스노우피크 랜드 등 시간 가는 줄 모르게 둘러볼 만한 매장이 많다. 1층에는 인기 많은 바오바오 매장도 자리하고 있다. 또한 우체국장이 근무했던 사무실이 그대로 남아 있는데, 관광객들이 관람할 수 있다. 6층에는 도쿄역을 내려다볼 수 있는 전망 좋은 옥상 정원이 있다.

위치 도쿄역 중앙 출구에서 왼쪽으로 도보 약 2분.
주소 東京都千代田区丸の内2-7-2
운영 **숍** 월~토 11:00~21:00, 일 · 공휴일 11:00~20:00
레스토랑 월~토 11:00~23:00, 일 · 공휴일 11:00~22:00
전화 03-3216-2811
홈피 marunouchi.jp-kitte.jp

Shopping

❷

하코아 다이렉트 스토어 HACOA ダイレクトストア

무려 1500년 역사를 자랑하는 '에치젠越前 칠기'에 뿌리를 둔 고급 목제 잡화점. 1962년 설립된 전통 공예사 하코아사는 2001년 새로운 브랜드로 지금의 하코아 다이렉트 스토어를 론칭했다. 긴자, 시부야, 요코하마 등 일본 각지에 지점을 두고 있다. 한눈에 보기에도 고급스러워 보이는 이곳의 물건은 소장하고 싶은 마음을 불러일으킨다. 장인의 섬세한 손길을 통해 만들어진 것이라 가격대는 꽤 높은 편이나 그만한 가치가 있다. 원한다면 이름을 새겨주는 서비스도 제공한다. 소중한 사람을 위한 선물용으로 추천한다.

위치 도쿄역 마루노우치 남쪽 출구에서 도보 1분. 킷테 4층.
주소 東京都千代田区丸の内2-7-2 JPタワー4F
운영 11:00~20:00
전화 03-6256-0867
홈피 hacoa.com

Focus 03

숨은 보물찾기, 요건 몰랐지?
도쿄역 東京駅, Tokyo Station

거미줄처럼 엮여 있는 복잡한 도쿄의 지하철과 사람들로 붐비는 시내에서 짧은 시간 내에 가장 효율적인 쇼핑과 다이닝을 원한다면 간단하게 도쿄역으로 향하자. 어지간한 작은 마을 크기라고 해도 과언이 아닐 정도로 광활한 도쿄역 역사 내에는 지하 1층부터 지상 2층까지 총 3개 층에 걸쳐 다양한 콘셉트의 구역이 조성돼 있다.

그중 가장 눈에 띄는 것이 지하 1층. 각 지역 명물 라멘 가게를 한번에 만나볼 수 있는 도쿄 라멘 스트리트는 현지인들도 일부러 찾을 정도로 인기가 많아 식사 시간이면 심심치 않게 긴 줄을 목격할 수 있다. 또 다양한 전통 과자부터 기념품 과자를 한곳에 모은 도쿄 오카시랜드를 비롯해 방송국 캐릭터부터 팬시 캐릭터까지 전문적으로 취급하는 숍들이 운집해 있는 캐릭터 스트리트도 한참을 돌아볼 수 있을 만큼 풍성하다. 또한 지하 1층 개찰구 안에는 '그란스타Gransta', 개찰구 밖에는 '그란스타 마루노우치'가 있는데, 이곳에는 잡화매장, 기념품숍, 레스토랑 및 카페, 와인숍 등 100개 이상의 가게가 입점해 있어 식사부터 쇼핑까지 해결이 가능하다.

★

홈피 www.tokyoeki-1bangai.co.jp

라멘 스트리트 ラーメンストリート

일본 각지에서 엄선된 내로라하는 유명 라멘 맛집을 이곳에서 모두 만나볼 수가 있다. 라멘을 유독 사랑하는 일본인데다 교통의 허브라고 할 수 있는 도쿄역인 만큼 식사 시간이면 라멘 스트리트 전체는 긴 줄로 장사진을 이룬다. 가게 앞에서 영업시간과 대표 메뉴, 가격 등을 쉽게 확인할 수 있어 편리하다. 특히 로쿠린샤六厘舎는 라멘 마니아들 사이에서 유명한 곳으로, 엄청난 대기를 감수해야 할 정도로 인기가 많다.

★

위치 도쿄역 B1층.
주소 東京都千代田区丸の内1-9-1
운영 10:00~23:00 (점포마다 다름)

도쿄 기프트 팔레트
TOKYO GIFT PALETTE

일본에서 손꼽히는 디저트 브랜드를 모아놓은 스위츠 컬렉션이다. 도쿄 바나나로 유명한 도쿄 바나나 월드, 콩과자 브랜드 페브, 100년 이상의 전통을 가진 긴자 기쿠노야, 바삭한 도쿄 러스크, 피스타치오를 테마로 한 피스타&도쿄 등 개성 있고 독특한 스위츠들이 가득하다. 공항에는 없거나 이곳에서만 파는 브랜드도 많아 귀국하기 전에 들러 선물용으로 사가기에 좋다.

★

위치 도쿄역 1층.
주소 東京都千代田区丸の内1-9-1
운영 09:30~20:30 (점포마다 다름)

에키벤야 마쓰리 駅弁屋祭

에키벤은 말 그대로 역에서 파는 도시락을 이른다. 특히 일본에서는 유명 레스토랑 못지않게 유명 에키벤 리스트가 있을 정도로 그 의미가 남다르다. 각 지역으로 가는 노선들이 밀집한 도쿄역에서 출발 전 많은 이들이 도시락을 챙기는데 이곳에서 다양한 에키벤을 구입할 수 있다. 전국 각지의 유명한 도시락 170여 종을 갖추고 있으며 인기 메뉴로는 요네자와의 규니쿠도만나카牛肉どまん中, 도쿄의 후카가와메시深川めし, 니가타의 에비센료지라시えび千両ちらし 등이 있다.

★

위치 도쿄역 내 그란스타 1층.
주소 東京都千代田区丸の内1-9-1
운영 05:30~22:00
전화 03-3213-4353
홈피 foods.jr-cross.co.jp/matsuri/

카지츠엔 리베르 果実園リーベル

이름처럼 형형색색의 신선한 과일을 이용한 다양한 요리를 맛볼 수 있는 곳이다. 입구에 마련된 쇼케이스에 과일을 아낌없이 넣은 케이크가 진열돼 있어 눈길을 사로잡으며 보는 것만으로도 흐뭇하게 한다. 실내 테이블에는 전국에서 올라온 신선한 과일이 진열돼 있으며 멜론이나 망고 등 과일만 주문할 수도 있다. 파스타나 샌드위치 등 간단한 음식 메뉴도 있고 과일이 듬뿍 얹어진 팬케이크도 인기 메뉴 중 하나다. 케이크와 커피를 함께 맛볼 수 있는 세트를 주문하면 좀 더 저렴한 가격으로 디저트를 즐길 수 있다.

★

위치 도쿄역 1층.
주소 東京都千代田区丸の内1-9-1
운영 09:00~21:00
전화 03-5220-4567
홈피 kajitsuen.jp

캐릭터 스트리트

CHARACTER STREET

헬로 키티, 리락쿠마 등의 캐릭터 단독 매장뿐 아니라 후지 TV, TV 아사히 등 각 방송국의 캐릭터 상품숍까지 길을 따라 죽 늘어서 있다. 각 매장의 규모는 작지만 다양한 캐릭터숍을 한번에 돌아볼 수 있고 꽤 다양한 아이템들을 갖추고 있어 들러볼 만하다.

★

위치 도쿄역 B1층.
주소 東京都千代田区丸の内1-9-1
운영 10:00~20:30 (점포마다 다름)

도쿄역 내부도

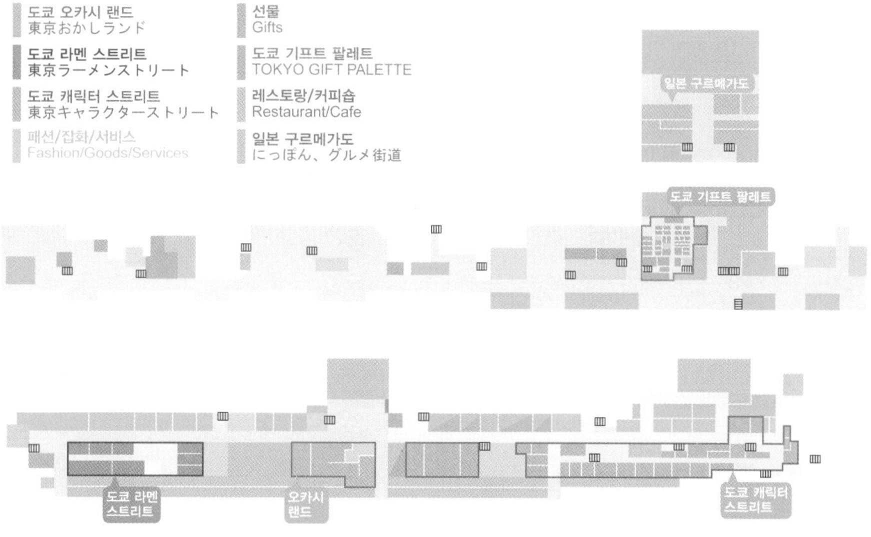

12

도쿄사람들이 살고 싶어 하는 곳

기치조지 吉祥寺, Kichijoji

도쿄의 중심가에서 다소 벗어난 위치에 있기 때문에 짧은 일정으로 도쿄를 방문하는 여행자라면 쉽게 발길이 닿지 않는 곳이다. 그러나 도쿄 도심의 번잡한 분위기와 다른 색다름을 느끼고 싶다면 기치조지에 들러보자. 하루를 몽땅 투자해도 아깝지 않은 지역으로 미타카의 숲 지브리 미술관을 함께 묶어 둘러보면 좋다.
기치조지역 북쪽 출구에는 재래시장 분위기의 정감 있는 가게와 상점들이 몰려 있고, 남쪽 출구에는 녹음이 우거진 이노카시라 공원과 골목 구석구석 작은 가게, 카페, 미술관이 있다. 기치조지의 매력은 골목 안 깊숙이 숨어 있는 독특한 카페들과 아기자기한 숍들에 있다. 역 주변으로는 마루이, 도큐, 파르코, 키라리나 등이 있어 쇼핑을 즐기기에도 좋다. 한적하지만 부족함이 없을 정도의 편의시설들이 있는 기치조지를 둘러보면 왜 항상 이곳이 도쿄 사람들이 가장 살고 싶어 하는 지역으로 순위에 오르는지 저절로 이해가 갈 것이다.

*
위치
JR 주오선中央線 기치조지역吉祥寺駅 하차
게이오 이노카시라선井の頭線 기치조지역吉祥寺駅 하차

기치조지 Kichijoji

one day course

추천 하루 일정

이노카시라 공원과 하모니카요코초 등은 천천히 걸어서 둘러볼 수 있다. 만약 미타카의 숲 지브리 미술관까지 동선에 넣는다면 거리가 멀기 때문에 버스를 타고 이동하는 것이 좋다.

출발!

10:00

미타카의 숲 지브리 미술관

애니메이션의 세계에
푹 빠져보자!

11:30

블루 스카이 커피

공원 안 카페에서
테이크아웃 커피 한잔!

12:00

이노카시라 공원

여유로움을 만끽하며
공원 산책~

13:00

추천

마메조

기치조지 인기
카레집에서 점심 식사

14:00

하모니카요코초

골목 구석구석 숨어 있는
가게들을 구경하는 재미가
쏠쏠하다

16:00

차이 브레이크

지친 다리도 쉴 겸
밀크티를 마시며 휴식

17:00

나나이바시도오리 상점가

길 양편으로 자리한
가게들을 둘러보며 쇼핑도!

18:30

추천

저녁 식사(이세야)

맥주 한잔하며 하루 일정
마무리하기

도착

Sightseeing

1

이노카시라 공원 井の頭公園

2017년에 개원 100주년을 맞이한 공원으로 사계절마다 색다른 매력을 느낄 수 있어 도쿄 시민들에게 사랑받는 곳이다. 특히 봄에는 아름다운 벚꽃이 장관을 이루고, 가을에는 단풍이 멋들어진 풍경을 자아낸다. 38만m²에 달하는 넓은 부지에 울창한 숲과 연못, 산책길이 잘 정비돼 있다.

주말이면 나들이 나온 가족이나 연인들이 호숫가에 떠 있는 오리배를 타는 한가로운 풍경이 연출된다. 공원 내 호수 끝 쪽에는 벤자이텐弁財天이라는 신사가 있는데, 이곳에 참배하는 연인은 오랫동안 사이가 좋고, 싱글은 연인이 생긴다는 전설이 전해져 오고 있다.

공원 안에는 작은 커피 전문점 블루 스카이가 있어 공원 벤치에 앉아 테이크아웃 커피를 마시며 여유를 즐기기에도 좋다.

위치	기치조지역 공원 출구에서 마루이 안쪽으로 들어가 도보 7분. 이노카시라공원역에서 도보 1분.
주소	東京都武蔵野市御殿山1-18-31
운영	24시간
휴무	연중무휴
요금	무료
전화	0422-47-6900
홈피	www.kensetsu.metro.tokyo.jp/seibuk/inokashira/index.html

❷ 미타카의 숲 지브리 미술관 三鷹の森ジブリ美術館

미야자키 하야오 감독을 모르는 사람이라도 〈이웃집 토토로〉 〈센과 치히로의 행방불명〉 〈바람계곡의 나우시카〉 〈천공의 성 라퓨타〉 같은 애니메이션을 한 번쯤 들어본 적이 있을 것이다. 지브리 미술관은 미야자키 하야오 감독의 작품 세계를 현실에 구현해 놓은 미술관이다.

입구부터 독특한 느낌을 주는 지브리 미술관은 지하 1층~지상 2층, 옥상정원으로 이뤄져 있다. 내부에는 실제 미야자키 하야오 감독의 작업실을 꾸며 놓은 전시실과 단편 애니메이션을 상영하는 영화관 등이 있으며 애니메이션이 만들어지는 과정도 엿볼 수 있다. 〈천공의 성 라퓨타〉에 나오는 로봇이 관람객들을 내려다보고 있는 옥상에는 간단한 간식과 음료를 파는 카페가 있다.

위치	미타카역 남쪽 출구에서 지브리 미술관행 커뮤니티 버스가 약 10분 간격으로 운행 (편도 210엔, 왕복 320엔).
주소	三鷹市下連雀1-1-83
운영	10:00~18:00 매시 예약제 입장 (10:00, 12:00, 14:00, 16:00)
휴무	화요일 (수시로 문을 닫으니 홈페이지에서 휴무일을 확인할 것)
요금	어른 1,000엔, 중고생 700엔, 초등학생 400엔, 4세 이상 100엔
전화	0570-05-5777
홈피	www.ghibli-museum.jp

Tip 예약 방문

지브리 미술관은 현장에서는 표를 판매하지 않고 미리 예약을 해야만 한다. 매월 10일부터 다음 달 표를 구매할 수 있는데 인기 많은 여행지라 빨리 예약하지 않으면 원하는 날짜의 표를 구매할 수 없다. 한국에서 예매하는 것은 다소 어렵지만, 대행사이트를 통해 구매하는 등의 방법이 있다.

Food

❶

이세야 いせや

기치조지역에서 이노카시라 공원 방향으로 걷다 입구에 거의 도착할 때쯤 어디선가 고소하고 맛있는 냄새가 난다면 이세야의 꼬치 굽는 냄새일 가능성이 크다. 일본 드라마와 영화에도 자주 등장하는 닭꼬치 전문점 이세야는 가격대가 저렴해 부담 없이 들르기에 좋은 곳이다. 1928년 창업하여 기치조지에 3곳의 가게가 있다. 이곳 이세야 공원점은 허름한 선술집 분위기였으나 리모델링을 통해 좀 더 깔끔하게 바뀌었다. 한국어로 된 메뉴판도 있으니 맥주 한잔하며 여행의 피로를 풀어보는 것은 어떨까.

위치	기치조지역 남쪽 출구에서 마루이 안쪽으로 들어가 도보 5분.
주소	東京都武蔵野市吉祥寺南町 1-15-8
운영	12:00~22:00
휴무	월요일
요금	단품 100엔~
전화	0422-43-2806
홈피	www.kichijoji-iseya.jp

Food

❷

스테이크 하우스 사토우 ステーキハウスサトウ

정육점을 겸하는 작은 가게로 바에 좌석 6개, 테이블 4개가 전부지만 언제나 문전성시를 이루는 곳. 바에 앉으면 요리사가 철판에서 고기를 구워내는 모습을 눈앞에서 보며 식사를 즐길 수 있다. 이곳의 가장 인기 메뉴는 육즙이 풍부한 고기를 깍둑썰기 해서 철판에 볶은 사이코로 스테이크サイコロステーキ. 아삭한 숙주와 야채, 고슬고슬한 밥과 함께 나와 한 끼 식사로 딱 좋다. 질 좋은 고기를 꽤나 저렴한 가격에 즐길 수 있다는 점은 좋지만 식사 시간 때면 좁고 가파른 계단을 감수하고 줄을 서야 한다는 것이 가장 큰 단점.

바로 옆 1층 정육점에서는 갓 튀겨낸 멘치카츠를 판매하는데, 드라마 〈고독한 미식가〉에 소개되고 맛도 좋아 사려는 사람들의 행렬이 길다.

위치	기치조지역에서 도보 약 3분.
주소	東京都武蔵野市吉祥寺本町 1-1-8 ミートショップサトウ2F
운영	11:00~14:30, 17:00~20:00
요금	런치 2,000엔~, 디너 3,000엔~
전화	0422-22-6464 (디너 예약만 가능)
홈피	www.shop-satou.com

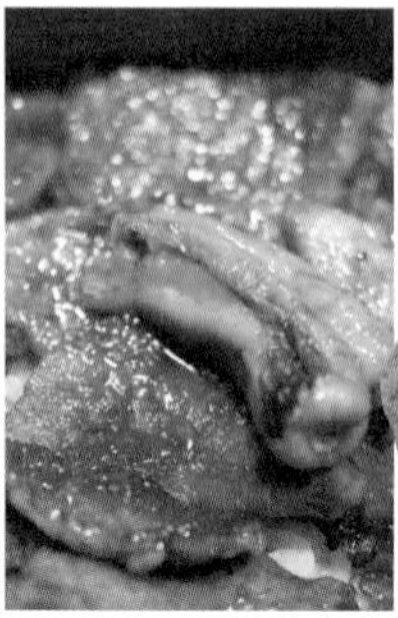

Food

3

마더스 MOTHERS

나나이바시도오리 상점가 중간에 자리 잡고 있는 이탈리아 체인 레스토랑으로 피자, 파스타 등의 메뉴가 있다. 음료와 샐러드, 메인이 제공되는 평일 한정 런치 세트는 그야말로 가성비가 훌륭하다. 점심시간에는 실속 있는 이곳의 메뉴를 즐기려는 사람들로 레스토랑이 언제나 북적인다. 창가 자리에 앉으면 나나이바시도오리를 지나다니는 사람들을 구경하기 좋다.

위치	나나이바시도오리 상점가 중간에 위치.
주소	東京都武蔵野市吉祥寺南1-15-14 グランドメゾン2F
운영	런치 11:00~15:00 (LO 14:00), 디너 15:00~23:00 (LO 22:00)
휴무	연중무휴
요금	런치 세트 1,250엔~
전화	0442-26-8050
홈피	www.mothersgroup.jp

Food

4

마메조 まめ蔵

깔끔한 일본 카레의 맛을 느낄 수 있는 기치조지의 인기 맛집이다. 오래 끓여낸 듯한 루에 부재료 모두 형태가 그대로인 채 맛이 잘 스며져 있다. 차분한 분위기에서 편안하게 식사할 수 있고 한국어 메뉴판과 한국어가 가능한 점원도 있으므로 다양한 맛의 카레를 쉽게 선택할 수 있다. 기치조지에는 마메조뿐만 아니라 피왕Piwang과 리틀 스파이스Little Spice 등의 카레 맛집들이 있다.

위치	기치조지역 북쪽 출입구에서 도보 6분.
주소	東京都武蔵野市吉祥寺本町 2-18-15
운영	11:00~21:00 (LO 20:30)
휴무	연말연시
요금	런치 1,000엔~, 디너 1,200엔~
전화	0422-21-7901

Food

5

파티세리 고테 뒤부아 パティスリーコテデュ ボワ

지브리 미술관 앞 도로 건너편에 자리한 카페로 예쁘고 맛있는 케이크를 맛볼 수 있는 곳이다. 테이블은 고작 3~4개에 불과하지만 벽면에 걸려 있는 상장에서 카페 주인의 실력과 자부심을 엿볼 수 있다. 지브리 미술관 방문 시 잠시 쉬어 가기 좋다.

위치	지브리 미술관 앞 신호등을 건너 오른쪽으로 조금만 걸어가면 위치.
주소	東京都三鷹市下連雀1-14-5
운영	11:00~18:00
휴무	화요일
요금	1인 1,000엔~
전화	0422-70-6052

Food

6

차이 브레이크 CHAI BREAK

이노카시라 공원의 초입에 자리 잡고 있어 가게 안에서 마셔도 되고, 날씨가 좋으면 테이크아웃해서 공원 안에서 즐겨도 좋다. 이곳에서는 홍차 본연의 맛을 느낄 수 있도록 메뉴에 얼그레이가 없고 15종류의 차를 계절에 따라 선보이고 있다. 차에 조예가 깊은 주인의 오랜 내공이 느껴지는 밀크티가 유명하며, 가게에서 직접 만들어 11시부터 오후 2시까지 내놓는 점심 메뉴도 인기 있다. 채소를 듬뿍 넣은 핫수프는 다 먹으려면 조금 무리할 정도의 양인데, 보기보다 맛있다.

위치 기치조지역에서 이노카시라 공원 방향으로 도보 5분.
주소 東京都武蔵野市御殿山1-3-2
운영 평일 09:00~19:00, 주말 · 공휴일 08:00~19:00
휴무 화요일
운영 밀크티 803엔~
홈피 www.chai-break.com

Food

7

가야시마 カヤシマ

드라마 〈고독한 미식가〉 시즌 1의 7회 '기치조지 카페의 나폴리탄'에 나오는 가게이다. 드라마의 팬이 아니라면 굳이 찾아갈 일 없어 보이는 식당이지만, 특별한 재료 없이도 묘하게 끌리는 맛을 선보이며 인심이 후하다. 세트 메뉴는 주문한 음식 외에 먹고 싶은 것을 하나 선택하면 반 정도 주며, 커피나 차, 레몬아이스티 등도 제공한다. 곱빼기를 시켜도 값은 같다.

위치 기치조지역 북쪽 출구에서 도보 8분.
주소 武蔵野市吉祥寺本町1-10-9
운영 11:00~24:00
운영 세트 1,000엔
전화 0422-21-6461
홈피 kayashima.org

Shopping

❶

나나이바시도오리 상점가 七井橋通り商店街

차가 다니지 않는 길 양편으로 빈티지 상품을 파는 가게, 크레이프 가게, 카페 등이 자리 잡고 있다. 가게 수가 많지 않은 편이라 이노카시라 공원 가는 길에 둘러보면 좋다. 이노카시라 공원에 도착할 때쯤이면 공원에 가지고 갈 샌드위치와 커피를 살 수 있는 트리반드럼과 닭꼬치 전문점 이세야를 만날 수 있다.

위치 기치조지역 공원 출구에서 마루이를 정면에 두고 오른쪽 골목으로 들어가 도보 1분.

휴무 연말연시

Shopping

❷

소우노미 創の実

'소우노미'는 우리말로 '창조의 열매'라는 뜻을 가졌으며 도쿄 내의 상가에서 개업을 목표로 하는 사람에게 점포 운영이나 판매할 기회를 제공하고, 개업을 지원하는 챌린지 가게이다. 2023년 4월 기준, 오리지널 디자인의 의류와 잡화를 파는 언레스 아트&컬처UNRESS Art&Culture, 점주의 오리지널 드레싱이나 아오모리 현의 먹거리를 파는 오쿠나나쇼오텐奥なな商店, 토끼를 모티브로 한 잡화를 파는 도니카쿠우사기가스키とにかくうさぎが好き가 기간 한정으로 입점해 있다.

위치 기치조지역 남쪽 출구에서 마루이 안쪽으로 들어가 도보 6분.

주소 京都武蔵野市吉祥寺南町1–17–7

운영 11:00~18:00

휴무 수요일, 셋째 주 화요일

홈피 tokyo–sounomi.com

Shopping

❸

하모니카요코초 ハーモニカ横丁

좁은 길 양쪽에 테이블이 몇 개에 불과한 이자카야, 식당, 잡화점, 채소 가게 등 작은 상점들이 촘촘히 들어선 모습이 하모니카의 홀을 닮았다 하여 붙여진 이름이다. 애니메이션 〈센과 치히로의 행방불명〉에 나오는 아부라야油町의 모델이기도 한데, 1920년대에는 암시장이었다고 한다. 지금은 서민적인 분위기를 즐기려는 관광객의 발길이 잦아지며 활기를 띠고 있다.

위치 기치조지역 북쪽 출구에서 도보 1분.

주소 東京都武蔵野市吉祥寺南町1~2

13

개성과 감성이 어우러진 곳

시모키타자와 下北沢, Shimokitazawa

일본의 젊고 독특한 트렌드를 제대로 체감하고 싶다면 시모키타자와에 들러보자. 시모키타자와는 신주쿠나 시부야 등 관광객들이 자주 찾는 시내 중심에서 전철로 15~20분 정도 소요되는 곳에 위치하고 있으며, 일본 젊은이들의 개성과 시타마치 특유의 감성이 결합된 독특한 분위기를 띠고 있어 들러볼 만하다. 시모키타자와의 남쪽 출구와 북쪽 출구를 중심으로 각종 의류매장과 패션 소품숍, 작은 레스토랑, 카페 등이 줄지어 서 있어 부담 없이 하루 안에 돌아볼 수 있다.

*
위치
게이오 이노카시라선井の頭線 시모키타자와역下北沢駅 하차
오다큐 오다와라선小田原線 시모키타자와역下北沢駅 하차

시모키타자와
Shimokitazawa
N
시모키타자와
세이토쿠 고등학교
우체국
R 로지우라 카레 사무라이
이치반가이 一番街
히가시 키타자와역
東北沢駅
NOCE S
S 비사이드 라벨
르 몬도 R
S 앤티크 라이프 진
위고 S
R 선데이 브런치
모스 버거 R
플리퍼스 R
신다이타역 新代田駅
빌리지 뱅가드 R
다이너
와플 카페 오렌지 R
S 동양 백화점
프레시니스 버거 R
기타자와
타운홀
R 매직 스파이스
S 오오제키 슈퍼
S 피콕
B 미즈호 은행
서쪽 출구 1
서쪽 출구 2
북쪽 출구
S 빌리지
뱅가드
B 미쓰비시 UFJ 은행
SHELTER
시부야역(약 5km)
시모키타자와역
下北沢駅
남쪽 출구
게이오 이노카시라선
레시피 S
마쓰야 R
R 웬디스 퍼스트 키친
S 마쓰모토 기요시
이케노우에역
池ノ上駅
포그 린넨 워크 S
히로키
미스터 도넛 R
S 몰디브
S 다이소
오다큐 오다와라선
모자이크
R 우오신
세타가야다이타역

Food

❶

히로키 HIROKI

오코노미야키 맛집으로, 10명 남짓이 겨우 들어가는 좁은 실내는 맛있는 오코노미야키를 맛보려는 사람들로 언제나 북적인다. 산처럼 쌓아올린 두툼한 양배추 위에 베이컨, 오징어, 새우 등의 재료를 넣어 주문과 함께 바로 앞에서 구워주는 오코노미야키는 맥주 한잔과 함께 먹으면 꿀맛이다.

위치	시모키타자와역 남쪽 출구에서 도보 7분.
주소	世田谷区北沢2-14-14 ハニー下北沢 1F
운영	12:00~21:30
요금	1,650엔~
전화	03-3412-3908
홈피	www.teppan-hiroki.com

Food

❷

선데이 브런치 SUNDAY BRUNCH

시모키타자와에서 꾸준히 인기를 유지하고 있는 브런치 카페. 원목을 사용한 인테리어로 아늑하고 편안한 느낌을 주며 왠지 늦잠을 실컷 자고 일어난 일요일 오후 허기진 배를 채우기 위해 책 한 권 들고 방문하고 싶은 카페다. 신선한 우유와 달걀을 사용한 프렌치토스트가 유명하고 제철 채소로 만든 다양한 요리는 건강한 느낌을 준다. 딸기, 블루베리 등 과일로 만든 메뉴는 맛이 좋을 뿐 아니라 눈으로 보기에도 즐겁다.

위치	시모키타자와역 북쪽 출구에서 도보 5분.
주소	東京都世田谷区北沢2-29-2 フェニキアビル 2F
운영	11:00~19:30
요금	브런치 세트 2,200엔~
전화	03-5453-3366
홈피	www.sundaybrunch.co.jp

Food

❸

르 몬도 ル・モンド

작은 규모의 레스토랑이지만 양질의 스테이크를 합리적인 가격에 맛볼 수 있다. 르 몬도는 자체 개발한 소스, 야채와 향신료를 이용한 버터를 사용해 고기의 풍미를 더한다. 세 가지 종류의 소고기 중 두 가지를 선택해 반반씩 주문할 수 있는 더블 서비스를 통해 여러 종류의 스테이크를 맛볼 수 있다.

위치	시모키타자와역 북쪽 출구에서 도보 약 5분.
주소	東京都世田谷区北沢2-29-14 第11FMGビル1F
운영	평일 11:30~15:00, 17:00~22:00 주말 11:00~15:15, 17:00~22:15
휴무	화요일
요금	1인 1,200엔~
전화	03-5790-9767

Food

❹

플리퍼스 フリッパーズ

2016년에 시모키타자와에서 처음 문을 연 팬케이크 전문점이자 브런치 카페. '기적의 팬케이크'로 인기를 얻으며 기치조지, 지유가오카, 시부야, 오사카에 지점을 열었고 우리나라의 익선동 등에도 매장이 있다. 미야기현 농장에서 직접 공수한 건강한 달걀과 홋카이도 비에이 우유를 사용한 팬케이크는 녹아내릴 듯 부드럽다. 기본 팬케이크도 맛있으며 딸기, 바나나, 블루베리 등 상큼한 과일을 듬뿍 얹은 프레시 프루트 팬케이크는 이 가게의 인기 메뉴다.

위치	시모키타자와역 북쪽 출구에서 도보 3분.
주소	東京都世田谷区北沢2-26-20 1F
운영	11:00~20:00 (LO 19:30)
요금	플레인 1,320엔
전화	03-5738-214
홈피	www.flavorworks.co.jp

Food

❺

와플 카페 오렌지 WAFFLE CAFE ORANGE

바삭하고 맛있는 와플 전문 카페. 달콤한 아이스크림 등을 얹은 와플뿐 아니라 채소, 햄, 달걀 등을 곁들인 식사 대용의 와플도 먹을 수 있다. 실내는 생각보다 넓지 않으나 야외 테이블이 있어 날씨가 좋은 날에는 야외 테이블 이용을 추천하다. 가격대는 다소 높은 편이고 운영 시간도 예고 없이 변경되는 경우가 있다. 또 주말에는 와플과 음료 세트를 판매하지 않고 단품으로만 주문이 가능하다는 점도 참조할 것.

위치	시모키타자와역 북쪽 출구에서 도보 3분.
주소	東京都世田谷区北沢2-26-21 エルフォアシティ下北沢 1F
운영	11:00~20:00
요금	플레인 와플 세트 1,220엔~
전화	03-5738-5320

Food

❻

로지우라 카레 사무라이 ROJIURA CURRY SAMURAI

빈티지숍과 함께 시모키타자와에서 유명한 것이 카레다. 로지우라 카레 사무라이는 카레 맛집이 즐비한 시모키타자와에서도 손에 꼽히는 핫한 카레 전문 레스토랑. 이곳은 라인 앱을 통해 예약할 수 있다. 예약해 두면 라인 앱을 통해 알림이 오기 때문에 힘들게 줄 서서 기다리지 않아도 된다. 실내는 그다지 크지 않고 6~8개의 테이블이 있는 정도. 수프의 종류와 매운 정도, 밥의 양을 선택하고 기호에 따라 토핑을 추가할 수 있다. 약한 불로 10시간 이상 졸인 감칠맛 나는 카레 수프와 구운 채소를 함께 먹으면, 채소를 좋아하지 않는 이들도 맛있게 즐길 수 있다. 현금 결제만 가능하다.

위치 시모키타자와역 북쪽 출구에서 도보 5분. 주소 東京都世田谷区北沢3-31-1
운영 11:00~15:30 (LO 15:00), 17:30~21:30 (LO 21:00)
요금 1,400엔~ 전화 03-5453-649 홈피 samurai-curry.com

Food

❼

매직 스파이스 MAGIC SPICE

기본 메뉴는 수프 카레다. 종류는 치킨, 포크, 시푸드, 비프가 있는데 이 중에서 하나 고른 후 여러 가지 토핑 중에서 원하는 것을 주문하면 된다. 토핑은 올려도 되고 안 올려도 된다. 마지막으로 매운 정도를 고르는데 가장 매운맛은 360엔, 가장 맵지 않은 맛은 100엔이 추가된다.

위치 시모키타자와역 남쪽 출구에서 도보 약 7분.
주소 東京都世田谷区北沢1-40-15
운영 평일 11:30~15:00, 17:30~22:30
주말 · 공휴일 11:30~22:30
휴무 화 · 수요일
요금 1인 1,300엔~
전화 03-5454-8801
홈피 www.magicspice.net

Shopping

❶

레시피 시모키타자와 レシピ下北沢

작고 아기자기한 상점들이 주를 이루는 시모키타자와에서 단연 눈에 띄는 높은 빌딩이다. 2~4층에 일본 저가 브랜드 유니클로 매장이 크게 자리하고 있어 한번 들러볼 만하며, 5층에는 식품부터 각종 생활용품, 선물용품 등이 구비돼 있는 다이소가 큰 규모로 자리하고 있다. 또 하나 눈여겨봐야 할 곳은 지하 1층과 1층에 자리한 다이에이Daiei. 각종 소스와 요리 재료를 둘러보는 재미도 있고 보기만 해도 식욕이 돋는 즉석식품과 도시락도 구입할 수 있다.

위치 시모키타자와역 남쪽 출구에서 도보 약 1분.
주소 東京都世田谷区北沢2-20-17
운영 10:00~21:00
홈피 www.recipeshimokita.jp

Shopping

②

빌리지 뱅가드 VILLAGE VANGUARD

언뜻 보면 일본의 대표적인 저가 잡화숍 돈키호테와 닮아 있지만 빌리지 뱅가드는 시모키타자와의 느낌을 고스란히 담고 있다. 복잡해 보이는 좁고 좁은 통로를 따라 셀 수 없는 아이템들이 쌓여 있는데 하나하나 보는 재미를 빠뜨릴 수 없을 정도로 희귀하고 신기한 물건들이 많은 편이다. 예쁘고 실용적인 생활잡화나 문구용품뿐 아니라 해피밀이나 맥토이 등의 빈티지 제품 등 어디에서도 찾아볼 수 없는 아이템도 눈에 띈다. 그야말로 어른들을 위한 편집숍이라 해도 과언이 아닌 이곳에서 한동안 시간 가는 줄 모르고 머물러보자.

위치 시모키타자와역 북쪽 출구에서 도보 약 3분.
주소 東京都世田谷区北沢2-10-15 マルシェ下北沢
운영 11:00~23:00
휴무 연중무휴
전화 03-3460-6145
홈피 www.village-v.co.jp

Shopping

③

비사이드 라벨 B-SIDE LABEL

오사카, 나고야, 교토뿐 아니라 도쿄에도 하라주쿠를 비롯해 여러 개의 지점을 가지고 있는 곳이다. 매장에 들어서면 무엇을 골라야 좋을지 모를 정도로 독특하고 생동감 넘치는 캐릭터와 귀여운 문양들로 무장한 스티커가 가득 차 있다. 모든 스티커가 방수처리와 UV 프로텍터 처리를 통해 자동차, 자전거, 여행가방 등 다방면에 활용할 수 있도록 만들어져 있어 가격은 높은 편이다.

위치 시모키타자와역 북쪽 출구에서 도보 3분.
주소 東京都世田谷区北沢2-36-2 ヒルズ下北沢1F
운영 12:00~20:00
휴무 셋째 주 수요일
전화 03-6796-2686
홈피 bside-label.com

Shopping

❹

동양 백화점 TOYO DEPARTMENT STORE

시모키타자와의 특성을 가장 잘 반영한 쇼핑 스폿이라 할 수 있겠다. 창고형 백화점이라 통칭되는 이곳은 20여 개 남짓의 특색 있는 상점들이 오밀조밀 모여 있어 개성 넘치는 젊은이들의 단골 스폿으로 꼽히기도 한다. 의류는 물론이고 고서, 인테리어 잡화, 네일아트, 장난감 등 다양한 테마의 숍들이 있으니 한번 둘러보자.

위치 시모키타자와역 북쪽 출구에서 도보 3분.
주소 東京都世田谷区北沢2-25-8
운영 11:00~20:00 (점포마다 다름)
전화 03-3468-7000
홈피 www.k-toyo.jp

Shopping

❺

몰디브 モルティブ

1984년 오픈한 이래로 커피 마니아들로부터 많은 사랑을 받고 있는 작은 커피 전문점이다. 무엇보다 이곳의 큰 자랑은 다양한 원산지에서 수입한 원두를 직접 로스팅하는 것은 물론 원두와 커피 관련 용품을 판매하기도 한다는 것. 얼린 커피에 우유를 부어 만든 큐브 라테를 맛보러 일부러 찾는 이들도 있을 정도지만 매장 내부에 마시고 갈 공간은 없어 테이크아웃해야 한다.

위치 시모키타자와역 남쪽 출구에서 도보 약 2분.
주소 東京都世田谷区北沢2-14-7 セントラルビル1F
운영 10:00~20:00 휴무 1월 1~3일
전화 03-3410-6588

Shopping

❻

앤티크 라이프 진 ANTIQUE LIFE JIN

시모키타자와에 2개의 지점을 가지고 있는 앤티크 인테리어숍이다. 고가의 앤티크 스타일 테이블과 의자, 옷장 등은 물론 만만한 가격대의 다양하고 귀여운 소품들도 많아 작은 규모지만 둘러보는 데 한참 걸릴 정도다.

위치 시모키타자와역 북쪽 출구에서 도보 약 4분.
주소 東京都世田谷区北沢2-30-8
운영 평일 12:00~19:00, 주말 · 공휴일 11:00~19:00
전화 03-3467-3066
홈피 antiquelife-jin.com

14

볼거리, 즐길 거리가 가득한 곳

오다이바 お台場, Odaiba

오다이바는 1800년대 중반 에도시대에 도쿄 방어를 목적으로 조성된 인공섬이었으나, 1990년대 이후 도시 재개발 프로젝트를 통해 첨단 미래형 주상복합타운으로 거듭났다. 아쿠아시티, 덱스도쿄비치, 다이바시티 도쿄 플라자, 라라포트 등의 대형 쇼핑몰이 몰려 있을 뿐 아니라 자유의 여신상, 레인보우 브리지, 후지 TV 본사, 오다이바 해변공원 등 관광 명소도 풍부해 일본인과 관광객 모두에게 인기가 많다.

짧은 일정의 관광객은 보통 아사쿠사 또는 도쿄 스카이트리와 묶어서 오다이바를 둘러보지만, 사실 오다이바만 둘러보기에도 하루가 부족할 정도로 놀거리, 볼거리가 풍부한 지역이다. 특히 어린 자녀가 있다면 토이저러스와 레고랜드 디스커버리 센터, 후지 TV 등이 있는 오다이바를 놓치지 말 것!

*

위치

유리카모메 각 역에 정차

린카이선 도쿄텔레포트역東京テレポート駅**과 국제전시장역**国際展示場駅 **하차**

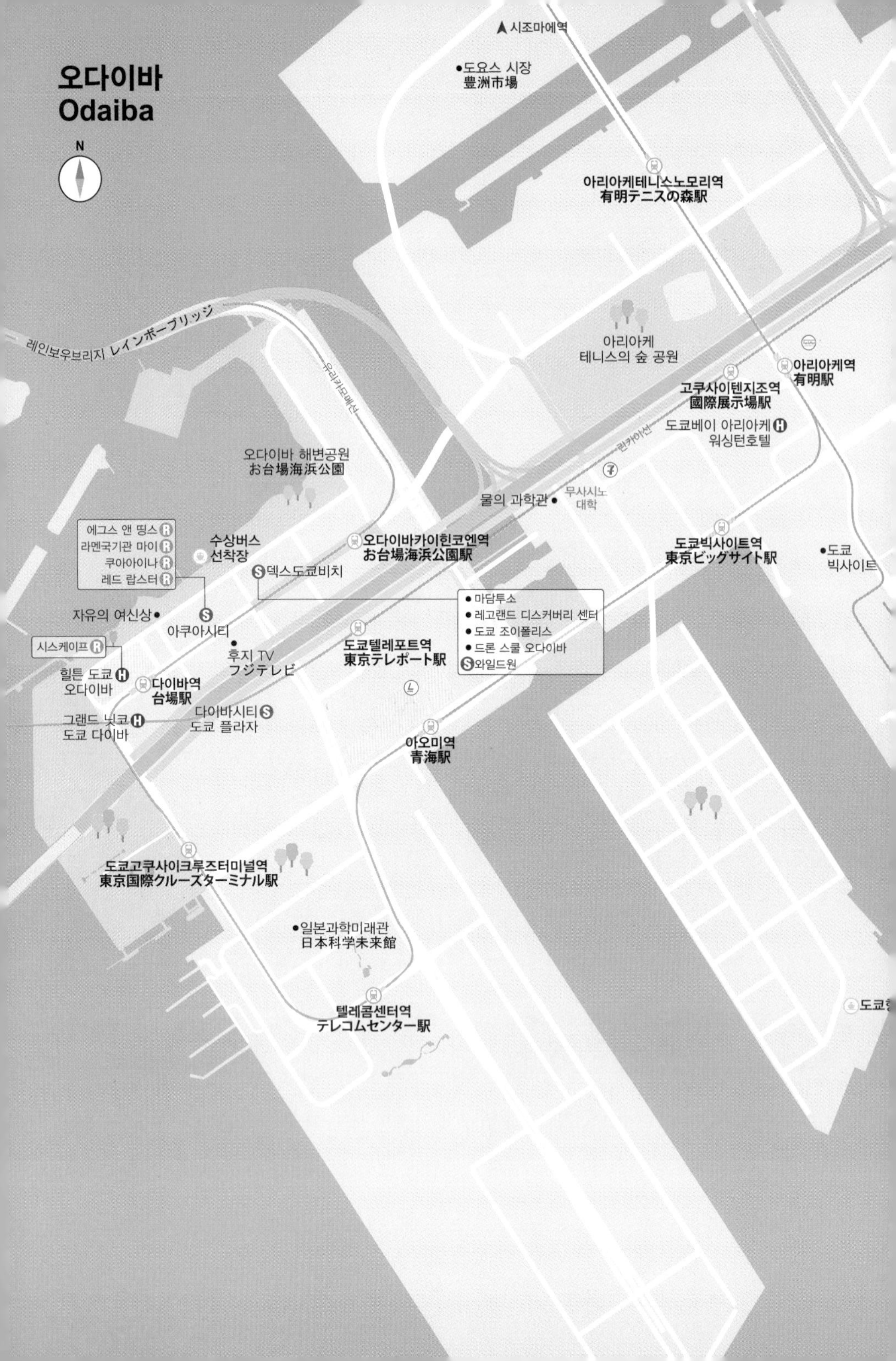

오다이바
Odaiba
N
시조마에역
도요스 시장
豊洲市場
아리아케테니스노모리역
有明テニスの森駅
레인보우브리지 レインボーブリッジ
유리카모메선
아리아케
테니스의 숲 공원
아리아케역
有明駅
고쿠사이텐지조역
國際展示場駅
도쿄베이 아리아케
워싱턴호텔
린카이선
오다이바 해변공원
お台場海浜公園
물의 과학관
무사시노
대학
에그스 앤 띵스
라멘국기관 마이
쿠아아이나
레드 랍스터
수상버스
선착장
오다이바카이힌코엔역
お台場海浜公園駅
덱스도쿄비치
도쿄빅사이트역
東京ビッグサイト駅
도쿄
빅사이트
마담투소
레고랜드 디스커버리 센터
도쿄 조이폴리스
드론 스쿨 오다이바
와일드원
자유의 여신상
아쿠아시티
시스케이프
후지 TV
フジテレビ
도쿄텔레포트역
東京テレポート駅
힐튼 도쿄
오다이바
다이바역
台場駅
그랜드 닛코
도쿄 다이바
다이바시티
도쿄 플라자
아오미역
青海駅
도쿄고쿠사이크루즈터미널역
東京国際クルーズターミナル駅
일본과학미래관
日本科学未来館
텔레콤센터역
テレコムセンター駅
도쿄항

추천 하루 일정

one day course

아쿠아시티, 덱스도쿄비치, 다이바시티 도쿄 플라자 등 대표적인 오다이바의 쇼핑몰과 자유의 여신상, 레인보우 브리지 등의 스폿은 모두 도보로 이동 가능하다. 그러나 도요스 시장까지 둘러볼 예정이라면 유리카모메 1일권을 구매하자.

출발!

→

09:30

오다이바 해변공원

가슴이 뻥 뚫리는 풍경을
바라보며 공원 산책하기

→

10:30

마담투소

할리우드 스타들의 피규어는
어떤 모습일까?

→

11:30

브런치(에그스 앤 띵스)

레인보우 브리지를 배경 삼아
브런치 즐기기

↓

12:30

후지 TV

스튜디오도 보고~
녹화 현장도 보고~

←

14:00

유리카모메

일일권을 이용해 새로 생긴
도요스 시장까지 가보자!

←

16:00

다이바시티 도쿄 플라자

건담 앞에서 기념사진은 필수!

←

18:00

저녁 식사(쿠아아이나)

맛있는 버거로 활력 충전!

↓

19:00

자유의 여신상

자유의 여신상과
레인보우 브리지를 배경 삼아
멋진 야경 사진을 찍어보자

→

도착

*Special Guide
오다이바 교통편

오다이바는 도쿄 메트로가 다니지 않는 지역이라 교통이 다소 불편하다. 뿐만 아니라 도쿄 메트로 1일 승차권 등의 패스가 있어도 이곳에는 적용이 되지 않기 때문에 교통비가 별도로 든다. 하지만 무인전동차인 유리카모메, 린카이선을 이용하면 큰 어려움 없이 오다이바를 드나들 수 있다.

1. 교통 수단

유리카모메
오다이바를 가는 가장 편리한 방법은 유리카모메를 타는 것이다. 무인전동차인 유리카모메는 신바시역에서 도요스역 사이를 운행하며 오다이바의 주요 명소를 지나간다. 오다이바 내에서 편리하게 움직이려면 유리카모메 1일 승차권을 사는 것을 추천한다(성인 820엔, 어린이 410엔). 유리카모메 1일 승차권은 유리카모메 각 역의 자동발매기에서 발권할 수 있으며, 당일에 한해 사용할 수 있다. 자세한 내용은 225쪽 참고.

유리카모메

운행 노선 : 신바시 ▶ 시오도메 ▶ 다케시바 ▶ 히노데 ▶ 시바우라 부두 ▶ 오다이바카이힌코엔 ▶ 다이바 ▶ 도쿄고쿠사이크루즈터미널 ▶ 텔레콤센터 ▶ 아오미 ▶ 도쿄빅사이트 ▶ 아리아케 ▶ 아리아케테니스노모리 ▶ 시조마에 ▶ 신도요스 ▶ 도요스

린카이선
린카이선 역시 오다이바의 도쿄텔레포트역과 국제전시장(고쿠사이텐지조)역에 정차한다. 린카이선은 JR 사이쿄선과 상호 직통 운행을 하고 있어 시부야(17분 소요), 신주쿠(23분 소요), 이케부쿠로(28분 소요)에서 갈아타지 않고 승차한 채로 오다이바에 갈 수 있다.

레인보우 버스

수상버스
도쿄 크루즈에서 운행하는 수상버스를 이용할 수도 있는데, 운행 시간이 많이 없고 요금도 비싸기 때문에 단순히 교통 개념보다는 관광을 겸한 목적으로 이용하면 좋다.

오다이바 레인보우 버스 ODAIBA RAINBOW BUS
시나가와역을 기점으로 레인보우 브리지를 건너 오다이바 지역을 순회하는 버스이다. 요금은 성인 220엔, 어린이 110엔이며 1일 승차권은 500엔이다. 일본의 교통카드인 파스모나 스이카는 사용할 수 없으니 현금을 준비하는 것이 좋다.

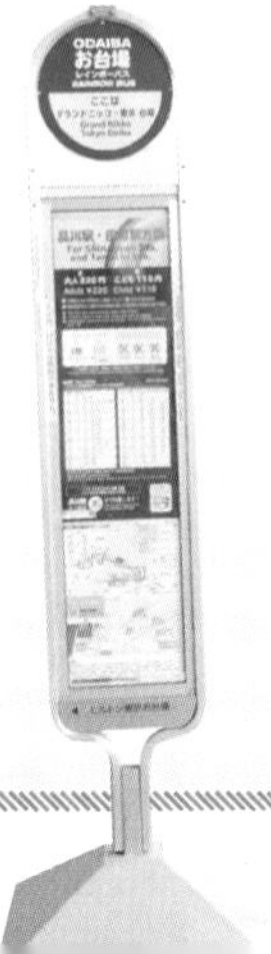

Sightseeing

❶

레인보우 브리지 レインボーブリッジ

젊은 연인들의 데이트 장소로 인기 높은 레인보우 브리지는 도쿄 도심과 오다이바를 연결하는 다리다. 다리 높이는 918m, 해상 높이는 524m로 다리 상부에는 수도고속도로가, 하부에는 유리카모메와 일반 도로가 2층 구조로 이뤄져 있다. 1993년 8월에 완공된 이후 도쿄의 상징 중 하나가 됐다.
낮에는 인상적인 하얀 다리가 도쿄 중심부의 스카이라인과 멋진 조화를 이룬다. 444개의 조명이 설치되어 있는 레인보우 브리지의 모습은 낮보다는 해가 지는 저녁에 더 빛을 발하는데, 도쿄만의 빌딩을 배경으로 은은하게 반짝거리는 모습이 인상적이다.

위치 오다이바카이힌코엔에서 도보 15분.
주소 東京都港区海岸3-33-19
운영 **산책로** 4~10월 09:00~21:00, 11~3월 10:00~18:00
요금 무료
홈피 www.shutoko.jp/fun/lightup/rainbowbridge

Sightseeing

❷

자유의 여신상 自由の女神像

1998년 '프랑스의 해French Year'를 기념하기 위해 프랑스에 있던 자유의 여신상을 1년 동안 빌려 오다이바에 전시했다. 이 동상이 일본에서 큰 인기를 끌자 2000년 복제판을 제작해 세운 게 오다이바에 있는 자유의 여신상이다. 자유의 여신상 앞은 시원한 도쿄만의 풍경을 감상할 수 있는 곳으로 레인보우 브리지와 도쿄만의 풍경이 함께 들어간 사진은 각종 가이드북에 단골로 등장하는 풍경이다.

위치 다이바역에서 왼쪽으로 도보 3분.
주소 東京都港区台場1-4

Sightseeing

3

오다이바 해변공원 お台場海浜公園

1.25km 길이의 인공 모래사장이 깔린 공원으로 봄에서 가을에 걸쳐 다양한 이벤트가 개최되는 장소다. 여름이면 서핑이나 비치발리볼 등을 즐기는 사람들로 이국적인 풍경이 연출되기도 한다. 도쿄 시민들의 사랑을 받는 명소로 낮에는 시원한 강을 바라보며 산책을 즐기거나 강 위를 지나가는 배들을 바라보며 느긋하게 경치를 감상하는 사람들이 많다. 밤에는 레인보우 브리지와 도쿄타워가 조명을 받아 아름답게 빛나는 모습을 볼 수 있는 장소 중 하나인데, 해 질 녘 노을이 지는 모습도 아름다우니 놓치지 말자.

위치 오다이바카이힌코엔역 북쪽 출구에서 도보 3분.
주소 東京都港区台場1-4
요금 무료
전화 03-5500-2455
홈피 www.tptc.co.jp/park/01_02

Sightseeing

4

후지 TV フジテレビ

일본 방송국 후지 TV의 본사다. 공상 과학 영화에 나올 것 같은 독특한 건물 모양으로 유명한데, 일본의 대표 건축가 단게 겐조의 작품이다. 원형의 전망대 '하치타마'는 오다이바의 랜드마크 중 하나이다. 무료로 견학할 수 있는 스튜디오에는 〈드래곤볼〉과 〈원피스〉 등의 캐릭터 상품을 파는 가게가 있고 TV 프로그램 세트장과 출연진 의상 등이 전시돼 있으며, TV 프로그램 녹화 현장을 구경할 수도 있다. 25층 전망대는 입구에 있는 티켓 부스에서 표를 사야 입장할 수 있다.

위치 다이바역에서 도보 2분.
주소 東京都港区台場2-4-8
운영 전망대 10:00~18:00 (구역마다 다름)
휴무 월요일
요금 **스튜디오 견학** 무료
전망대 700엔
전화 03-5500-8888
홈피 www.fujitv.co.jp

Sightseeing

5

마담투소 マダム・タッソー

버락 오바마 전 대통령, 안젤리나 졸리, 마이클 잭슨, 레오나르도 디카프리오, 쿠사마 야요이, 마츠코 디럭스, 스다 마사키 등 유명인사들의 피규어가 실물 크기로 전시돼 있는 흥미로운 곳이다. 마담투소는 1835년 런던에 처음 생긴 이래 홍콩 등 전 세계에서 인기를 끌고 있다. 일본에서는 2013년 도쿄 덱스도쿄비치에 문을 열었는데, 전시돼 있는 70개 이상의 피규어들은 실제 인물이 아닌가 착각이 들 정도로 정교하다.

위치 덱스도쿄비치 3층에 위치.
주소 東京都港区台場1-6-1 デックス東京ビーチアイランドモール3F
운영 10:00~18:00
휴무 부정기
요금 중학생 이상 2,100엔
전화 03-3599-5231
홈피 www.madametussauds.com/Tokyo

Sightseeing

6

레고랜드 디스커버리 센터
レゴランド・ディスカバリー・センタ

네덜란드의 유명한 블록 레고를 이용해 만들어진 테마파크다. 도쿄의 명소를 레고로 만든 미니어처 건축물들이 볼만하다. 300만 개가 넘는 레고 블록으로 직접 만들기도 할 수 있는 것은 물론 레고 모험열차, 4D 영화관람관, 회전 놀이기구 등 실제로 체험할 수 있는 코스도 다양하다. 놀이방 등의 시설도 구비돼 있어 아이들의 만족도가 높은 편이라 부모의 손을 잡고 방문하는 어린이 손님이 줄을 잇는다.

위치 덱스도쿄비치 3층에 위치.
주소 港区台場1-6-1 デックス東京ビーチアイランドモール3F
운영 10:00~18:00 (최종 입장 16:00)
휴무 부정기
요금 3세 이상 2,800엔
전화 03-3599-5168
홈피 www.legolanddiscoverycenter.com/tokyo

Sightseeing

❼

도쿄 조이폴리스 東京ジョイポリス

게임 회사 SEGA에서 설립한 대형 실내 테마파크. 총 3층 시설에 20여 가지의 짜릿하고 재미있는 체험형 놀이 시설을 완비한 공간이다. 친숙한 게임에서부터 에반게리온 컬래버레이션까지!

1층에는 '제로 레이턴시 VR', '스파이시 택시', 인기 있는 리듬 게임 '하프 파이프 도쿄' 등이 있다. 2층은 '타워 태그 VR-e 스포츠', '스톰 G', '소닉 육상경기'와 가족 단위 방문객들에게 적합한 지능 계발형 놀이 시설 등이 자리한다. 3층은 '와일드 윙', '포춘 포레스트', '와일드 정글 브라더스' 등 가장 다양한 시설들이 있다.

덱스도쿄비치 안에 있는 실내 어트랙션이라 날씨에 구애되지 않고 즐길 수 있다. 인터넷으로 예약하고 가면 훨씬 저렴하게 이용할 수 있다. 평일에도 개장 전부터 입장하기 위해 줄을 서는 경우가 많다는 것을 염두에 두자. 입장권에 어트랙션을 자유롭게 이용할 수 있는 패스포트 티켓도 있다. 생일을 증명할 수 있는 여권이나 신분증명서를 창구에 제시하면 생일 당일에는 패스포트 티켓을 무료로 받을 수 있다. 생일이 있는 달에는 500엔을 할인받을 수 있다.

위치 덱스도쿄비치 3~5층에 위치.
주소 東京都港区台場1-6-1
デックス東京ビーチアイランドモール3~5F
운영 10:00~20:00 (시기에 따라 다름)
요금 **입장료** 어른 1,200엔, 학생 900엔
패스포트 티켓 어른 5,000엔, 학생 4,000엔
전화 03-5500-1801 홈피 tokyo-joypolis.com

Sightseeing

❽

드론 스쿨 오다이바 DRONE SCHOOL ODAIBA

드론 스쿨은 2016년 설립되어 1,200명 이상의 졸업생을 배출했고, 2022년 4월 오다이바의 아쿠아시티로 이전한 드론 스쿨 오다이바가 본교이다. 드론 스쿨 오다이바는 드론조종사협회(DPA)의 발행 자격인 '회전익 3급'을 최단 3일로 취득할 수 있도록 교육한다. 드론 자격증을 취득하려면 원하는 날짜에 원하는 시간을 지정하여 다니면 된다. 이곳에는 드론 조종을 할 수 있는 드론 전용 코트, 일본 최초로 VR 조종 훈련을 위한 설비도 갖추었다. 관심이 있다면 매일 무료로 개최하고 있는 드론 조종 체험회에 미리 참가 신청을 하고, 직접 드론을 조종해 보자. 또한 드론숍도 같이 있어, 최신 기종이나 관심 있는 드론을 직접 확인할 수 있다.

위치 다이바역에서 도보 3분.
주소 東京都港区台場1-7-1
アクアシティ3F
운영 10:00~21:00
전화 03-3599-3075
홈피 www.hb-j.jp

Sightseeing

9

유리카모메 노선 순례 ゆりかもめ線

1995년 11월 운행을 시작한 도쿄 도심부와 오다이바, 도요스 지역을 이어주는 무인궤도 교통기관. 유리카모메는 '붉은부리갈매기'라는 뜻이다. 전 열차가 완전 자동 무인 운전을 하고 있으며, 신바시역과 도요스역 외에는 역무원도 없다. 평일 낮에는 5분 간격, 휴일 낮에는 4분 간격으로 운행되며, 출발역인 신바시(U01)에서 종점인 도요스(U16)까지 30분 정도 걸린다. 주행 중에는 노선을 따라 파노라마처럼 펼쳐지는 오다이바의 멋진 경치를 감상할 수 있다.
일단 이동 계획에 따라 요금을 계산해 보고, 출발지에서 도착지까지 요금이 달라지는 1회 승차권을 살 것인지 구매 당일 유리카모메를 자유롭게 이용할 수 있는 1일 승차권을 살 것인지 결정한다. 1일 승차권을 산다면 가고 싶은 곳이 있는 역에 내려 구경한 다음 몇 번이든 탑승해도 되므로, 시간이 있다면 유리카모메 노선을 따라 인기 스폿을 순례해도 좋다. 다이바역에 내린다면 항구 쪽의 자유의 여신상과 후지 TV, 그리고 다이버시티 앞의 실물 크기 건담을 볼 수 있다. 느긋하게 오다이바를 즐기고 싶다면 추천! 운행 노선은 220쪽 참고.

요금 **1일 승차권** 어른(12세 이상) 820엔, 어린이 410엔
홈피 www.yurikamome.co.jp

Sightseeing

10

도요스 시장 豊洲市場

수도권의 신선한 식품 유통을 담당하는 중앙도매시장. 1935년 문을 연 이래 80년 이상 도쿄 사람들에게 사랑받던 쓰키지 시장이 시설 노후화 등을 이유로 2018년 10월 6일 영업을 종료하고 신축된 고토구의 도요스 시장으로 이전했다. 도매상이 주로 거래하는 시장이지만, 도민이나 일반 방문자, 외국인 등도 자유롭게 방문할 수 있다.
시설 견학은 오전 5시부터 오후 3시까지이다. 도요스 시장에서 가장 가까운 역은 유리카모메의 시조마에市場前역이다. 도요스 시장의 3개 동 가운데 수산물 중간도매시장 동의 우오가시요코초魚がし横丁에서는 건어물, 반찬, 일본식 계란말이 등의 가공품이나 주방용품을 살 수 있다. 도요스 시장은 쓰키지 시장의 인기 맛집 스시다이, 센리켄, 돈가스 오다야스, 이키노야 등을 입점시켰는데, 역시나 현지인들이 즐겨 찾는다. 다만 작은 그릇의 해산물 덮밥도 2,700엔 정도로 가격이 높은 편이라 추천하지는 않는다. 음식점 대부분은 런치가 끝날 무렵에 문을 닫는다. 만약 방문하고 싶은 맛집이 있다면 미리 영업시간을 확인해야 헛걸음하지 않을 것이다.

위치 시조마에역에서 도보 3분.
주소 東京都江東区豊洲6-6-1
운영 05:00~15:00
전화 03-3520-8211
홈피 www.toyosu-market.or.jp

Food

❶

레드 랍스터 レッドロブスター

1968년 미국에서 시작된 랍스터 전문점. 주요 메뉴는 랍스터를 중심으로 굴, 새우, 게, 생선 등의 해산물 요리다. 랍스터는 전 세계 어디에서든 가격이 비싼 편이지만, 이곳의 점심 메뉴는 맛은 물론 볼륨 있고 가격도 비싸지 않아서 먹을 만하다. 오다이바의 아쿠아시티와 덱스도쿄비치에 입점해 있는 많은 레스토랑이 자유의 여신상이나 레인보우 브리지 등이 보이는 멋진 전망을 자랑한다. 그중에서도 레드 랍스터에서 맛있는 음식과 함께 오다이바의 경치를 보면서 느긋하게 즐기다 보면 저절로 기분이 좋아질 것이다. 랍스터는 물론 스테이크, 파스타, 피자 등 다양한 요리가 준비되어 있다. 런치에 제공되는 셰프스 파에야Chef's Paella는 1,790엔 정도인데, 런치 세트로 주문하면 샐러드와 음료, 차까지 함께 제공된다.

위치 다이바역에서 도보 3분. 아쿠아시티 6층에 위치.
주소 東京都港区台場1-7-1 アクアシティ6F
운영 11:00~23:00
요금 런치 세트 2,200엔~
전화 050-3173-9020
홈피 www.redlobster.jp

Food

❷

에그스 앤 띵스 EGGS'N THINGS

하와이의 유명한 팬케이크 전문점으로 도쿄에서도 인기를 끌고 있다. 과하다 싶을 정도로 생크림을 듬뿍 올린 이곳의 팬케이크는 유명세에 비해 맛이 다소 평범한 편. 그러나 레인보우 브리지와 도쿄만의 멋진 경치를 감상하며 브런치를 즐길 수 있다. 팬케이크뿐만 아니라 에그 베네딕트, 프렌치 토스트도 인기 메뉴. 도쿄에는 오다이바 외에 하라주쿠, 긴자 등에 지점이 있다.

위치 아쿠아시티 3층에 위치.
주소 東京都港区台場1-7-1 アクアシティ3F
운영 09:00~22:00 (LO 21:00)
요금 팬케이크 1,400엔~ 전화 03-6457-1478
홈피 www.eggsnthingsjapan.com

Food

❸

힐튼 도쿄 오다이바 시스케이프
ヒルトン東京お台場 SEASCAPE

힐튼 도쿄 오다이바 로비층에 자리한 시스케이프에서는 도쿄만의 아름다운 풍광을 파노라마 뷰로 볼 수 있다. 낮에는 눈 부신 햇살이 쏟아지고, 저녁에는 레인보우 브리지 너머로 도쿄타워까지 보이는 화려한 야경을 감상하며 다양한 뷔페 스타일의 요리를 즐길 수 있다. 스위츠도 다양하게 준비되어 있어 디저트만 먹더라도 지불한 비용이 아깝지 않다. 돈도 시간도 여유를 부리고 싶다면 추천! 봄부터 가을까지는 테라스석도 오픈한다.

위치 다이바역에서 도보 2분.
주소 東京都港区台場1-9-1
운영 아침 06:30~10:30, 점심 11:00~14:15, 디저트 14:45~18:00, 저녁 18:30~22:00
요금 평일 한정 런치 4,000엔, 주말 점심 뷔페 6,000엔
전화 03-5500-5580
홈피 www.hiltonodaiba.jp/restaurants/seascape

Food

④

라멘국기관 마이 ラーメン国技館舞

홋카이도, 후쿠오카, 교토 등 일본의 각 지역을 대표하는 인기 라멘 가게들을 모아 놓은 곳이다. 지역별로 대표적인 라멘 가게들이 경쟁하고 있는데, 마음에 드는 가게 앞에 설치된 자판기에서 식사권을 뽑고 식사하면 된다. 대부분 면을 추가하거나 원하는 면을 선택할 수 있다. 레인보우 브리지를 감상할 수 있는 야외 테라스석도 있다.

위치	아쿠아시티 5층에 위치.
주소	東京都港区台場1-7-1 アクアシティ5F
운영	11:00~23:00
요금	1,000엔~

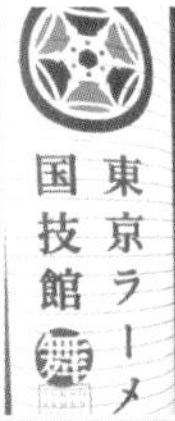

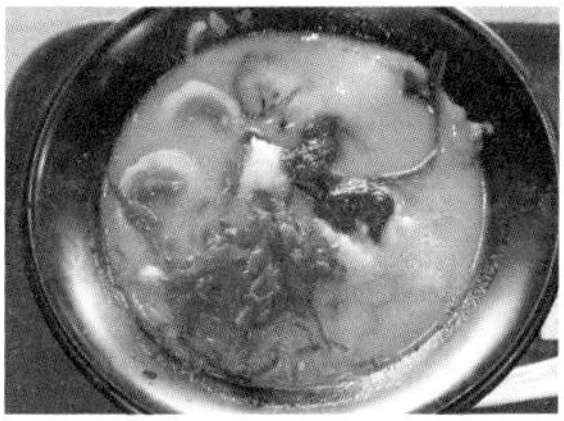

Food

⑤

쿠아아이나 KUA'AINA

1975년 5월 하와이 오아후섬에서 시작되었다. 일본인들의 하와이 사랑은 잘 알려져 있는데, 1997년 처음 일본에 분점을 낸 이후 2023년에 25주년을 맞았다. 쿠아아이나 아쿠아시티 오다이바점은 오다이바의 맛집으로도 알려져 있으며 다이바역에 내리면 바로 찾을 수 있는 위치이다. 하와이를 느낄 수 있는 인테리어가 오가는 사람들의 눈길을 사로잡는다. 돌을 깔아 만든 그릴의 원적외선으로 구워낸 쇠고기 100%의 패티는 육즙이 살아있고 신선한 채소, 베이컨, 치즈 등과 함께 최상의 맛을 낸다. 샌드위치도 즐길 수 있고, 저녁에는 하와이 크래프트 코나 맥주를 마시며 멋진 도쿄만의 야경을 덤으로 즐길 수 있다.

위치	아쿠아시티 4층에 위치.
주소	東京都港区台場1-7-1 アクアシティお台場4F
운영	일~목 11:00~22:00 (LO 21:00) 금 · 토 · 공휴일 11:00~23:00 (LO 22:00)
요금	1,700엔~
전화	03-3599-2800
홈피	www.kua-aina.com

Shopping

❶

덱스도쿄비치 デックス東京ビーチ

스포츠와 아웃도어 의류 매장이 많이 입점해 있다. 덱스도쿄비치는 쇼핑 매장보다는 체험형 레저시설들을 목적으로 방문하는 게 좋다.
1960년대 일본 상점가의 모습을 재현한 다이바잇초메 상점가, 국내외 스타와 유명인들의 피규어가 전시된 마담투소, 트릭아이 뮤지엄, 레고랜드 디스커버리 센터, 그리고 게임 회사 SEGA에서 만든 게임 테마파크 조이폴리스 등 오락 시설이 풍부해 아이가 있는 가족여행객에게 특히 추천하고 싶은 곳이다.

위치 오다이바카이힌코엔역에서 도보 5분.
주소 東京都港区台場1-6-1
운영 숍 · 카페 11:00~21:00, 레스토랑 11:00~23:00
휴무 부정기
전화 03-3599-6500
홈피 www.odaiba-decks.com

Shopping

❷

와일드원 WILD-1

캠핑, 낚시, 트레킹 등 아웃도어 스포츠용품을 파는 매장으로 1984년 도치기현 우쓰노미야에서 개점했다. 오다이바 지점은 덱스도쿄비치에 매장이 있으며 조이폴리스, 시사이드몰, 아일랜드몰로 이루어진 3개의 동 가운데 아일랜드몰 5층에 자리한다. 파타고니아, 몽벨, 헬리녹스, 스노우피크 등 캠퍼들이 좋아하는 브랜드가 많이 입점해 있다. 우리나라에도 정식 수입이나 병행 수입으로 일본의 아웃도어 제품이 많이 들어와 있지만, 아직 들어오지 않았거나 보지 못했던 제품들을 직접 확인한 뒤 국내보다 저렴한 가격으로 구매할 수 있다. 텐트, 타프 등의 대형 아이템은 물론 다양한 용품을 전시하고 있어, 캠핑이나 낚시 등 야외 활동을 좋아하는 사람이라면 한동안 머무를 만하다.

위치 덱스도쿄비치 5층.
주소 東京都港区台場1-6-1 デックス東京ビーチ アイランドモール5F
운영 평일 11:00~20:00, 주말 · 공휴일 11:00~21:00
전화 03-3599-5311
홈피 www.wild1.co.jp

Shopping

③

다이바시티 도쿄 플라자 ダイバーシティー東京プラザ

'극장형 도시 공간'이라는 콘셉트로 2012년 오픈한 쇼핑몰. 쇼핑, 놀이, 휴식이 모두 가능한 도쿄의 새로운 명소로 자리 잡았다. 해외 브랜드, 국내외 인기 캐주얼 브랜드 및 개성적이며 독창적인 브랜드가 한자리에 모인 쇼핑시설로 오다이바에 있는 쇼핑몰 중 규모가 가장 크다. 7층의 건담프런트 도쿄Gundamfront Tokyo는 건담 마니아들의 애정을 듬뿍 받고 있다. 특히 쇼핑몰 앞에 전시된 실물 크기의 건담은 관광객의 사진 스폿으로 인기가 높다. 건담은 11시, 13시, 15시, 17시에 약 1분간 변신 연출이 진행되는데, 본체의 파츠에 빛도 들어온다.

위치 다이바역에서 도보 5분.
주소 東京都江東区青海1-1-10
운영 10:00~21:00
전화 03-6380-7800
홈피 www.divercity-tokyo.com

Shopping

④

아쿠아시티 アクアシティ

오다이바에서 추천하고 싶은 종합 쇼핑몰이다. 5개의 구역으로 구성된 쇼핑센터로 캐주얼한 옷을 파는 대중적인 브랜드가 많이 입점해 있는 편이다. 토이저러스와 베이비저러스, 애견숍 페테모가 있어 아이가 있는 집이나 반려견이 있는 집이 들러보면 좋다. 이 외에 최근 일본 주부들 사이에서 큰 인기를 끌고 있는 플라잉 타이거 코펜하겐, 코카콜라 마니아들을 위한 코카콜라 스토어, 디즈니 스토어, 13개의 스크린을 갖춘 영화관 등이 입점해 있다.

도쿄만 위에 떠 있는 레인보우 브리지를 바라다보며 식사할 수 있는 식당가도 매력적이다. 일식, 양식, 중식, 이탈리안 등 다양한 레스토랑이 있는 푸드코트와 일본 전국의 유명한 라멘 가게들이 입점한 라멘국기관 마이 등 입맛에 따라 선택할 수 있는 폭이 넓다. 도시바가 만든 인간형 로봇 준코는 영어와 중국어 등에 대응하여 안내한다.

위치 다이바역에서 도보 3분.
주소 東京都港区台場1-7-1
운영 숍 11:00~21:00,
레스토랑 11:00~23:00,
푸드코트 11:00~21:00
전화 03-3599-4700
홈피 www.aquacity.jp

Focus 04 싸고 맛있는 먹거리가 가득한 곳 도고시긴자 戸越銀座, Togoshiginza

도쿄 초행자가 아니라면 하루쯤 시간 내어 사람들로 북적이는 신주쿠, 시부야 등에서 벗어나 색다른 일본의 골목을 산책해 보면 어떨까? 도고시긴자는 역사가 깊은 도쿄의 대표적인 시타마치 중 하나로 길이가 1.3km에 이르는 도쿄에서 가장 긴 시장이다. 상점 수는 길을 따라 약 400여 개에 달하는데 싸고 맛있는 먹을거리가 풍부한 데다 이곳의 마스코트 긴짱이 장식된 아기자기한 숍들로 거리 자체로도 운치가 있다.
이처럼 도고시긴자는 도쿄 중심가와 비교되는 저렴한 물가와 맛있는 먹거리, 여유로운 분위기가 도쿄 속 또 다른 여행을 하고 있는 기분을 들게 한다.

★
위치 **도큐** 이케가미선池上線 도고시긴자역戸越銀座駅 하차
JR 야마노테선山手線, **도에이** 아사쿠사선浅草線 고탄다역五反田駅에서 **도큐** 이케가미선池上線으로 환승
홈피 www.togoshiginza.jp

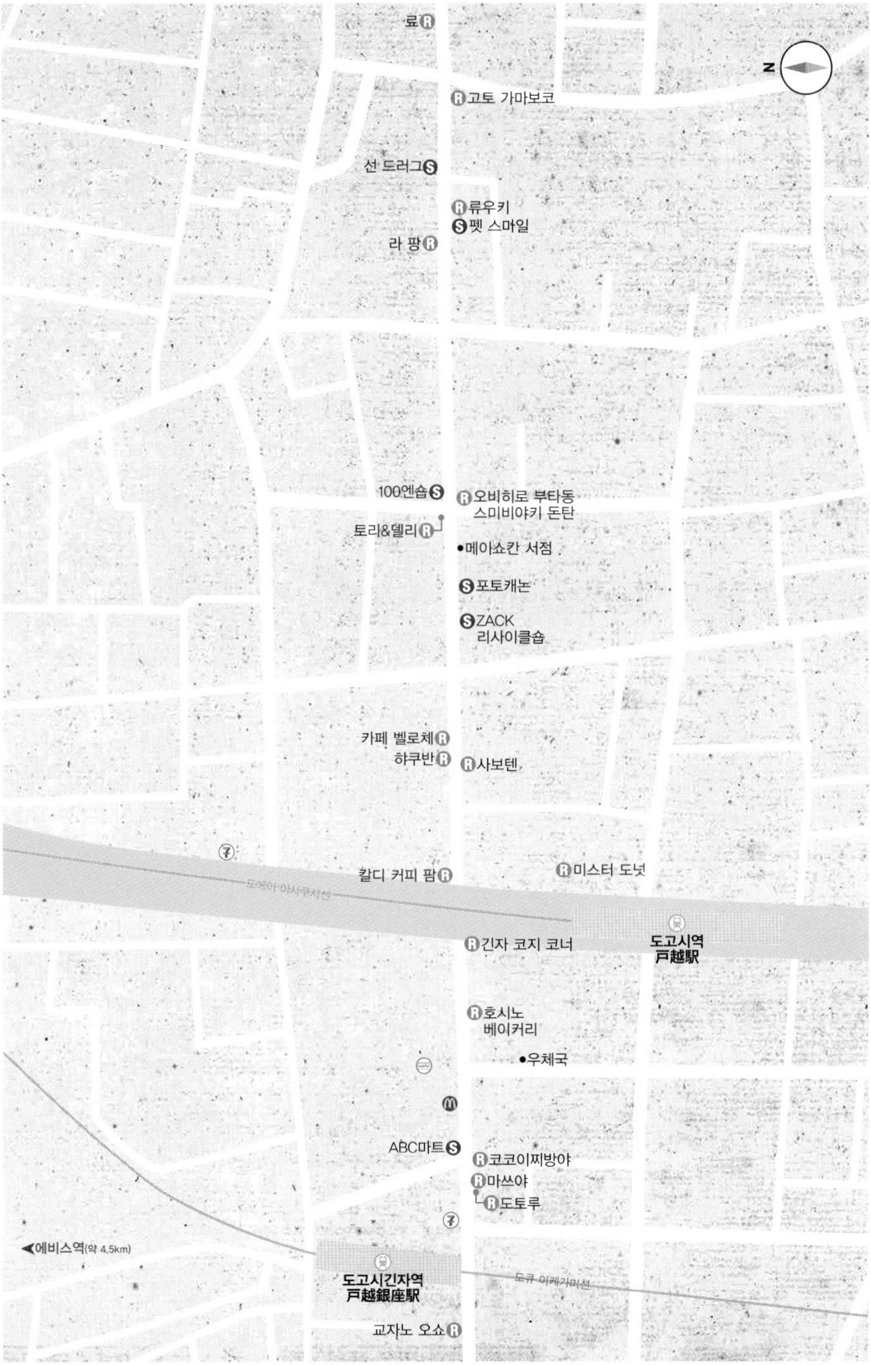
N
료
고토 가마보코
선 드러그
류우키
펫 스마일
라 팡
100엔숍
오비히로 부타동
스미비야키 돈탄
토리&델리
메이쇼칸 서점
포토캐논
ZACK
리사이클숍
카페 벨로체
하쿠반
사보텐
칼디 커피 팜
미스터 도넛
도에이 아사쿠사선
긴자 코지 코너
도고시역
戸越駅
호시노
베이커리
우체국
ABC마트
코코이찌방야
마쓰야
도토루
에비스역(약 4.5km)
도고시긴자역
戸越銀座駅
도큐 이케가미선
교자노 오쇼

료 漁

도쿄 어디에서도 이만큼 질 좋고 신선한 해산물 요리를 이 정도 가격에 먹을 순 없다. 이곳의 간판 메뉴는 런치 한정으로 먹을 수 있는 오마카세동. 재료 수급에 따라 규칙적으로 제공되지 않을 때도 있지만 저렴한 가격에 우니, 참치, 가리비 등 신선한 해산물을 푸짐하게 먹을 수 있다. 그날 재료의 신선도에 따라 오마카세동을 판매하지 않을 때도 있는데 오마카세동 못지않게 감동적인 지라시동도 강력 추천 메뉴이니 도전해 보자.

★

주소 品川区戸越1-20-10 堺ビル1F
운영 11:30~13:40, 17:00~21:00
휴무 수요일
요금 1인 1,000엔 안팎
전화 03-5498-5222

오비히로 부타동 스미비야키 돈탄
帯広豚丼 炭火焼とんたん

가게 초입부터 입맛을 돋우는 냄새로 발걸음을 멈추게 된다. 현지인들에게도 인기 많은 이 집에서 맛볼 메뉴는 돼지고기덮밥. 우리 입맛에 딱 맞는 갈비 양념을 바른 돼지고기를 숯불에 구워 풍미가 작렬이다. 그램 단위로 주문할 수 있으며 돼지고기 부위도 선택이 가능하다. 주먹밥에 고기를 말아 구운 주먹밥 꼬치도 인기 메뉴 중 하나.

★

주소 品川区戸越2-5-1
운영 11:00~23:00 (LO 22:00)
휴무 부정기
요금 부타동 세트 1,500엔
전화 03-3786-5558
홈피 butadon-tontan.jp

토리&델리 鶏＆デリ

즉석에서 튀겨내는 닭튀김 가라아게 からあげ로 유명한 곳이다. 무엇을 먹어야 할지 선택이 어려울 정도로 종류가 많아 행복한 고민을 하게 하는 곳. 규슈 오이타현 스타일의 닭튀김이라는데 사실 맛은 평범하긴 하다. 하지만 뜨끈하게 막 튀겨낸 닭튀김 냄새가 고소하게 퍼져 거리를 걷다 보면 자연스레 걸음을 멈추게 된다. 부담 없이 그램별로 주문이 가능하다.

★

주소 品川区戸越1-16-8
운영 11:00~20:00
휴무 부정기
요금 모모 300엔(100g)
전화 03-3784-1801
홈피 togoshi.toriand.com

고토 가마보코 後藤蒲鉾店

일본식 어묵인 가마보코로 유명한 집. 매스컴을 몇 번 타면서 더욱 유명해진 곳이다. 직접 만든 어묵뿐 아니라 어묵 육수로 삶은 무와 감자 등을 넣고 튀겨 낸 어묵 크로켓도 유명하다. 겉은 바삭바삭하고 속은 쫄깃쫄깃해 맛도 식감도 일품. 어묵 3개와 맥주 세트가 단돈 650엔일 만큼 가격도 저렴하다. 바로 옆에 마련된 아늑한 공간에서 먹고 갈 수도 있다.

★
주소 品川区戸越2-6-8
운영 10:00~20:00
휴무 화요일
요금 가마보코 150엔~
전화 03-3781-5686
홈피 510oden.com

그 밖의 먹을거리

도고시긴자 상점가를 걷다 보면 어느 하나를 고를 수 없을 정도로 먹음직스러운 간식거리가 많다. 달콤한 고구마, 탱글탱글한 오징어, 몸에 좋은 가지 등 다양한 재료를 튀겨낸 크로켓부터 차갑게 얼린 멜론빵, 숯불에 방금 구워낸 고소한 야키토리, 먹음직하게 진열돼 있어 입맛을 다시게 하는 중화요리 도시락까지. 한 끼에 먹기엔 차고도 넘칠 만큼 많은 먹을거리들이 기다리고 있다.

Focus 05

맛있는 빵집이 모인 숨어 있는 명소
세이조가쿠엔마에 成城学園前, Seijogakuen mae

신주쿠로부터 11km 정도 거리에 있는 세이조가쿠엔마에는 신주쿠역에서 오다큐선 특급으로 20여 분 정도면 닿는 곳이다. 관광객들에게는 매우 생소한 곳이지만 대학과 조용한 주택가, 한적한 공원 등이 어우러져 있다. 세이조가쿠엔마에역을 중심으로 맛있는 빵집들이 몰려 있고 역 주변으로는 소박한 소바집, 작은 잡화점과 의류 상점 등이 있어 소소한 눈요깃거리가 된다. 봄에는 거리를 따라 벚꽃이 피어 여유롭게 산책하기에도 즐거운 곳이다.

★
위치 **오다큐** 오다와라선小田原線 세이조가쿠엔마에역成城学園前駅 하차

이노마타 정원 猪俣庭園

일본식 건축을 현대화한 건축가 요시다 이소야吉田五十八의 작품으로 운치 있는 일본 정원과 건축의 아름다움을 볼 수 있는 곳이다. 요시다 이소야는 젊은 시절 유럽 여행을 하면서 서양 고대 건축 양식에 큰 감명을 받았다고 한다. 그 영향으로 그는 일본의 전통 건축과 서양 건축을 절충해 일본스러운 멋을 살리면서도 현대적인 기능을 살려 일본식 건축을 현대화했다. 그는 200여 점이 넘는 작품을 남겼는데, 그의 사후 요시다 이소야상이 생겼을 정도로 높은 평가를 받았다. 이노마타 정원은 요시다 이소야가 직접 거주하던 곳으로 내부는 전통 일본식 건축에서 보이는 기둥 및 버튼과 같은 부분을 최대한 없애고 요시다 건축의 특징인 깔끔함과 실용성을 살려 설계됐다. 특히 객실에서 바라보는 정원이 아름답기로 유명한데 매화, 단풍나무를 비롯한 많은 나무들과 수로, 군데군데 운치 있게 놓인 돌 등이 어우러져 풍치 있는 아름다움을 보여준다. 1월과 8월은 정원 보호를 위해 정원로 산책이 금지되고 건물 내 견학만 가능하다.

★

위치 세이조가쿠엔마에역에서 도보 7분.
주소 東京都世田谷区成城5-12-19
운영 09:30~16:30
휴무 월요일
요금 무료
홈피 www.setagayatm.or.jp/trust/map/pcp

잇쿠안 一宮庵

일본 가정에서 먹는 아침 식사를 체험해 보고 싶다면 잇쿠안을 추천한다. 돌담길을 따라 들어가는 입구부터 예사롭지 않은 이곳은 내부도 식당이 아닌 평범한 일본 가정집에 온 듯한 느낌을 준다. 부드러운 죽과 된장국, 간장에 조린 짭조름한 반찬들로 구성된 조식 메뉴는 아침으로 먹기에 딱 좋고 가격도 부담스럽지 않다. 소박하지만 마치 집에서 어머니가 차려준 듯 정갈하고 정성이 가득 담긴 밥상은 오래도록 기억에 남을 추억으로 자리 잡을 것이다.

★

위치 세이조가쿠엔마에역에서 도보 7분.

주소 東京都世田谷区成城6-22-7

운영 아침 07:30~10:00,
점심 11:30~14:00,
저녁 17:30~22:00

요금 조식 세트 1,000엔~

전화 03-3484-5878

마스다야 増田屋

마스다야를 찾는 손님 대부분은 현지인들이다. 오랜 시간 동안 묵묵히 같은 자리를 지키며 똑같은 맛을 유지하여 지역 주민들에게 꾸준히 사랑받고 있는 소바 전문점이다. 담백한 소바 외에도 부드러운 맛이 일품인 오야코동과 덴푸라 등도 인기 메뉴 중 하나. 메뉴판이 일본어로 되어 있지만 가게 입구에 대표 메뉴가 모형으로 만들어져 있어 주문에 도움이 된다.

★

위치 세이조가쿠엔마에역에서
도보 약 4분.

주소 東京都世田谷区成城6-16-4

운영 11:00~15:00, 17:00~21:00

휴무 목요일

요금 1인 1,045엔~

전화 03-3484-1020

기라쿠 きらく

세이조가쿠엔마에 지역 사람들에게 사랑받는 라멘집이다. 간판도 변변치 않을뿐더러 실내 역시 작고 허름하지만, 군더더기 없는 깔끔한 라멘 맛으로 동네 사람들 사이에서 인정받고 있다. 관광과는 거리가 먼 지역이다 보니 영어 메뉴판도 없고 일하는 사람 모두 영어 한마디 할 줄 몰라 의사소통이 어렵지만, 투박함 속에 정겨움이 느껴지는 곳이다.

★

위치 세이조가쿠엔마에역에서 도보 2분.

주소 東京都世田谷区成城6-16-5 2F

운영 11:00~20:00

휴무 수요일

요금 900엔~

전화 03-3482-3115

★Special 세이조가쿠엔마에역 근처 빵집 탐방

도쿄에서 빵과 디저트가 맛있기로 유명한 곳이 지유가오카인데, 그만큼은 아니지만 명성 있는 빵집들로 이름난 곳이 있다. 부자 동네로 알려진 세타가야구에 위치한 세이조가쿠엔마에다. 우리에게는 다소 생소하지만 빵을 좋아하는 도쿄 사람들에게는 유명한 빵집이 많은 곳으로 알려져 있다. 빵을 좋아하는 빵순이라면 일정에 넣을 것을 추천!

세이조 알프스 成城アルプス

1965년 오픈한 유서 깊은 베이커리 카페다. 1층에는 케이크 등을 판매하고 2층은 카페로 운영되고 있다. 한눈에 보기에도 깜찍한 케이크들이 예사스럽지 않은 포스를 뽐내는데, 실제 맛도 감탄이 절로 나올 정도다. 카페는 달콤한 케이크에 차 한잔 마시며 담소를 나누는 사람들로 늘 만원이다. 고급스러운 커피잔, 격조 높은 가구 등 클래식한 분위기에 비해 가격은 저렴한 편이다. 이곳에 들른다면 1층에서 케이크를 사서 2층 카페에서 커피, 차 등과 함께 즐기는 시간을 가져보는 것을 추천한다.

★

위치 세이조가쿠엔마에역에서 도보 2분.
주소 東京都世田谷区成城6-8-1
운영 10:00~18:00
휴무 화요일
요금 케이크 420엔~
전화 03-3482-2807

르 프루티에 ル・フルティエ

세이조 알프스 등 여타 빵집에 비해 매장은 매우 협소하지만, 지역 주민들 사이에서 좋은 평가를 받고 있는 곳이다. 딸기, 키위, 블루베리 등 케이크 크림 사이에 신선하고 색감 좋은 과일이 가득하다. 르 프루티에의 케이크는 제철 과일을 듬뿍 사용한 것이 특징으로 한입 가득 베어 물면 과일의 상큼한 맛과 부드러운 크림이 조화를 이루며 녹아내린다. 달지 않은 롤케이크는 앉은 자리에서 한 줄을 다 먹을 수 있을 정도로 식욕을 자극한다.

★

위치 세이조가쿠엔마에역에서 도보 2분.
주소 東京都世田谷区成城6-8-5
운영 09:30~19:00
요금 630엔~
전화 03-3483-1222
홈피 hotel-de-suzuki.com/slf

03

Around Tokyo

도쿄 근교를 즐기는 가장 완벽한 방법

01

독특한 감성의 도쿄 최대 항만도시

요코하마 横浜, Yokohama

1854년 미국의 강요에 의해 체결된 조약으로 요코하마항이 개항하며 서구 문물이 흡수되고 일본을 대표하는 항만 도시로 발전했다. 도쿄도에 이어 두 번째로 큰 규모를 자랑하는 요코하마는 곳곳에 개항 당시의 외국인 거류지와 역사관, 야마시타 공원의 바닷길 같은 수려한 자연, 화려한 야경 스폿, 이국적인 차이나타운 등 볼거리가 넘쳐나 꼬박 하루를 투자하기에 부족함이 없다.
도쿄 중심에서 다양한 대중교통으로 1시간 내에 도착할 수 있어 접근성이 좋으며, 도쿄 시내와는 차별화된 분위기와 매력으로 여행 속 또 다른 여행을 하는 기분을 느낄 수 있다.

*
위치
JR 게이힌도호쿠선京浜東北線 요코하마역横浜駅 하차
JR 도카이도선東海道線 요코하마역横浜駅 하차
JR 요코스카선横須賀線 요코하마역横浜駅 하차
JR 쇼난신주쿠라인湘南新宿ライン ▶ 요코하마역横浜駅 하차 ▶ 미나토미라이선みなとみらい線으로 이동 ▶ 미나토미라이역みなとみらい駅 하차
도큐 도요코선東急東横線 요코하마역横浜駅 하차

* *
본격적인 요코하마 관광을 위해서는 미나토미라이역에서 시작하는 게 편리하다.

신요코하마역 新横浜駅
신요코하마 라멘 박물관
新横浜ラーメン博物館
이소마루 수산
소고 백화점
블루 보틀
마루이
요코하마 베이
쉐라톤 호텔 앤 타워
JR 요코하마역
JR 横浜駅
신타카시마역
新高島駅
더 노트 호텔
린코 공원
臨港パーク
퍼시피코
요코하마
인터컨티넨털
요코하마 그랜드
퀸즈 스퀘어
미나토미라이역
みなとみらい駅
요코하마
코스모월드
よこはま
コスモワールド
호빵맨 어린이 박물관
アンパンマン
こどもミュージアム
스카이 가든
랜드마크 타워
ランドマークタワー
기샤미치
汽車道
요코하마
항구박물관
横浜みなと博物館
가부키
요코하마 시청
横浜市役所
히라누마바시역
平沼橋駅
도베역
戸部駅
JR 사쿠라기초역
JR 桜木町駅
워싱턴
호텔
호텔 테라스
요코하마
게이큐 본선
니시요코하마역
西横浜駅
노게야마 공원
野毛山公園
노게야마 동물원

요코하마
Yokohama
N
오산바시
국제여객터미널
빌즈
요코하마
아카렌가 창고
横浜赤レンガ倉庫
요코하마
월드 포터스
요코하마 세관자료실
横浜税関資料室
실크박물관
シルク博物館
야마시타 공원
山下公園
요코하마 마린타워
横浜マリンタワー
요코하마 인형의 집
横浜人形の家
바샤미치역
馬車道駅
니혼오도오리역
日本大通り駅
미나토미라이선
모토마치 · 주카가이역
元町 · 中華街駅
요코하마시
개항기념회관
横浜市開港
記念会館
가나가와
현립역사박물관
神奈川県立
歴史博物館
조양문
朝陽門
천장문
天長門
차이나타운
CHINATOWN
주작문
朱雀門
마조묘
媽祖廟
미나토노미에루오카 공원
港の見える丘公園
우치키빵
무테키로
현무문
玄武門
선린문
善隣門
관제묘
關帝廟
모토마치 공원
元町公園
지구문
地久門
요코하마
스타디움
모토마치
元町
무테키로 카페
넥스트 도어
야마테 234번관
山手234番館
에노키테이
베릭 홀
ベーリック · ホール
에리스만 저택
エリスマン邸
연평문
延平門
JR 간나이역
JR 関内駅
JR 이시카와초역
JR 石川町駅
치선 호텔
네기시선

one day course

추천 하루 일정

요코하마의 일정은 미나토미라이선이 다니는 노선으로 대부분 이동 가능하다. 때문에 미나토미라이역 혹은 차이나타운에서 일정을 시작해 취향에 따라 동선을 짜는 것이 좋다.

출발!

11:00

차이나타운

차이나타운은 저녁에 가도 예쁜 곳! 취향에 따라 순서를 바꾸어도 상관없다

12:00

점심 식사

거리를 거닐며 길거리 음식을 즐겨도 좋고 런치로 즐기는 중식 다베호다이(뷔페)를 선택해도 좋다

14:00

에리스만 저택, 야마테 자료관

저택이나 자료관을 둘러볼 땐 기본적인 에티켓과 규칙을 꼭 지킬 것!

15:00

무테키로 카페 넥스트 도어

우아한 귀부인처럼 차를 마셔보자

16:00

미나토노미에루오카 공원

공원 위쪽에 요코하마시가 내려다보이는 전망대가 있으니 한번 들러보자

16:30

요코하마 인형의 집

전시를 둘러보고 기념품숍에 들러 간단한 기념품도 구입해 보자

17:30

야마시타 공원, 아카렌가 창고

해 질 무렵 풍경이 특히 아름다운 곳!

18:30

저녁 식사(빌즈)

달콤한 팬케이크를 먹으며 여행 중 지친 몸을 힐링~

20:00

스카이 가든

맥주 한잔과 함께 야경을 즐기며 여유로운 시간을 보내도 좋겠다

도착

*Special Guide
관광에 편리한 버스

요코하마는 JR의 게이힌도호쿠선과 도큐 도요코선 등 여러 종류의 철도와 지하철이 정차하므로 각자의 상황에 따라 적절한 것을 이용하자. 대부분의 볼거리들은 미나토미라이선을 따라 분포돼 있으므로 도쿄 도심에서의 왕복 이동과 미나토미라이 노선을 자유롭게 이용할 수 있는 미나토미라이 티켓을 구입하거나, 요코하마의 주요 관광 지역을 구석구석 돌아볼 수 있는 관광버스를 이용할 수도 있다.

1. 할인 티켓

미나토미라이 티켓

도큐 라인의 역(일부 역 제외)에서 요코하마역까지의 왕복 티켓과 미나토미라이선을 자유롭게 이용할 수 있는 미나토미라이 원데이 패스를 결합한 상품이다. 미나토미라이선으로 닿을 수 있는 몇몇 개의 정류장 주변으로 많은 볼거리가 집중돼 있기 때문에 하루 종일 몇 번이고 미나토미라이선을 승하차할 수 있는 미나토미라이 티켓을 구입해 활용하는 것을 추천한다.

위치 **구입처** 도큐선 역내 자동 판매기에서 발권 가능
요금 어른 920엔, 어린이 470엔 (시부야 출발 기준)

미나토부라리 티켓

요코하마 내에서의 관광지를 둘러볼 때 지하철보다는 버스가 더 편리하다. 미나토부라리 티켓은 하루 동안 지하철이나 요코하마시에서 운영하는 시내버스를 무제한으로 탈 수 있는 티켓으로 요코하마의 명소가 집중된 MM21 지역에서 산케이엔, 야마테, 이세자키초, 차이나타운, 야마시타 공원 주변 지역까지 모두 방문할 수 있다. 또한 80개 이상의 제휴 시설에서 특별 할인도 받을 수 있다. 신요코하마역까지는 포함하지 않기 때문에 신요코하마역을 이용하는 경우라면 '미나토부라리 티켓 와이드(어른 550엔, 어린이 280엔)'를 구입해야 한다.

위치 **구입처** 시영지하철 블루라인역, 지하철(블루라인) 요코하마역 고객 서비스 센터, 요코하마역 동쪽 출구(소고 지하 1층), 버스 내부, 사쿠라기초역 관광안내소
요금 어른 500엔, 어린이 250엔

2. 아카이 구쓰 버스

요코하마의 주요 지역을 구석구석 돌아볼 수 있는 관광버스다. 사쿠라기초역 앞에서 버스가 출발하며 미나토미라이, 차이나타운 · 모토마치 등을 운행하는 주유 루트(약 78분), 2019년 3월에 문을 연 새로운 요코하마 해머헤드Yokohama Hammerhead(여객 터미널을 중심으로 호텔과 복합 상업시설이 있는 지역) 루트(약 8~9분 소요) 두 가지 코스가 있다. 평일에는 20분, 주말과 공휴일에는 15분 간격으로 열차가 운행된다. 요코하마 원데이 패스, 미나토부라리 티켓 이용자는 무료로 이용할 수 있으니 참고할 것.

위치 **구입처** 시영지하철 블루라인역, 사쿠라기초역 관광안내소, 버스 내부
요금 어른 220엔, 어린이 110엔
전화 045-671-3211
홈피 www.city.yokohama.lg.jp/kotsu/tanoshimou/odekake (시간표와 정류장 정보는 홈페이지 참조)

아카이 구쓰 버스

아카이 구쓰 버스정류장

Sightseeing

1

랜드마크 타워 스카이 가든

THE LANDMARK TOWER SKY GARDEN

요코하마의 아름다운 야경을 제대로 즐기고 싶다면 이곳을 주목하자. 스카이 가든은 요코하마 랜드마크 타워 69층에 위치해 압도적인 전망을 자랑한다. 지상으로부터 273m 높이에 있는 이곳은 사면이 유리로 되어 있어 360도 파노라마 전망을 즐길 수 있다.

전망대까지는 최고분속 750m의 일본 최고 속도를 자랑하는 엘리베이터를 타고 올라가며 지상 2층에서 69층까지 단 40초면 도착한다.

69층 전망 플로어에는 600여 개의 아이템을 갖춘 랜드마크 타워 기념품숍이 있으며 간단한 음식과 음료, 주류를 즐길 수 있는 스카이 카페도 자리하고 있다.

위치	사쿠라기초역에서 도보 5분. 미나토미라이역에서 도보 3분.
주소	横浜市西区みなとみらい2-2-1 69F
운영	10:00~21:00 (토요일은 ~22:00까지, 최종 입장은 폐관 30분 전)
요금	어른 1,000엔, 65세 이상 · 고등학생 800엔, 초중생 500엔, 유아 200엔
전화	045-222-5030
홈피	www.yokohama-landmark.jp

Sightseeing

❷ 컵라면 박물관 カップヌードルミュージアム

세계 최초의 인스턴트 라면인 치킨라면을 개발한 닛신Nissin 식품의 창업자 안도 모모후쿠의 아이디어와 역사를 다양한 전시를 통해서 경험할 수 있는 체험형 박물관이다. 전 세계의 라면 발전사를 실제 라면 전시로 볼 수 있는 인스턴트 라면 히스토리 큐브관이나 모모후쿠의 연구실을 그대로 재현해 놓은 장소 등 전시 자체도 재미있지만, 어린이뿐 아니라 어른들도 흥미롭게 체험할 수 있는 어트랙션이 많은 것이 최고 장점이다. 그중에서 컵 포장지를 고르고 스스로 스프와 고명을 선택해 자신만의 컵라면을 제작해 가져갈 수 있는 마이 컵라면 팩토리가 가장 인기 있다. 박물관 1층 데스크에서 예약 가능하며 500엔은 해당 장소에서 직접 지불하면 된다. 관람 후에는 안도 모모후쿠가 누들로드 여행 도중에 만난 세계 각국의 다양한 면 요리를 맛볼 수 있는 푸드코트에서 식사를 하는 것도 좋겠다.

위치	미나토미라이역, 바샤미치역에서 도보 약 8분.
주소	神奈川県横浜市中区新港2-3-4
운영	10:00~18:00 (최종 입장 17:00)
휴무	화요일
요금	어른 500엔, 고등학생 이하 무료
전화	045-345-0918
홈피	www.cupnoodles-museum.jp

Sightseeing

❸ 호빵맨 어린이 박물관 アンパンマンこどもミュージアム

뮤지엄이라기보다는 대형 키즈클럽이라고 해도 무방하다. 하지만 호빵맨을 주제로 한 다양한 시설과 실제 만화 속에 나오는 빵집과 기념품숍 등 꽤 볼거리가 많아 아이를 동반한 여행자라면 한 번쯤 들러볼 만하다. 키즈클럽을 이용하지 않는다면 외부 시설은 무료 입장해 둘러볼 수 있다.

위치	신다카시마역에서 도보 약 3분.
주소	神奈川県横浜市西区 みなとみらい6-2-9
운영	박물관 10:00~17:00 (최종 입장 16:00), 쇼핑몰 10:00~18:00
휴무	1월 1일
요금	박물관 2,200~2,600엔 (1세 미만 무료)
전화	045-227-8855
홈피	www.yokohama-anpanman.jp

Sightseeing

❹

야마시타 공원 山下公園

항구를 따라 아름다운 풍경을 즐길 수 있는 공원이자 요코하마 시민의 안식처로, 관광객들이 자주 찾는 명소로 사랑받는 곳이다. 공원 내부에는 빨간 구두를 신은 여자 아이의 동상과 인도수탑, 미국 샌디에이고시가 기증한 물의 수호신 동상 등 해외와의 왕성한 교류를 엿볼 수 있는 흔적들이 많다. 여름에는 불꽃놀이 축제 등 다양한 이벤트를 개최하기도 한다.

위치	모토마치 · 주카가이역에서 도보 3분.
주소	横浜市中区新港1-1

Sightseeing

❺

요코하마 아카렌가 창고 横浜赤レンガ倉庫

메이지시대와 다이쇼시대에 건축됐으며 해상무역을 통해 오가던 화물을 보관하던 창고로 쓰였다. 붉은 벽돌이 인상적인 외부는 그대로 두고 내부만 전면적으로 개조했다. 1호관과 2호관으로 구분되는데 1호관은 홀, 다목적 공간으로 이용되며 2호관에는 40여 개 이상의 레스토랑과 상점이 포진해 있다. 주변으로 아름다운 정원이 있고 석양 무렵 풍광이 아름다워 많은 이들이 찾는 명소다.

위치	니혼오도오리역에서 도보 6분.
주소	横浜市中区新港1-1-1
운영	1호관 10:00~19:00, 2호관 11:00~20:00
요금	무료
전화	045-211-1515
홈피	www.yokohama-akarenga.jp

Sightseeing

6

미나토노미에루오카 공원 港の見える丘公園

이름처럼 항구가 내려다보이는 공원이다. 140여 년 전 프랑스군과 영국군이 대립하며 주둔했던 곳으로 공원 한편에 그 흔적이 남아 있다. 특별한 볼거리는 없지만 산책 삼아 슬슬 언덕 위로 올라가면 항구와 야마시타 공원이 한눈에 들어오는 시원스러운 전망을 즐길 수 있다.

위치 모토마치·주카가이역 5번 출구에서 도보 약 1분.
주소 横浜市中区山手町114

Sightseeing

7

요코하마 코스모월드 よこはまコスモワールド

원더 어뮤즈 존, 브라노 스트리트 존, 키즈 카니발 존 등 세 가지 존으로 구성되는 미래지향 도시형 입체유원지로 총 32개의 어트랙션을 갖추고 있다. 가장 인기 있는 시설은 480명이 탈 수 있는 높이 112.5m의 세계 최대급 관람차 코스모블록21. 요코하마의 환상적인 야경을 즐길 수 있는 포인트로 꼽히기도 한다. 입장은 무료이며 어트랙션에 따라 별도 티켓팅을 한 후 이용할 수 있다.

위치 미나토미라이역에서 도보 2분.
주소 横浜市中区新港2-8-1
운영 평일 11:00~20:00, 주말·공휴일 11:00~21:00
휴무 목요일
요금 입장 무료 (어트랙션 별도 티켓팅)
전화 045-641-6591
홈피 cosmoworld.jp

Sightseeing

8

기샤미치 汽車道

기샤미치는 기찻길이라는 의미다. 메이지 44년(1911년)부터 1987년까지 운행됐던 린코선의 일부로 약 500m 정도를 산책로 형식으로 남겨 두었다. 레일과 교량을 통해 그 당시의 모습을 추측할 수 있도록 했으며 조망이 아름다워 사진 촬영 장소로도 인기가 많다.

위치	바샤미치역 2번 출구에서 도보 약 5분.
주소	横浜市中区新港2

Sightseeing

9

에리스만 저택 エリスマン邸

스위스 출신 무역상인의 저택이었던 곳이다. 1층에는 응접실과 거실, 식당 등이 있고 2층에는 침실과 야마테 서양관의 도면, 사진 등이 전시돼 있다. 지하에는 오전 10시부터 오후 4시까지 영업하는 카페가 들어서 있다.

위치	모토마치 · 주카가이역 5번 출구에서 도보 약 10분.
주소	横浜市中区元町1-77-4
운영	10:00~16:00
휴무	둘째 주 수요일, 12월 29일~1월 3일
요금	무료
전화	045-211-1101
홈피	www.hama-midorinokyokai.or.jp/yamate-seiyoukan/ehrismann/

Sightseeing

10

베릭 홀 ベーリック・ホール

영국 출신 무역상의 저택이었던 곳이다. 현재 남아 있는 이 지역의 저택 중 가장 큰 규모를 자랑한다. 지하 1층에는 화장실, 1층에는 넓은 거실과 식당 등이 있고 2층에는 프레스코 기법이 돋보이는 방이 있다.

위치	모토마치 · 주카가이역 5번 출구에서 도보 약 10분.
주소	横浜市中区山手町72
운영	09:30~17:00
휴무	둘째 주 수요일, 12월 29일~1월 3일
요금	무료
전화	045-663-5685
홈피	www.hama-midorinokyokai.or.jp/yamate-seiyoukan/Berrick-Hall/

Sightseeing

11

야마테 234번관 山手234番館

일본 최초의 연립형 맨션인 이곳은 외국인을 위한 공동주택으로 1927년 건축됐다. 1975년까지 주거용 아파트로 사용되다가 1989년 요코하마시가 인수한 후 전면 개보수를 거쳐 1999년부터 일반에 공개됐다.

위치	모토마치 · 주카가이역 5번 출구에서 도보 약 10분.
주소	横浜市中区山手町234-1
운영	09:30~17:00
휴무	넷째 주 수요일, 12월 29일~1월 3일
요금	무료
전화	045-625-9393
홈피	www.hama-midorinokyokai.or.jp/yamate-seiyoukan/yamate234

Sightseeing

⑫

모토마치 元町

요코하마 주카가이에서 강을 끼고 있는 큰길을 하나 건너면 유럽 소도시의 분위기를 가진 이국적인 상점가 모토마치가 있다. 19세기 중반 개항 이후 야마테 언덕 일대에 외국인들이 모여 살게 되면서 이 지역에 카페, 부티크, 외국인들의 일용품이나 가구, 도자기, 주류 등을 판매하는 상점들이 자연스럽게 생겼다. 한적한 농어촌에 불과했던 이 지역은 서양 문물을 제일 처음 받아들이고 일본과 서양 문화가 만나 어우러진 장소로 발전하게 되었다.

근대 이후 요코하마의 역사를 간직하고 있는 모토마치는 시끌벅적한 차이나타운과 비교하면 한적하고 차분한 느낌으로, 에리스만 저택 등 야마테 역사유적과 함께 묶어서 방문하기 좋다. 거리 입구의 피닉스 장식물은 요코하마의 상징으로 '전통은 이어받되 새로운 것을 받아들여 발전한다'는 요코하마의 모토를 나타내기 위해 세운 것이다.

위치 모토마치 · 주카가이역 모토마치 출구

주소 神奈川県横浜市中区元町

운영 09:00~21:00 (상점마다 다름)

홈피 www.motomachi.or.jp

Sightseeing

⑬

요코하마 인형의 집 横浜人形の家

세계 140개 국 이상의 약 13,000개에 달하는 다양한 인형을 소장하고 있는 인형 박물관이다. 전시 공간뿐 아니라 시설 내에는 인형극을 관람할 수 있는 극장도 자리하고 있어 프로와 아마추어의 다양한 인형극을 관람할 수 있다. 특별전시 정보와 인형극 프로그램 구성 등은 홈페이지에서 확인 가능하다.

위치 모토마치 · 주카가이역에서 도보 2분. 사쿠라기초역에서 요코하마 시영버스 8 · 26 · 58계통 탑승 후 야마시타부두입구 정류장 하차.

주소 横浜市中区山下町18

운영 09:30~17:00 (최종 입장 16:30)

휴무 월요일, 연말연시

요금 어른 400엔, 어린이 200엔

전화 045-671-9361

홈피 www.doll-museum.jp

Focus 01 언제나 활기가 넘치는 곳 요코하마 차이나타운 横浜中華街, Yokohama Chinatown

요코하마의 차이나타운은 2,500㎡ 부지에 300개가 넘는 식당들이 밀집해 있는 일본 최대 규모의 차이나타운으로 언제나 많은 관광객으로 활기가 넘치는 곳이다. 개항 이후 중국 상인들이 이곳에 하나둘 정착하고 1972년 이후 이곳을 찾는 관광객이 점차 늘어나면서 관광명소로 자리 잡았다.

차이나타운이라는 것을 한눈에 봐도 알 수 있게 해주는 이정표가 바로 화려한 문 들이다. 동서남북 사방의 방위에 따라 다른 이름이 붙은 이 문을 들어서면 비로소 보행자 중심의 차이나타운 거리가 나타나고 각종 식당과 상점들이 맞아준다. 알록달록 요란한 간판과 장식들은 확실히 일본의 가게들과 분위기 자체가 달라 색다른 느낌을 준다. 또한 항해를 수호하는 여신을 모신 사당인 천후궁天后宮, 소설『삼국지연의』의 관우를 모신 사당인 관제묘 등이 거리 곳곳에 있어 심심치 않은 볼거리를 제공한다. 각종 행사 등도 수시로 열려 즐길거리 역시 풍부하다. 특히 2월 초 춘절에 방문한다면 사자춤, 용춤 등도 볼 수 있다.

★
위치 모토마치 · 주카가이역에서 도보 1분.
주소 浜市中区元町
홈피 www.chinatown.or.jp

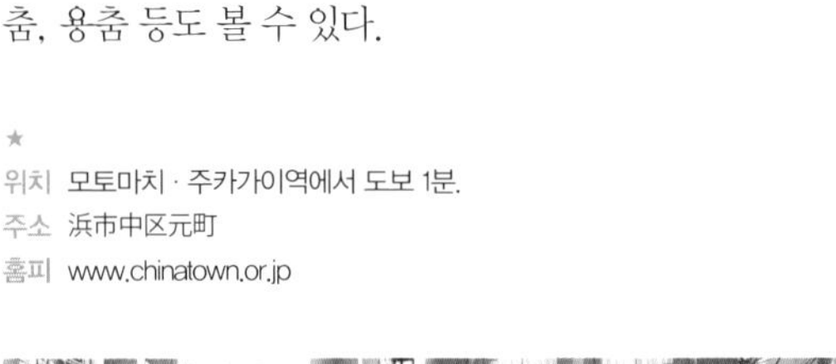

차이나타운의 먹거리들

요코하마에서 단 한 군데에서만 식사할 수 있다면 단연 차이나타운을 추천한다. 거리 곳곳마다 눈과 코를 자극하는 구수한 중국식 만두와 군것질거리는 물론이고 저렴하고 맛있는 중국요리 다베호다이(뷔페) 등 어느 하나를 선택하기에 고민스러울 정도로 먹을거리가 넘쳐난다. 이곳의 식당들은 수준 높고 부담 없는 가격에 코스 요리를 제공하는 곳도 많으니 각자의 취향과 사정에 맞게 선택할 수 있다. 중국요리 세계대회에서 우승한 경력이 있는 고초皇朝, 사천요리로 유명한 교카루京華樓, 70년이 넘는 역사를 자랑하는 죽 전문점 안키安記, 교자가 맛있는 호라이카쿠蓬莱閣 등은 눈여겨봐야 할 곳이다.

❶ 교카루 본점 京華樓本館

차이나타운에만 3곳의 점포를 둔 사천요리 전문점으로 마파두부와 도삭면이 유명하다. 도삭면은 중국 산시성의 전통 수제 국수 중 하나로 가운데가 두껍고 양쪽이 얇아서 독특하고 쫄깃한 식감을 준다. 본토의 요리 장인이 만들어 낸 쓰촨탄탄 국수 등 개별 요리도 맛있지만, 마파두부, 탕수육, 볶음밥 등 다양한 중국요리로 구성된 세트 요리도 훌륭하다.

★

위치 차이나타운 관제묘 거리.
주소 神奈川県横浜市中区山下町138
운영 11:30~21:30
요금 런치 세트 2,300엔~
전화 04-5211-2866
홈피 kyokarou.com

❷ 길거리 음식들

차이나타운은 길거리 음식의 천국이라 해도 과언이 아닐 정도로 다양한 음식을 맛볼 수 있다. 한입 베어 물면 뜨거운 육즙이 흐르는 딤섬, 고기만두, 군만두, 달콤한 호빵, 베이징덕, 중국식 과자인 월병, 달달한 탕후루 등 하나씩 사서 먹다 보면 식사를 안 해도 배가 부르다. 인기 있는 집은 보통 구매를 위한 대기 줄이 길다.

Food

❶

빌즈 BILLS

아카렌가 창고 내부에 위치해 있는 빌즈는 감각적인 디자인과 수준 높은 팬케이크로 단박에 도쿄 젊은 여성들의 마음을 사로잡은 레스토랑이다. 사실 팬케이크는 여타 인기 팬케이크집의 비주얼과는 사뭇 다른 소박한 모양새를 지니고 있지만 팬케이크 자체의 질감과 맛에서는 월등한 편. 특히 베리베리 버터를 얹은 상큼한 베리베리 팬케이크는 이곳의 추천 메뉴 중 하나다.

위치 아카렌가 창고 2호관 1층에 위치.
주소 神奈川県横浜市中区新港1-1-2 横浜赤レンガ倉庫2号館1F
운영 평일 09:00~22:00 (금요일 23:00까지), 주말 · 공휴일 08:00~22:00 (토요일 23:00까지)
요금 1인 1,900엔~
전화 045-650-1266
홈피 billsjapan.com

Food

❷

우치키빵 ウチキパン

일본 최초의 베이커리로 1888년에 창업했다. 영국인에게 직접 배운 기술로 한결같은 맛을 자랑하며 특히 우수한 옥수수종자를 발효시켜 120년 동안 이어 내려온 제조법으로 구워낸 영국 식빵의 맛은 정평이 나 있다. 그 밖에 마늘의 풍미와 고소한 치즈의 조화가 환상적인 갈릭 쿠페Coupé도 인기가 많은 편.

위치 이시카와초역에서 도보 10분. 모토마치 · 주카가이역에서 도보 1분.
주소 横浜市中区元町1-50　운영 09:00~19:00
휴무 월요일　전화 045-641-1161
홈피 www.uchikipan.co.jp

Food

❸

에노키테이 えの木てい

1927년에 건축된 고풍스러운 인테리어의 영국식 건물로 우아한 티타임을 즐길 수 있다. 양질의 재료로 만들어진 품격 있는 케이크를 비롯해 다양한 쿠키와 선물용으로 좋은 제품들도 진열돼 있다. 일반적인 커피숍보다 커피 가격은 비싼 편이니 다양한 세트 메뉴를 선택하는 것도 좋겠다.

위치 모토마치 · 주카가이역에서 도보 8분.
주소 横浜市中区山手町89-6
운영 평일 12:00~17:30, 주말 11:30~18:00
요금 케이크 세트 1,386엔~
전화 045-623-2288
홈피 www.enokitei.co.jp

Food

4

무테키로 카페 넥스트 도어 霧笛楼 CAFE NEXT DOOR

모토마치 거리를 걷다 보면 눈에 띄는 예쁜 카페가 있다. 1981년에 개업한 프렌치 레스토랑 무테키로에서 운영하는 카페 넥스트 도어가 그것이다. 무테키로는 일본 소설 『무테키霧笛』의 배경이 되기도 한 곳으로 카페 앞의 '파니상'은 프랑스 극작가 마르셀 파뇰의 『파니』 속 주인공을 형상화한 작품이다. 요코하마의 전통을 지키기 위해 노력한다는 이곳은 편안한 분위기에서 예쁘고 맛있는 케이크과 차를 즐기며 쉬어 가기에 좋은 곳이다. 점심에는 감자 포타주 위에 얹은 밥과 카레로 구성된 독특한 프렌치 카레를 한정 수량으로 판매한다(11:30~14:00, 1,800엔).

위치 모토마치 · 주카가이역 5번 출구에서 도보로 5분.
주소 横浜市中区元町2-96-1
운영 11:00~18:30 (LO 17:30)
휴무 월 · 목요일
요금 케이크 세트 1,400엔~
전화 045-641-2538
홈피 www.mutekiro.com

Foodw

5

가부키 海風季

2020년 6월 사쿠라기초역 앞에 요코하마 시청의 신청사가 세워졌다. 지상 32층, 지하 2층, 높이 155.4m의 건물은 시청이라고는 생각되지 않을 만큼 요코하마의 랜드마크로 자리 잡았다. 1~2층의 상업시설 '락시스 프런트'에는 다양한 음식점이 입점해 있다. 그중 가부키는 북쪽으로 홋카이도에서 남쪽으로 규슈까지, 전국의 어항에서 직송한 재료로 만든 스시와 야마가타의 명물 소바를 판매한다. 요코하마의 야경을 보면서 신선하고 맛있는 일식을 부담스럽지 않은 가격으로 즐길 수 있다. 주류와 디저트도 다양하게 갖추고 있어 자리를 옮기지 않고 한자리에서 즐겨도 좋다. 메뉴 중에는 스시, 튀김, 차완무시 등으로 구성된 '여성에게 인기 있는 스시 세트(1,700엔)'가 인기다.

위치 요코하마 시청 2층. 주소 横浜市中区本町 6-50-10
운영 11:00~22:00 요금 런치 스시 1,430엔 ~
전화 045-264-4222
홈피 luxsfront.com/shop/?cd=000016

Food

6

이소마루 수산 磯丸水産

활기차고 캐주얼한 분위기와 신선한 해산물, 다양한 메뉴로 일본에서 인기를 누리고 있는 이자카야 브랜드다. 24시간 운영하며 저녁에는 해산물을 화로에 구워 술 한잔 곁들이는 사람이 많지만 점심시간에는 덮밥 등 간단하게 식사를 해결하기에도 좋다. 인테리어 자체가 일본에 온 느낌이 담뿍 느껴지는 분위기로 맛과 가격도 꽤 괜찮은 편이라 한 번쯤 들러 식사해볼 만하다.

위치 요코하마역 앞 버스터미널 쪽으로 나와 우측 방향으로 도보 약 5분.
주소 横浜市神奈川区鶴屋町2-15 横浜西口エフテム白十字ビル1F
운영 24시간
요금 런치 1,000엔~, 디너 4,000엔~
전화 045-326-2676

02

에도시대의 흔적을 느낄 수 있는 곳

가와고에 川越, Kawagoe

작은 에도라 불리는 가와고에는 에도시대의 정취가 남아 있는 곳이다. 도쿄에서 30여 분이면 갈 수 있는 거리에 있고 교통비도 부담스럽지 않아 가벼운 마음으로 들르기에 좋다. 도쿄 시민들도 하루 여행으로 자주 방문하는 곳.

가와고에의 가게들은 오후 6시 이전에 대부분 문을 닫는다. 또 가와고에를 편하게 다닐 수 있는 버스들도 일찍 끊기기 때문에 가급적 오후 5시 이전에 일정을 마무리하는 게 좋다. 가와고에 주요 스폿을 도는 3번 버스의 경우 평일은 오후 3시 40분, 주말은 오후 4시 20분이 막차다. 버스를 놓치면 역까지 30분 넘게 걸어가야 하기 때문에 막차 시간을 잘 확인하고 일정을 짜도록 하자.

Chocolate
専門店
チョコレート

金笛
小松屋

가와고에
Kawagoe
N
밀키 웨이브
가와고에 히카와신사
川越氷川神社
마쓰야
코코이찌방야
가와고에 시립박물관
川越市立博物館
가와고에 시립미술관
川越市立美術館
하쓰카리 공원
初雁公園
가와고에 시청
川越市役所
후다노쓰지
가시야요코초
菓子屋横町
도키노 가네
時の鐘
가와고에성 혼마루고텐
川越城本丸御殿
아이아이 미술관
あいアイ美術館
오테마치
구라즈쿠리 거리
야마자키 미술관
山崎美術館
우체국
가와고에 시립중앙도서관
川越市立中央図書館
슈퍼마켓
우키시마이나리 신사
浮島稲荷神社
나카초
우나기 하야시야
렌케이지
蓮馨寺
이치노야
가와고에 역사박물관
川越歴史博物館
렌케이지
종합병원
하스미
기타인
喜多院
호텔 산코
센바도쇼구
仙波東照宮
우체국
나카인
中院
크레아 몰
고사이지
光西寺
혼카와고에역
本川越駅
가와고에시역
川越市駅
가와고에 프린스 호텔
가와고에 공업고등학교
마쓰모토 기요시
마루히로 백화점
도부 도조선
JR 가와고에선
가와고에 하치만구
川越八幡宮
고에도 명소 순회버스 노선
조도쿠지
長徳寺
아트레
가와고에 다이이치 호텔
가와고에역
川越駅
마쓰야
가와고에 도부 호텔

*Special Guide
가는 방법

이케부쿠로역에서 출발하는 도부 도조선을 타면 가와고에에 갈 수 있다. 급행을 타면 30분 정도 소요된다.

1. 티켓 종류

저렴하게 이용할 수 있는 할인 패스를 사면 경제적인 여행이 가능하다. 할인 패스는 가와고에 내에서 버스 이용 포함 여부에 따라 프리미엄 패스와 디스카운트 패스가 있다. 가와고에역에서 주요 관광지까지 도보로 30분 이상이 걸리고 버스 요금도 편도 200엔 이상이 넘어가기 때문에 디스카운트 패스보다는 프리미엄 패스를 추천한다.

도부철도 여행자 안내 센터

디스카운트 패스 프리미엄 (전철+버스+협찬 점포 할인)

이케부쿠로에서 가와고에역까지의 왕복 교통과 가와고에 안에서 버스를 무제한 탑승할 수 있다. 주요 관광 스폿은 걸어서 이동이 가능하고 버스의 배차 간격도 길기 때문에 사실상 관광지와 가와고에역을 왕복하는 정도로 이용하게 되지만 그래도 패스를 구입하는 것이 이득이다.

요금 어른 1,050엔, 어린이 540엔

디스카운트 패스 프리미엄

디스카운트 패스 (전철+협찬 점포 할인)

이케부쿠로에서 가와고에역까지의 왕복 철도만 탈 수 있는 패스다.

요금 어른 710엔, 어린이 370엔

디스카운트 패스

2. 티켓 구입 방법

이케부쿠로역에 있는 도부철도 여행자 안내 센터에서 구입이 가능하다. 티켓을 사면 가와고에까지의 교통 이용 방법과 버스 시간표, 지도, 간단한 관광지에 대한 설명이 나와 있는 안내서를 주는데 이것만으로도 충분히 여행이 가능하다.

3. 고에도 명소 순회버스

가와고에를 둘러보려면 가와고에의 주요 관광 스폿을 순회하는 가와고에 명소 순회버스(3번)를 타는 것이 편리하다. 가와고에역에서 나와 계단을 내려가면 버스정류장이 있다.
평일에는 오전 10시(주말은 09:20)에 첫차가 출발하고 1시간 간격으로 버스가 운행되며 막차도 일찍 끊어진다. 버스를 이용하려면 가와고에역 앞의 버스정류장에 시간표가 있으니 돌아올 시간을 미리 확인하고 출발하자.

고에도 명소 순회버스

Sightseeing

❶

가와고에성 혼마루고텐 川越城本丸御殿

원래 가와고에성은 1457년 지어진 성으로, 에도의 앞문은 오다와라성, 뒷문은 가와고에성이라 불릴 정도로 가와고에는 에도시대에 군사적, 상업적으로 중요한 거점이었다. 혼마루고텐은 성주가 살았던 곳을 가리킨다. 1848년에 건설된 혼마루고텐은 총 9개의 방이 있는데, 현재는 박물관처럼 꾸며져 있어 당시 모습을 엿볼 수 있다.

주소	埼玉県川越市郭町2-13-1
운영	09:00~17:00 (최종 입장 16:30)
휴무	월요일, 네 번째 금요일, 연말연시
요금	어른 100엔, 고등 · 대학생 50엔, 중학생 이하 무료
전화	049-222-5399
홈피	www.city.kawagoe.saitama.jp/smph/welcome/kankospot/hommarugotenzone/hommarugoten.html

Sightseeing

❷

도키노 가네 時の鐘

구라즈쿠리 거리 중간쯤에 높이 솟은 독특한 모습을 한 시계탑으로 가와고에의 상징이다. 3층 높이의 이 종탑은 1600년대 초반 당시 가와고에 지방의 영주였던 사카이 다다카쓰酒井忠勝에 의해 건설되었다고 한다. 여러 번의 화재로 마을이 불타며 이 종탑도 불에 탔는데, 당시 마을 사람들은 자신의 집보다 이 탑을 먼저 복구하기 위해 애썼다고 한다. 현재의 종루는 1894년에 다시 세워진 것이다. 예전에는 사람이 종을 쳤는데 지금은 기계가 하루 네 번(오전 6시, 정오, 오후 3시, 오후 6시) 종을 울려 시간을 알려주고 있다. 은은하게 울려퍼지는 이 종소리는 '일본의 소리 풍경 100선'에도 선정되었다고 한다.

주소	埼玉県川越市元15-15-7	전화	049-224-6097
홈피	www.city.kawagoe.saitama.jp/welcome/kankospot/kurazukurizone/tokinokane.html		

Sightseeing

❸

구라즈쿠리 거리 蔵造りの町並み

흙벽으로 지은 일본 전통가옥을 '구라蔵'라고 하는데 이 구라가 즐비하게 늘어선 거리다. 길을 따라 다양한 간식거리를 파는 가게들이 있어 하나씩 사서 맛보며 천천히 걸으면서 가와고에를 즐기는 것을 추천한다.

위치	후다노쓰지 버스정류장에서 도보 1분.
홈피	city.kawagoe.saitama.jp

Sightseeing

❹

가시야요코초 菓子屋横町

특별한 볼거리가 있다기보다는 과자를 파는 상점들이 몰려 있는 거리다. 가와고에의 특산물인 고구마로 만든 과자들은 물론 일본 전통 과자, 불량식품 과자와 알록달록한 사탕 등 온갖 종류의 과자들을 볼 수 있다.

위치	후다노쓰지 버스정류장에서 바로.
주소	埼玉県川越市元町2-7

Food

❶

우나기 하야시야 林屋川越店

가와고에는 장어가 유명한 곳으로 맛있는 장어 요리 전문점이 많다. 하야시야도 그중 하나. 찬합에 밥과 장어구이를 얹은 우나주와 히쓰마부시가 대표 메뉴인데, 이곳에서는 히쓰마부시를 먹어보는 것을 추천한다. 히쓰마부시는 밥과 함께 장어구이를 먹다가 중간에 뜨거운 물을 부어 나머지를 먹는 것으로 부드럽고 달달 짭조름한 장어를 다양하게 즐길 수 있다. 예쁜 반찬들로 구성된 연어구이 정식도 먹을 만하다.

주소	埼玉県川越市仲町2-4
운영	11:00~17:00
요금	우나주 3,850엔, 히쓰마부시 4,455엔
전화	049-226-3058
홈피	www.nasu-hayashiya.co.jp

연인들의 데이트 코스로도 인기 만점

03 가마쿠라 鎌倉, Kamakura 에노시마 江の島, Enoshima

800여 년의 역사를 가진 가마쿠라는 작은 교토라고 불릴 정도로 거리 곳곳에 역사적인 사찰이나 신사가 즐비하고 볼거리가 풍성하다. 도쿄에서 비교적 접근성이 뛰어난 데다 주변에 데이트 코스로, 여름 휴가지로 각광받는 에노시마까지 자리하고 있다.
에노시마는 둘레가 5km 남짓밖에 되지 않는 작은 섬이지만 아름다운 풍광과 아기자기한 상권, 곳곳의 신사와 사찰 등의 볼거리로 사시사철 방문객이 끊이지 않는 곳이다. 섬 전체를 돌아보는 데 2시간 내외면 충분할 정도니 시간 배분만 잘한다면 가마쿠라와 에노시마 두 지역을 연계해 당일 코스로 다녀올 수도 있다.

江の島名物銘菓
元祖
元祖
中村屋

가마쿠라
Kamakura
N
기타가마쿠라역
北鎌倉駅
엔가쿠지
円覚寺
가마쿠라중앙공원
鎌倉中央公園
조치지
浄智寺
겐초지
建長寺
가쿠온지
覺園寺
엔노지
円応寺
가이죠지
海蔵寺
죠코묘지
浄光明寺
쓰루가오카 하치만구
鶴岡八幡宮
주이센지
瑞泉寺
겐지야마 공원
源氏山公園
조묘지
淨妙寺
고마치도오리
와카미야오지
도시마야
호코쿠지
報國寺
묘오인
明王院
JR 가마쿠라역
JR 鎌倉駅
에노덴 가마쿠라역
江ノ電鎌倉駅
묘혼지
妙本寺
고토쿠인
高徳院
가마쿠라문학관
鎌倉文学館
가마쿠라 오르골당
鎌倉オルゴール堂
와다즈카역
和田塚駅
하세데라
長谷寺
유이가하마역
由比ヶ浜駅
묘호지
妙法寺
히사기오이케 공원
久木大池公園
하세역
長谷駅
에노시마 전철선
JR 요코스카선
에노시마역(약 7.5km)
고묘지
光明寺
즈시역

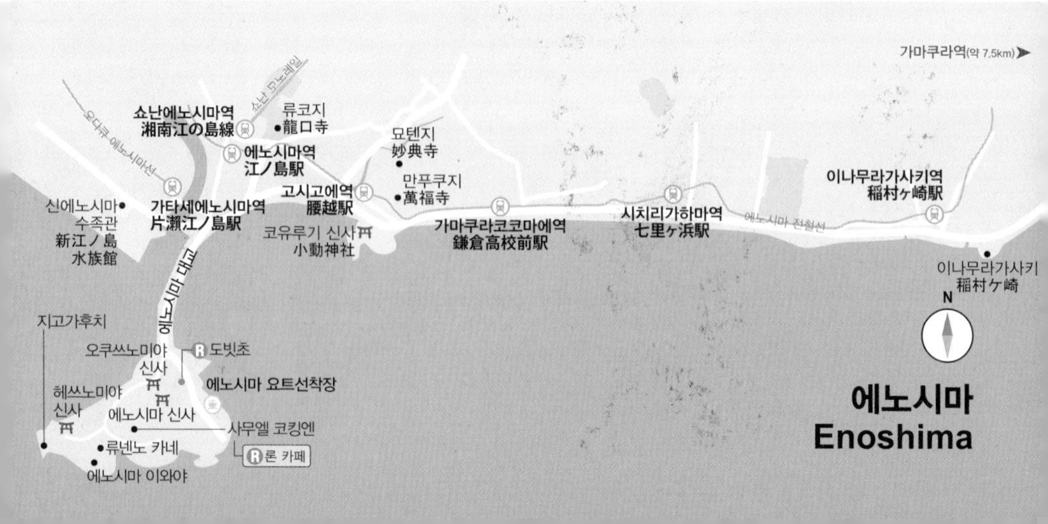

가마쿠라역(약 7.5km)
쇼난 모노레일
쇼난에노시마역
湘南江の島線
류코지
龍口寺
오다큐 에노시마선
에노시마역
江ノ島駅
묘텐지
妙典寺
만푸쿠지
萬福寺
고시고에역
腰越駅
이나무라가사키역
稲村ヶ崎駅
신에노시마
수족관
新江ノ島
水族館
가타세에노시마역
片瀬江ノ島駅
코유루기 신사
小動神社
가마쿠라코코마에역
鎌倉高校前駅
시치리가하마역
七里ヶ浜駅
에노시마 전철선
이나무라가사키
稲村ケ崎
에노시마 대교
N
지고가후치
오쿠쓰노미야
신사
도빗초
에노시마 요트선착장
헤쓰노미야
신사
에노시마 신사
사무엘 코킹엔
류넨노 카네
론 카페
에노시마 이와야
에노시마
Enoshima

추천 하루 일정

one day course

넓은 지역을 둘러봐야 하니 욕심을 부리기보다는 포인트를 짚어 동선을 효율적으로 관리하는 것이 좋다. 관광지와 시장 등은 영업시간이 짧은 경우도 있으니 유의하자.

*

가마쿠라와 에노시마, 하루 만에 정복하기

시작 → 후지사와 → 에노시마 → 하세 → 가마쿠라

출발!

→ 10:40

에노시마 도착

에노시마역에서 에노시마까진 도보 15분. 경치를 즐기며 천천히 걸어가 보자

→ 11:00

점심 식사(도빗초)

에노시마의 명물 시라스! 대기표를 뽑아 놓고 주변을 돌아보는 것도 방법이다

→ 12:00

에노시마 둘러보기

아기자기한 상점과 운치 있는 절 등 다양한 볼거리를 여유롭게 둘러보자

↓ 14:00

하세데라

하세데라에서 내려다보는 풍경은 놓치지 말아야 할 볼거리다

← 15:00

고토쿠인

하세의 최고 관광 포인트! 대불상 앞에서의 기념사진은 필수!

← 15:30

티타임

하세역 주변에는 전통 차와 긴츠바를 맛볼 수 있는 찻집이 많다

← 17:00

쓰루가오카 하치만구

야경이 유명한 곳이니만큼 일정을 소화한 후 마지막 코스로 들러도 좋다

↓ 18:00

고마치도오리

에노시마의 상점가와는 또 다른 분위기의 활기 넘치는 곳!

→ 19:00

저녁 식사

이왕 먼 걸음을 한 김에 역 근처에서 맛있는 저녁을 즐기자

→

도착

*Special Guide
가는 방법

교통비가 비싼 도쿄이기에 외곽지역인 가마쿠라와 에노시마를 하루에 돌아보기 위해선 1일 패스를 구입하는 것이 편리하다. 에노시마만을 둘러볼 예정이라면 에노시마 원데이 패스포트를, 가마쿠라까지 함께 돌아볼 예정이라면 에노시마 · 가마쿠라 프리패스를 구입하는 것이 유리하다. 에노시마 · 가마쿠라 프리패스는 후지사와까지 오는 오다큐 전철 왕복 승차권과 함께 에노덴 1일 승차권, 후지사와~가타세에노시마의 오다큐 탑승권을 포함한다. 에노시마 원데이 패스포트는 오다큐 전철 왕복 승차권과 에노시마시캔들, 이와야 등 4개의 이용권이 포함되어 있다. 또한 에노덴 전철을 무제한으로 이용할 수 있는 에노덴 1일 승차권(후지사와역 800엔)도 있으나 4번 이상 전철을 탑승하지 않는다면 큰 실익이 없다.

1. 패스별 가격

에노시마 · 가마쿠라 프리패스

출발지	어른	어린이
신주쿠	1,640엔	430엔
마치다	1,180엔	430엔

에노덴 1일 승차권

에노시마 원데이 패스포트

출발지	어른	어린이
신주쿠	1,990엔	1,000엔
신유리가오카	1,680엔	840엔
마치다	1,560엔	780엔

에노덴

2. 신주쿠에서 출발할 경우

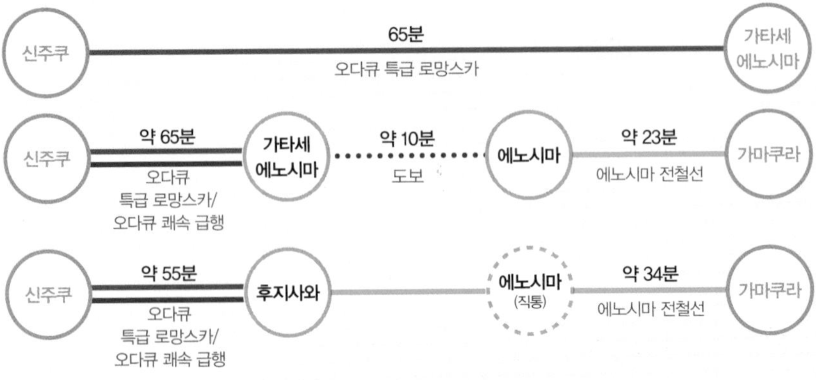

Kamakura·Sightseeing

❶

쓰루가오카 하치만구 鶴岡八幡宮

가마쿠라의 상징과 같은 존재로 무인들의 장수를 빌기 위해 1063년 창건된 절이다. 입구인 붉은색 도리이를 지나면 뒤쪽으로 작은 돌다리가 있는데 이 다리를 쉬지 않고 한 번에 건너면 남자는 출세하고 여자는 순산한다는 설이 있다. 이 다리는 평소에는 개방을 하지 않고 1월 3일 딱 하루만 개방한다고 한다. 이곳에서 내려다보는 시내 전경은 아름답기로 유명하다.

위치	가마쿠라역에서 도보 약 15분.
주소	神奈川県鎌倉市雪ノ下2–1–31
운영	4~9월 05:00~21:00, 10~3월 06:00~21:00
요금	무료
전화	046–722–0315
홈피	www.hachimangu.or.jp

Kamakura·Sightseeing

❷

하세데라 長谷寺

721년에 창건된 하세데라는 고토쿠인과 함께 방문객이 가장 많은 곳 중 하나다. 오랜 역사를 지닌 절답게 곳곳에 볼거리가 가득한데 재물의 신 벤자이텐을 모시기 위한 사당인 벤텐도와 인공적으로 만든 동굴 벤텐구쓰, 관음당의 하세칸논 관세음보살상은 놓치지 말자. 높이 9.18m의 하세칸논은 세밀한 조각과 화려한 금빛으로 보는 이를 압도한다. 노송과 어우러진 아름다운 일본식 정원과 일대가 한눈에 내려다보이는 전망대도 볼거리 중 하나다.

위치	하세역에서 도보 약 5분.
주소	神奈川県鎌倉市長谷3–11–2
운영	4~6월 08:00~17:00, 7~3월 08:00~16:30
요금	어른 400엔, 어린이 200엔
전화	046–722–6300
홈피	www.hasedera.jp

Kamakura·Sightseeing

❸

고토쿠인 高徳院

가마쿠라 하세에 있는 고토쿠인은 대불상으로 유명하다. 가마쿠라 다이부쓰鎌倉大仏라고도 불리는 이 대불상은 대좌를 포함해 높이가 무려 11.35m에 달하는데 얼굴 길이만 2.35m, 눈의 길이가 1m, 무게는 121t에 달한다고 한다. 원래는 대불전 안쪽에 있었는데 두 차례의 해일 피해로 건물이 붕괴되면서 바깥으로 나오게 됐다고. 몸에 비해 얼굴이 큰 것은 만들어질 당시 송나라풍 불상의 유행을 따른 것이라는 이야기도 있다. 추가로 50엔을 내면 대불 안에도 들어갈 수 있는데 한 번에 30명 이상 들어갈 수 없어 언제나 대기 줄이 긴 편이다.

위치	하세역에서 도보 약 8분.
주소	神奈川県鎌倉市長谷4–2–28
운영	4~9월 08:00~17:30, 10~3월 08:00~17:00 (대불상 입장 08:00~16:30)
요금	어른 300엔, 어린이 150엔
전화	046–722–0703
홈피	www.kotoku-in.jp

Kamakura·Shopping

1

가마쿠라 쇼핑가 鎌倉 SHOPPING STREET

쓰루가오카 하치만구 앞쪽에 있는 고마치도오리와 와카미야오지 등 두 개의 번화가를 이른다. 길을 따라 늘어선 상점가에는 기념품부터 패션 잡화, 각종 먹거리가 가득하다. 상점가 입구에는 지브리의 귀여운 캐릭터를 이용한 다양한 상품들을 만날 수 있는 도토리공화국도 자리하고 있다. 가마쿠라역 앞, 고마치도오리 입구에서 시작해 둘러보면 편리하다.

위치 가마쿠라역 맞은편.

주소 神奈川県鎌倉市雪ノ下

Kamakura·Shopping

2

하세도오리 쇼핑가 長谷通り SHOPPING STREET

하세역에서 고토쿠인으로 향하는 길목에는 각종 기념품숍과 먹거리숍이 즐비하다. 특히 하세의 명물인 자색고구마를 이용한 크로켓과 아이스크림은 이곳에서 맛볼 수 있는 별미이니 꼭 맛보자. 전통 디저트인 긴츠바와 함께 잠시 쉬어가며 티타임을 가지는 것도 좋겠다.

위치 하세역에서 바로.

주소 神奈川県鎌倉市長谷

Kamakura·Shopping

3

가마쿠라 오르골당 鎌倉オルゴール堂

다양한 모양의 귀여운 오르골들을 판매한다. 꽤 넓은 규모의 매장을 가득 채운 아이템들을 둘러보다 보면 나도 모르게 지갑이 술술 열린다. 상점 내에는 1,000종류 이상 6,000여 개의 오르골 및 상품들이 진열 · 판매되고 있다. 상점 앞에는 높이 3m에 이르는 가라쿠리 도케이가 있는데 1시간에 한 번씩 아름다운 오르골 소리를 내며 시간을 알린다. 기념촬영 장소로도 애용되고 있다.

위치 하세역에서 도보 약 8분.

주소 神奈川県鎌倉市長谷3-10-33

운영 09:00~18:00

전화 0467-61-1885

Tip 가마쿠라 명물, 이것만은 꼭 맛보자!

1. 하토사브레鳩サブレー

하토는 일본어로 비둘기라는 뜻이다. 비둘기 모양의 깜찍한 하토사브레는 가마쿠라에서 꼭 맛봐야 할 필수 먹거리. 선물용으로도 좋은 다양한 아이템이 많다. 특히 1894년 창업한 도시마야豊島屋는 하토사브레의 원조로 꼽힌다(09:00~19:00, 수요일 휴무, 046-725-0810).

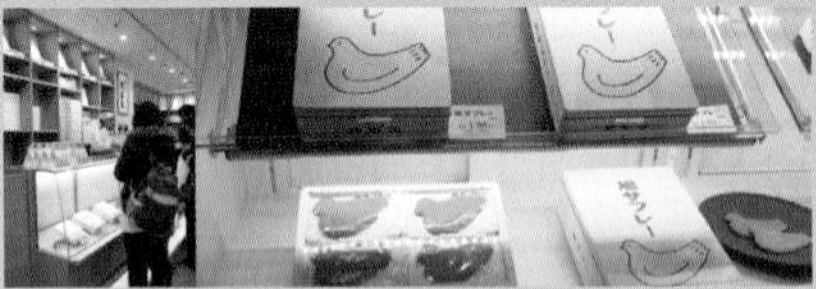

2. 가마쿠라 햄KAMAKURA HAM

또 하나의 가마쿠라 명물인 가마쿠라 햄. 가마쿠라 역내에 있는 편의점에서도 가마쿠라 햄을 팔 정도다. 상점가 안쪽으로 가마쿠라 햄과 소시지 등 간단히 먹을 수 있는 꼬치며 먹거리도 있으니 한번 맛보자.

1

에노시마 신사 江島神社

에노시마에 입성하면 가장 먼저 만나게 되는 에노시마의 대표적인 신사다. 붉은색 도리이를 지나 언덕 위쪽으로 헤쓰노미야辺津宮 신사, 나카쓰노미야中津宮 신사, 오쿠쓰노미야奥津宮 신사를 차례대로 만날 수 있다.

헤쓰노미야 신사는 바다의 여신 다키쓰히메노미코토田寸津比賣命를 모시고 있으며 안쪽으로 재복을 가져다주기로 유명한 벤자이텐상弁天様이 있다. 본전 왼쪽에 있는 연못에서 돈을 씻어내면 재물과 행운을 가져다준다는 이야기가 유명한데 씻은 돈의 배만큼 재물이 들어온다고 한다. 항아리에 15엔을 던지고 소원을 빌면 이루어진다는 설도 있다. 15엔은 일본어로 '쥬고엔'이라고 읽는데 쥬분(충분)과 고엔(인연)의 앞 글자를 따서 충분히 인연이 있기를 소망한다는 의미라고 한다.

나카쓰노미야 신사는 853년 이치키시마히메노미코노市寸島比賣命를 모시기 위해 세워졌으며 지금에 이르기까지 두 차례 재건됐다.

오쿠쓰노미야 신사는 에노시마에서 가장 안쪽에 자리한 신사로 다기리히메노미코토多紀理比賣命를 모시고 있으며 36마리의 원숭이가 조각된 탑으로 유명하다. 특히 본전 천장에 에도시대의 화가가 조각한 것으로 알려진 거북이 그림이 있는데 어느 곳으로 움직여도 자신을 쳐다보는 것 같은 신비스러운 느낌을 준다.

위치	에노시마역에서 도보 약 20분.
주소	神奈川県藤沢市江の島2-3-8
운영	08:30~17:00
전화	046-622-4020
홈피	enoshimajinja.or.jp

Enoshima·Sightseeing

❷

류넨노 카네 龍恋の鐘

에노시마에서 연인들의 데이트 코스로 빠짐없이 등장하는 곳이다. 해안이 한눈에 들어오는 전망 좋은 곳으로 옛날에 용 한 마리가 선녀와 사랑을 이루고자 이 섬을 만들었다는 전설이 있다. 류넨노 카네는 '용의 연인의 종'이라는 의미로 연인과 함께 종을 울리면 영원한 사랑을 할 수 있다고 한다. 이곳을 찾는 방문객들이 종을 울리며 종 위에 메모를 남기기 시작했고, 더 이상 종 위에 공간이 남아 있지 않자 종탑 주변으로 메모를 쓴 자물쇠를 달아두기 시작해 현재는 알록달록한 메모지와 자물쇠가 함께 걸려 있다.

위치 에노시마역에서 도보 25분.
주소 神奈川県藤沢市江の島2-5

Enoshima·Sightseeing

❸

지고가후치 稚児ヶ淵

맑은 날에는 멀리 후지산이 보이고 바다를 한 품에 안은 듯한 멋진 풍광을 자랑하는 이곳은 관동대지진 당시 땅이 융기하며 자연스레 만들어진 해식대지다. 특히 노을 무렵의 풍경이 예뻐 연인들의 필수 코스로 자리 잡았다. 가마쿠라시대 때 수행승과 그의 연인이 연이어 이곳에서 투신자살을 한 이래로 지금의 이름을 사용하게 됐다.

위치 에노시마역에서 도보 약 25분.
주소 神奈川県藤沢市江の島2

Enoshima·Sightseeing

❹

사무엘 코킹엔 サムエル・コッキング苑

에노시마 정상 근처에 있는 작은 규모의 식물원으로 1869년 영국의 무역상 사무엘 코킹이 매입해 정원으로 개조한 것을 1949년 후지사와시에서 부지를 매입해 식물원으로 정비했다. 식물원 내에는 오래된 등대를 개조해 만든 멋진 전망대가 있으며 매스컴에도 자주 등장한 론 카페Lon Cafe(평일 11:00~20:00, 주말 10:00~20:00)도 자리하고 있다. 이곳의 시그니처 메뉴인 프렌치 토스트를 맛보기 위해 일부러 에노시마를 찾는 사람들도 있을 정도니 기회가 된다면 꼭 맛보자.

위치 에노시마역에서 도보 25분.
주소 神奈川県藤沢市江の島2-3-28
운영 09:00~20:00
요금 **17시 이후** 어른 500엔, 어린이 250엔
전망대 어른 500엔, 어린이 250엔
전화 046-623-0623

5

에노시마 이와야 江の島岩屋

오랜 시간 동안 파도의 침식에 의해 자연스럽게 형성된 동굴로 제1동굴과 제2동굴로 나뉘어 있다. 동굴 내부는 음향효과와 조명으로 신비스러운 분위기를 자아내며 에노시마와 관련된 여러 예술품들이 전시돼 있다. 동굴 안쪽에 드래곤스 드림이라는 재미있는 장치가 있는데 소원을 빌면서 북을 힘차게 두들겨 용에 불이 두 번 들어오면 소원이 완전 이뤄지고, 한 번은 그럭저럭, 불이 들어오지 않으면 소원이 이뤄지지 않는다고 한다.

동굴을 나오는 길에 바닷가 아래쪽에는 파도에 의해 보였다 안 보였다 하는 거북이 모양의 암석도 있으니 재미 삼아 잘 찾아보자.

위치 에노시마역에서 도보 25분.
주소 神奈川県藤沢市江の島
운영 09:00~17:00 (계절에 따라 다름)
요금 중학생 이상 500엔, 초등학생 200엔
전화 046-622-4141
홈피 www.fujisawa-kanko.jp/spot/enoshima/17.html

Tip 에노시마 명물, 이것만은 꼭 맛보자!

1. 시라스 しらす

시라스는 에노시마의 특산물 중 하나로 아주 작은 사이즈의 건멸치를 일컫는다. 우리에게도 익숙한 시라스를 이용한 시라스 와플, 시라스 쿠키, 시라스 음료, 시라스 크로켓 등 다양한 먹거리가 넘치는데 언뜻 고개를 갸웃거리게 하는 조합이지만 꽤 맛이 있는 편이니 한번 맛보자.

시라스 추천 맛집! **도빗초** とびっちょ

에노시마의 명물 시라스를 활용한 다양한 메뉴를 맛볼 수 있는 곳이다. 언덕 쪽으로 이동하면 좋은 뷰를 가진 식당들이 많지만 초입에 위치한 이곳도 맛과 풍부한 양으로 인기 맛집으로 꼽힌다. 가게 앞에 있는 먹음직한 모형을 보고 주문하면 되는데, 대기표를 뽑고 좌석 안내를 기다리면 된다. 시라스와 치즈가 들어 있는 쫄깃한 시라스빵도 추천할 만하다.

위치 에노시마역(에노덴)에서 도보 약 20분, 에노시마 관광 코스 초입에 위치.
주소 神奈川県藤沢市江の島1-6-7
운영 평일 11:00~21:00 (LO 20:00), 주말 11:00~21:30 (LO 20:30)
요금 1인 1,000~2,000엔
전화 046-623-0041 홈피 tobiccho.com

2. 타코 센베이 TAKO SENBEI

에노시마 관광 코스 초입부터 눈길을 끌어모으는 먹거리. 언제나 긴 줄이 늘어서 있을 정도로 인기가 많다. 사람 얼굴보다 큰 사이즈의 문어 센베이는 에노시마의 명물 중 하나다.

04 화려한 역사 유산과 수려한 풍경
닛코 日光, Nikko

도쿄 시내에서 철도로 2시간 거리에 있는 닛코는 역사 유산이 풍부하고 자연 풍경도 아름다운 일본 최대의 관광지다. 세계문화유산으로 등록된 도쇼구, 린노지, 후타라산 신사, 주젠지호, 난타이산, 게곤폭포 등의 명승지와 기누가와온천 등이 있어 사계절 내내 수많은 관광객이 닛코를 방문하고 있다. "닛코를 보기 전에 훌륭하다고 말하지 말라"는 말이 대변하듯 멋진 자연 풍경, 수질 좋은 온천, 유서 깊은 문화유적 등 다채로운 즐길 거리가 가득한 곳이 바로 닛코다.

*
산나이 山内

도쇼구, 후타라산 신사, 린노지 등 2신사 1사찰을 가리켜 산나이라고 하는데, 산나이와 주변의 산림지대는 세계문화유산으로 등록돼 있다. 닛코 관광의 핵심은 이 세 곳으로 모두 가까운 거리에 위치하고 있기 때문에 한 번에 둘러볼 수 있다.

닛코
Nikko

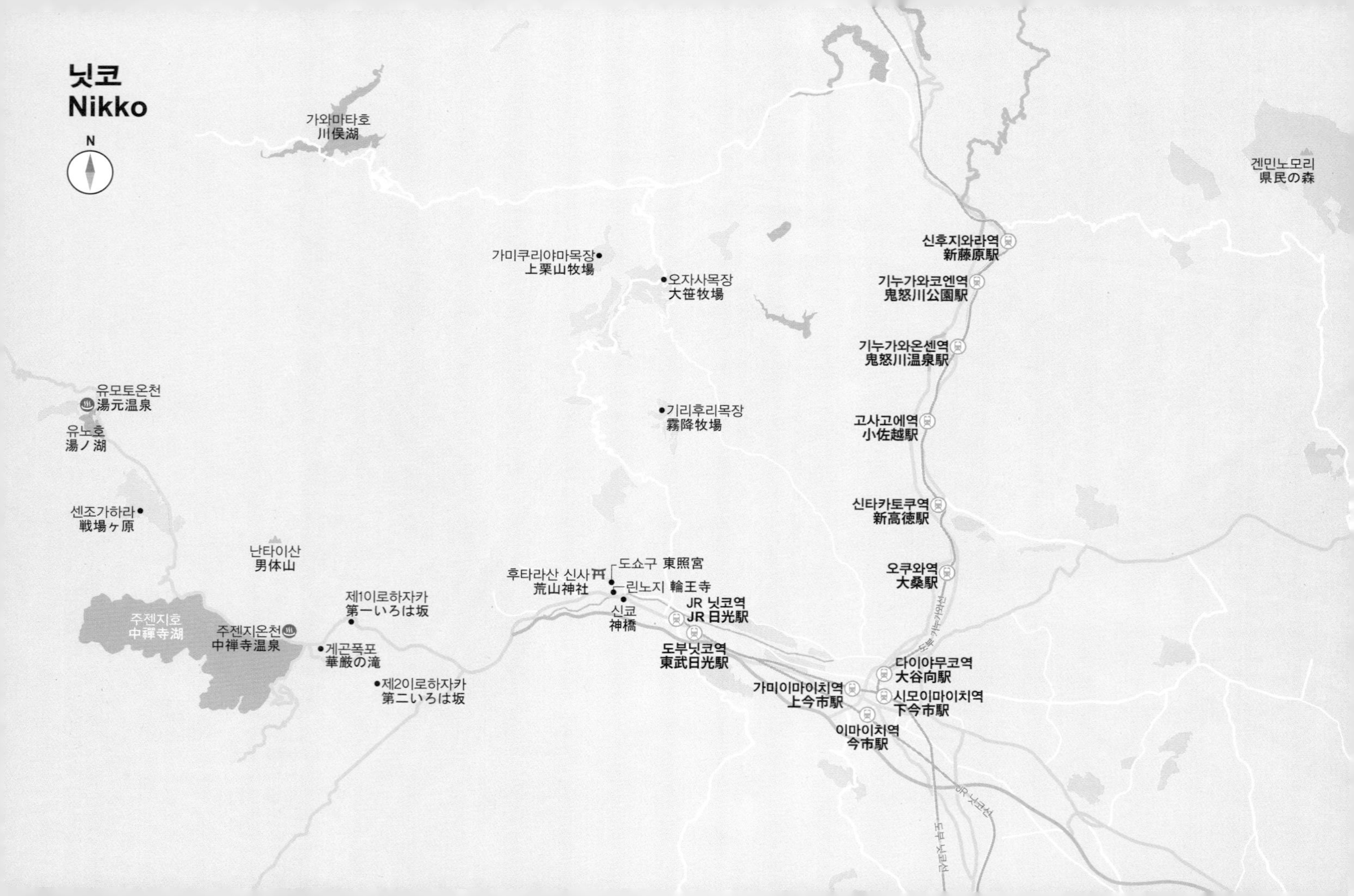
N
가와마타호
川俣湖
겐민노모리
県民の森
신후지와라역
新藤原駅
기누가와코엔역
鬼怒川公園駅
기누가와온센역
鬼怒川温泉駅
고사고에역
小佐越駅
신타카토쿠역
新高徳駅
오쿠와역
大桑駅
다이야무코역
大谷向駅
시모이마이치역
下今市駅
이마이치역
今市駅
가미이마이치역
上今市駅
도부닛코역
東武日光駅
JR 닛코역
JR 日光駅
JR 닛코선
도부 닛코선
가미쿠리야마목장
上栗山牧場
오자사목장
大笹牧場
기리후리목장
霧降牧場
후타라산 신사
荒山神社
도쇼구 東照宮
린노지 輪王寺
신쿄
神橋
유모토온천
湯元温泉
유노호
湯ノ湖
센조가하라
戦場ヶ原
난타이산
男体山
주젠지호
中禪寺湖
주젠지온천
中禅寺温泉
제1이로하자카
第一いろは坂
게곤폭포
華厳の滝
제2이로하자카
第二いろは坂

one day course

추천 하루 일정

닛코는 도쿄에서 멀 뿐 아니라 닛코 내 이동에 주로 이용되는 버스의 배차 간격이 길고 막차 시간도 빠르기 때문에 적어도 2일은 일정을 잡아야 한다. 당일치기로 둘러보려면 도쿄에서 최대한 일찍 출발해야 하고 갈 곳을 한정해야 한다.

출발!

09:39

도부닛코역

아침 일찍 도부닛코행 열차 타고 도부닛코역에 도착해 기념사진 찍기!

10:30

주젠지호

버스 타고 이로하자카 체험! 그리고 호숫가 산책하며 아름다운 풍경 눈에 담기

11:20

게곤폭포

폭포 입구에서 파는 생선 소금구이도 맛보자

12:40

니시산도

닛코의 명물이라는 유바도 꼭 먹어보기!

14:00

닛코 신사 관광

유서 깊은 닛코의 사찰과 신사들을 둘러보는 시간

18:41

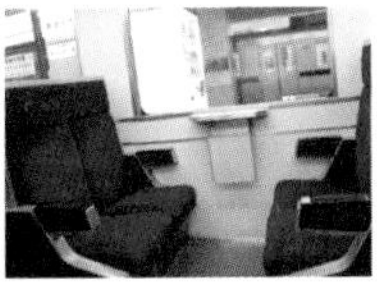

아사쿠사행 열차 탑승

아사쿠사역 직행 특급열차는 일찍 끊기니 미리 시간을 확인하자

도착

*

도부버스 소요 시간

Tobu Bus Time Table

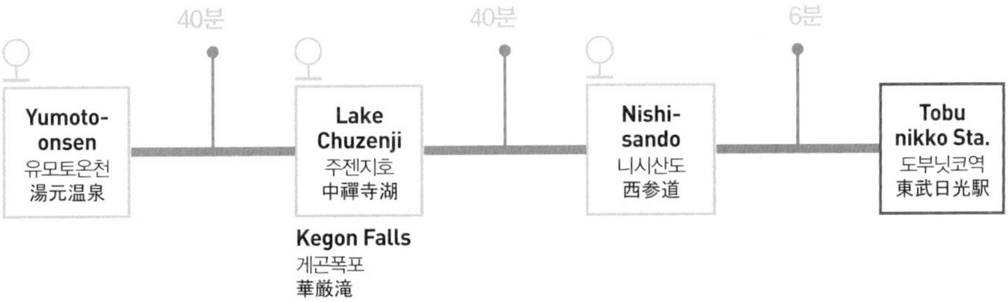

*Special Guide
가는 방법

도쿄의 북쪽에 자리하고 있는 아름다운 도시 닛코. 닛코에 가기 위해서는 도부 닛코선이나 JR 신칸선을 이용하는 방법이 있다. 가장 추천하는 방법은 아사쿠사에서 닛코 구간을 운행하는 도부 닛코선을 이용하는 것으로 신칸선에 비해 가격이 저렴하다는 장점이 있다.

1. 도부 닛코선을 이용하는 경우

어떤 패스를 살까?

도쿄 시내에서 닛코까지 가는 교통 요금은 비싼 편이다. 도쿄에서 당일치기로 닛코를 방문하는 관광객도 많은데, 이 경우 노선을 잘 잡고 효과적인 패스를 구입해야 비용을 줄일 수 있다. 도부철도에서 판매하는 외국인 전용 할인 패스로는 닛코 세계유산 지역 패스와 닛코 전 지역 패스가 있다. 두 가지 패스는 이용 기간과 특징이 다르므로 여행 계획에 맞는 패스를 구입해야 한다.

두 가지 패스의 공통점

1. 아사쿠사역에서 시모이마이치역까지 왕복 철도를 1회 이용할 수 있다.
2. 도쿄스카이트리역 및 도치기역에서 도중 하차할 수 있다.
3. 시모이마이치역에서 도부닛코역, 그 외 구간에 포함되는 역 사이는 자유로 이용할 수 있다.
4. 닛코 지역의 버스를 탑승할 수 있다(패스에 따라 구간이 다름).
5. 특급열차는 별도의 요금을 추가로 지불해야 한다.

❶ 패스 종류

닛코 세계유산 지역 패스

도쇼구 등 신사를 둘러본 후 기누가와온천을 즐기려는 사람에게 추천!

2일 동안 유효한 패스로 닛코역까지의 왕복 도부철도와 니시산도 등 신사 주변까지의 버스를 이용할 수 있다. 세계문화유산 닛코 도쇼구 신사, 후타라산 신사, 닛코산 린노지를 둘러보는 정도의 여정에 적합하다.

요금 어른 2,120엔, 어린이 630엔

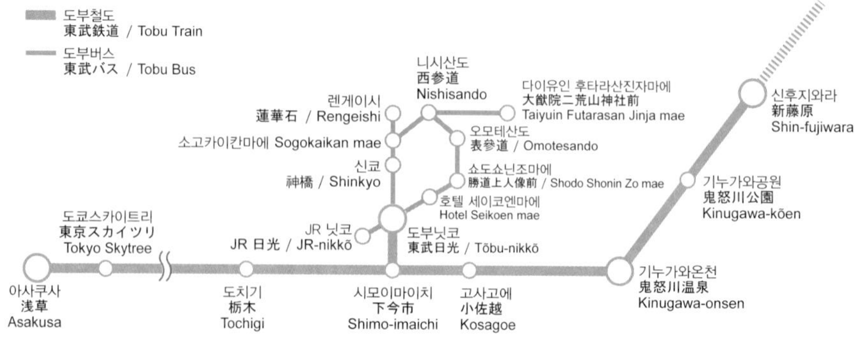

닛코 전 지역 패스

주젠지호, 유모토온천 등 닛코 지역의 자연환경을 폭넓게 즐기려는 사람에게 추천!

4일 동안 유효한 패스로 버스 이용 구간이 유모토온천과 주젠지호 등까지 걸쳐 있기 때문에 닛코의 대자연을 함께 즐기려는 사람에게 유용하다. 특히 4월 중순에서 11월 30일까지는 주젠지호 유람선을 무료로 승차할 수 있으니 참조하자.

요금 **4월 20일~11월 30일** 어른 4,780엔, 어린이 1,330엔
12월 1일~4월 19일 어른 4,160엔, 어린이 1,080엔

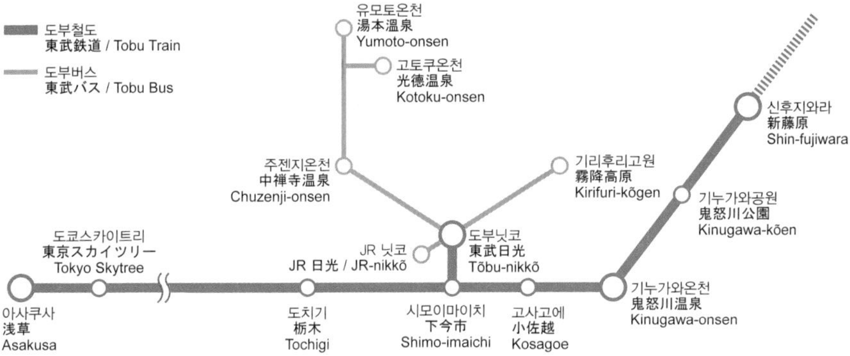

❷ 패스 구입처

아사쿠사역 외국인 여행자 센터

도부 아사쿠사역 1층에서 두 종류의 패스를 판매하고 있다. 닛코 · 기누가와, 아사쿠사 주변 관광 안내도 하고 있으며 영어가 가능한 도우미가 있다. 오픈 시간보다 빨리 닛코로 출발하려는 여행자는 패스를 미리 구입해야 한다. 패스는 도쿄 스카이트리에서도 구입할 수 있다.

아사쿠사역 외국인 여행자 센터

위치 도에이 아사쿠사선 아사쿠사역 A3 출구에서 도보 3분. 도부 아사쿠사역 1층 중앙 입구.
주소 東京都台東区花川戸1-4-1
운영 07:00~19:00
휴무 연중무휴
전화 03-3841-2871

어떤 열차를 타야 할까?

❶ 도부 닛코선

도부철도 회사가 운영하는 철도로 특급, 쾌속, 급행, 보통의 네 종류가 있다. 아사쿠사역에서 출발하는 열차는 시모이마이치역에서 닛코 방면과 기누가와 방면으로 갈라진다. 급행과 보통은 중간에 갈아타야 하는 불편함이 있으므로 아사쿠사역에서 도부닛코역까지 갈아타지 않고 한 번에 갈 수 있는 쾌속열차를 타는 것이 가장 좋다. 아사쿠사역에서 도부닛코역까지 쾌속열차는 2시간 5분, 특급열차는 1시간 50분이 걸린다. 아사쿠사역에서 가장 일찍 출발하는 쾌속열차의 시간은 오전 6시 20분이다. 1시간 정도의 간격으로 열차가 출발하는데 당일치기 일정이라면 늦어도 8시 10분에 출발하는 열차를 탈 것을 권한다. 닛코에서 돌아오는 마지막 쾌속열차의 시간도 반드시 유의해야 한다.

시모이마이치역에서 1~4차량은 기누가와온천으로, 5~6차량은 도부닛코역으로 간다. 따라서 자신이 가고자 하는 목적지에 맞는 열차의 차량에 탑승해야 한다.

닛코행 도부철도 탑승

❷ 특급 스페시아 게곤&기누

관광객용 열차로 전 좌석이 지정석이기 때문에 미리 예약을 해야 한다. 닛코패스가 있어도 특급열차를 타려면 추가 요금을 내고 좌석을 구매해야 하는데, 패스 소지자는 20% 할인된 가격으로 구매할 수 있다. 게곤을 이용하면 아사쿠사역에서 도부닛코역까지 갈아타지 않고 한 번에 갈 수 있으며 약 1시간 50분이 소요된다. 기누가와온천행 특급인 기누의 경우 직통 열차는 아니지만 시모이마이치역에서 연결 열차로 갈아탈 수 있으며 약 2시간이 소요된다. 쾌속열차와 비교하면 좌석도 넓고 편안하다는 장점이 있지만, 15분 정도 빨리 도착하는 것에 비해 운행 편수가 자주 있지 않고(하루 3편) 추가로 지불해야 하는 비용도 만만치 않기 때문에 여행 기분을 만끽하기 위해 이용하는 경우가 아니라면 추천하지 않는다.

특급 스페시아

열차 시간(쾌속열차)

❶ 아사쿠사역 ▶ 도부닛코역

07:50→09:39, 09:00→10:50, 10:00→11:47

❷ 도부닛코역 ▶ 아사쿠사역

15:43→17:35, 17:44→19:35, 18:41→20:35

도부닛코역

*열차의 종류와 시기에 따라 열차 시간의 변동이 있으니 패스 구입 시 미리 확인해야 한다. 더 자세한 시간표는 도부철도 홈페이지에서 확인 가능하다(www.tobu.co.jp/foreign/kr/pass/online.html).

2. JR 신칸선을 이용하는 경우

닛코까지 가는 JR 열차의 경우 요금이 매우 비싸기 때문에 JR 패스가 있는 경우에만 이용하는 게 좋다. 닛코행 열차는 신칸선, 쾌속, 보통이 있는데 쾌속과 보통열차는 도부 닛코선과 비교해 속도가 느린 반면 가격은 비싸다. 신칸선의 경우 도쿄역이나 우에노역에서 출발하는 JR 도호쿠신칸선東北新幹線을 타고 우쓰노미야역宇都宮駅까지 가서 JR 닛코선으로 갈아타야 한다.

JR 닛코역

*Special Guide
시내 이동

도부닛코역 앞 버스정류장

일반적으로 이용하는 교통수단은 버스다. JR 닛코역과 도부닛코역 앞에 있는 버스정류장에서 도쇼구와 주젠지호 등지로 가는 버스가 출발한다. 닛코 세계유산 지역 패스 등 두 가지 패스의 소지자는 도부버스와 세계유산 순회버스를 무료로 이용할 수 있다. 닛코 지역에서 운행하는 버스는 저녁 7시만 되면 거의 운행이 끊긴다. 또한 배차 간격도 30분~1시간으로 드문 편이기 때문에 이동 시 버스 시간을 미리 확인하고 움직여야 낭패를 보지 않을 수 있다.

1. 도부버스

두 가지 패스로 무료로 이용할 수 있는 버스다. 도부닛코역을 나오면 바로 앞에 각 지역으로 출발하는 버스정류장이 있다. 정류장 팻말에 정류장 번호와 행선지가 큰 글씨로 쓰여 있으니 잘 확인하고 승차하면 된다.

도부버스

2A 정류장

유모토온천행 버스가 출발한다. 중간에 신쿄, 니시산도, 이로하자카, 주젠지온천을 거친다.

2B 정류장

세계유산 순회버스가 출발한다.

버스정류장 팻말

2C 정류장

주젠지온천행 버스가 출발한다. 닛코역을 출발해서 주젠지온천까지 갔다가 주젠지온천에서 잠시 머문 후 다시 닛코역으로 돌아오는 버스다.

2. 세계유산 순회버스

JR 닛코역에서 출발해 닛코산나이 지역을 순회하는 버스로 도쇼구, 린노지 등을 둘러보려는 여행자에게는 도부버스보다 편리한 버스다. 닛코 세계유산 지역 패스 등 두 가지 패스로 무료로 이용할 수 있다. 패스가 없는 경우 세계유산 순회버스 1일권을 구입 가능하지만, 닛코산나이 내 신사들은 대부분 도보 관광이 가능하기 때문에 여러 번 왕복하지 않는 이상 크게 메리트는 없다.

세계유산 순회버스

요금 어른 600엔
티켓 **승차권 구입 장소** 도부닛코역 투어리스트 센터(09:00~17:00, 연중무휴), JR 닛코역 미도리창구(06:00~20:00, 연중무휴)

Sightseeing

❶

신쿄 神橋

'신성한 다리'라는 의미의 신쿄는 닛코산나이 입구에 놓인 붉은색 다리다. 후타라산 신사에 속한 것으로 닛코산나이를 보려는 관광객들이 버스에서 내리면 처음 마주하게 되는 것이 신쿄다. 주홍색의 강렬한 느낌을 주는 이 다리는 나라시대에 세워진 것이 기원으로 이후 사람들에게 신비로운 다리로 여겨져 일반인들은 통행이 금지됐다고 한다. 에도시대 초기인 1636년, 현재와 같은 다리가 만들어지고 이후 여러 번의 개축을 통해 지금에 이르고 있다.

위치 도부닛코역에서 주젠지온천 · 유모토온천행 버스 탑승 후 신쿄 정류장에서 하차해 도보 1분.
주소 栃木県日光市山内2307
운영 08:30~16:00
요금 어른 300엔, 고등학생 200엔, 초중생 100엔
전화 0288-54-0535
홈피 www.shinkyo.net

Tip 신쿄에 얽힌 전설

신쿄에는 신비로운 전설이 내려오고 있다. 나라시대 말기인 766년, 난타이산 등정에 나선 쇼도쇼닌과 제자들이 오오야강大谷川 근처에 이르러 강을 건너려고 하였으나 격류로 인해 건널 수 없었다. 이들이 땅에 무릎을 꿇고 함께 기도를 올리자 오른손에 두 마리의 뱀을 감은 신선이 나타나 뱀을 강으로 던졌다. 그러자 빨간색과 파란색 두 마리의 뱀이 강을 연결해 다리를 만들었고 고승 일행은 무사히 강을 건넜다고 한다.

Sightseeing

❷

후타라산 신사 荒山神社

닛코에서는 산악을 숭배하는 산악신앙이 발달했는데, 후타라산 신사는 도쇼구가 세워지기 전까지 닛코 지역 일대에서 산악신앙의 중심지 역할을 한 신사다. 이 신사에 빌면 남녀 간의 연분이 이어지고 부부 간의 금실이 좋아진다는 믿음이 있어 예부터 사람들의 발길이 이어졌는데, 경내에 남아 있는 커다란 삼나무는 원만한 가정생활과 부부 금실을 상징한다고 한다. 배전 및 본전은 1619년에 건축된 것이며 옛날 그대로의 모습으로 남아 있다.

위치 도부닛코역에서 주젠지온천 · 유모토온천행 버스 탑승 후 니시산도 정류장에서 하차해 도보 약 7분.
주소 栃木県日光市山内2307
운영 4~10월 08:00~17:00, 11~3월 09:00~16:00
요금 어른 300엔, 초중고생 100엔
전화 0288-54-0535
홈피 www.futarasan.jp

Sightseeing

3

린노지 輪王寺

닛코 지역에 불교를 들여온 쇼도쇼닌勝道上人이 766년에 건립한 사찰로 일본 천태종의 3대 본산 가운데 하나다. 원래 명칭은 시혼류지四本龍寺였으나 17세기에 들어와 천태종 사찰로 바뀌면서 린노지로 명칭이 바뀌었다. 린노지는 도쇼구에 비해 화려하지는 않지만 웅장한 멋이 있다. 절 입구에는 쇼도쇼닌의 동상이 위압적인 모습으로 서 있다. 절 내부에는 본당인 산부쓰도三仏堂를 중심으로 15개의 크고 작은 건물이 배치돼 있다. 본당에는 높이 8.5m의 불상 세 개가 안치돼 있으며 37점의 국가 중요문화재를 비롯 총 6,000여 점의 문화재가 보관돼 있다.

위치	도부닛코역에서 주젠지온천 · 유모토온천행 버스 탑승 후 소고카이칸마에 정류장에서 하차해 도보 1분. 도부닛코역에서 도보 30분.
주소	栃木県日光市山内2300
운영	4~10월 08:00~17:00, 11~3월 08:00~16:00
요금	**경내** 무료 **산부쓰도** 어른 400엔, 초중생 200엔 **산부쓰도+다이유인** 어른 900엔, 초중생 400엔
전화	0288-54-0531
홈피	www.rinnoji.or.jp

Tip 쇼도쇼닌

쇼도쇼닌은 나라시대인 735년에 시모노가군에서 태어났다. 그가 겨우 7살일 때 성자가 꿈에 나타나 "부처님의 도를 배우고, 닛코에 불교를 전파하라"는 계시를 내렸다고 한다. 성인이 된 후 쇼도쇼닌은 닛코에 불교를 전파하기 위해 10명의 제자를 이끌고 나섰으며, 766년에 신쿄를 통과하고 닛코 일대에 사원을 건립했다. 그는 이곳에서 16년 동안 수행을 하며 불교를 전파했다.

輪王寺

린노지 다이유인 輪王寺大猷院

도쿠가와 막부의 3대 쇼군인 이에미쓰의 영정을 모신 곳으로 린노지에 속해 있다. 이에미쓰는 평소 할아버지인 도쿠가와 이에야스를 존경했기 때문에 자신이 죽으면 그의 옆에 묻어달라는 유언을 남겼다고 한다. 이 유언에 따라 도쿠가와 이에야스를 모신 도쇼구 바로 옆에 만들어진 것이 다이유인이다.
휘황찬란한 도쇼구와 달리 금색과 흑색을 주로 사용해 차분하고 침착한 느낌을 준다. 사람에 치이는 도쇼구에 비해 한적하기 때문에 여유롭게 둘러보고 싶은 사람에게 좋은 곳이다.

위치	도부닛코역에서 주젠지온천 · 유모토온천행 버스 탑승 후 니시산도 정류장에서 하차해 도보 약 7분.
주소	栃木県日光市山内2300
운영	4~10월 08:00~17:00, 11~3월 08:00~16:00
요금	어른 550엔, 초중생 250엔

Focus 02

도쿠가와 이에야스가 잠들어 있는 화려한 사당
도쇼구 東照宮, Tosho-gu Shrine

일본을 통일하고 에도 막부를 연 도쿠가와 이에야스를 모신 사당이다. 닛코에서 가장 볼거리가 풍부하고 화려한 건축물로 전국에서 찾아온 관광객들의 발길이 끊이지 않고 있으며, 제전과 연중행사가 활발하게 열리는 신앙의 중심지이기도 하다.

도쇼구는 원래 작은 규모의 신사에 불과했으나, 에도 막부의 3대 쇼군이자 이에야스의 손자인 도쿠가와 이에미쓰德川家光가 존경하는 할아버지를 기리기 위해 막대한 자금과 인력을 쏟아부어 대대적인 공사를 벌였다. 1617년 당시 약 56만 냥의 금과 은 100관, 쌀 1,000석, 목재 14만 본이 들어갔는데 현재 시세로 따지면 400억 엔에 해당하는 어마어마한 금액이다. 일본 최고의 조각가, 목수, 건축가를 포함한 1만 5,000여 명의 인력도 동원됐으며 그 결과 일본에서 가장 화려한 신사가 탄생했다.

도쇼구는 불교의 사원과 일본의 신사 건축 양식이 혼합돼 있는데 에도시대 건축 · 조각 기술을 총동원해 만들어진 뛰어난 건축물로 손꼽히고 있다. 눈이 돌아가게 화려하다는 점에서는 비교 대상이 없을 정도다.

★

위치 도부닛코역에서 주젠지온천 · 유모토온천행 버스 탑승 후 신쿄 정류장에서 하차해 도보 8분.
주소 栃木県日光市山内2301
운영 4~10월 09:00~17:00, 11~3월 09:00~16:00
휴무 연중무휴
요금 어른 1,300엔, 초중생 450엔
전화 0288-54-0560
홈피 www.toshogu.jp

도쿠가와 이에야스 徳川家康

"닛코에 작은 사원을 짓고 나를 신으로 모셔라. 나는 평화의 수호자가 되리라". 도쿠가와 이에야스가 죽으면서 유언으로 남긴 말이다. 도쿠가와 이에야스는 전국시대의 혼란 끝에 일본을 통일하고 에도 막부를 세웠다. 세력이 미약한 영주의 아들로 태어나 어렸을 때부터 오다 노부나가 등 세력 강한 영주의 인질이 되기도 했으나 오랜 세월 인고의 노력 끝에 결국 일본을 통일하는 데 성공했다.

도쇼구 세부 안내

① 이치노도리이

② 고주노토

③ 오모테몬

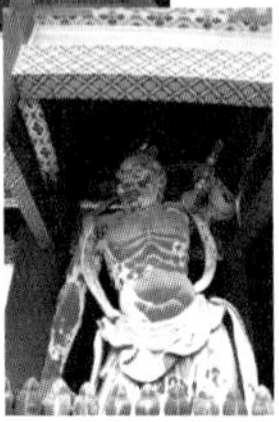
오모테몬 인왕상

① 이치노도리이 一ノ鳥居

높이 9m, 둘레 3.6m의 화강암 기둥으로 1618년 후쿠오카에서 운반해 온 돌로 만들어진 일본에서 가장 큰 석조 도리이다. 지진이 났을 때 쓰러지지 않게 내진 설계가 되어 있다고 한다.

② 고주노토 五重塔

후쿠이福井의 번주藩主였던 사카이 다다카쓰酒井忠勝의 기부로 1650년에 세워진 탑이다. 1815년에 벼락에 맞아 불탔으나 3년 후인 1818년에 재건했다. 이때 지진이나 강풍에 쓰러지지 않도록 설계했다고 한다.

③ 오모테몬 表門

도쇼구의 정문. 불교에서 사찰을 수호하는 것으로 알려진 인왕상이 좌우에 놓여 있다.

④ 신큐사

④ 신큐사 神厩舎

마구간으로 이용하던 곳으로 지금도 내부에 말이 살고 있다. 말을 병으로부터 지켜준다는 믿음에서 건물 외부에 원숭이 8마리를 조각해 놓았는데, 인간의 일생을 빗대어 묘사하고 있다. 이 중 눈과 귀와 입을 틀어막고 있는 세 마리의 원숭이 조각 '산자루三猿'는 '나쁜 것은 보지도 말하지도 듣지도 않는다'는 의미로 세상을 살아가는 처세술을 나타낸다고 한다.

⑤ 교조

⑤ 교조 経蔵

지붕이 있는 2층 건물로 내부에 8각형의 회전 서가가 있어 총 6,323권의 경전을 보관하고 있다고 한다. 아쉽게도 내부 관람은 금지돼 있다.

⑥ 오미즈야 御水舍

사원 관람을 위해 몸과 마음을 정화한다는 의미에서 손과 입을 씻는 곳이다. 이런 용도의 시설을 '미타라시御手洗'라고 하는데, 일본 내 신사 대부분이 소박한 미타라시를 갖추고 있는 데 반해 도쇼구의 미타라시인 오미즈야는 12개의 화강암 기둥과 금박으로 치장한 화려함을 뽐내고 있다.

⑥ 오미즈야

⑦ 니노도리이 二ノ鳥居

청동으로 만들어진 것으로 일본 최초의 청동 도리이라고 한다. 도쿠가와 이에미쓰가 금 2,000량을 들여 제작했는데, 지금 금액으로 환산하면 150억 원 정도다.

⑦ 니노도리이

⑧ 난반테쓰토로 南蛮鉄燈籠

오슈번의 유명한 무장이었던 다테 마사무네가 포르투갈에서 가져와 바친 철로 만든 쇠 등롱이다. 보기에는 소박해 보이지만 실제로 이 등롱을 만드는 데 엄청난 비용이 들어갔다고 한다.

⑧ 난반테쓰토로

⑨ 산진코 三神庫

총 3개의 건물로 나라에 있는 쇼소인正倉院을 본떠 만들었다고 한다. 용도는 창고인데 건물 모습이 창고치고는 아주 화려하다. 내부에는 축제 때 사용하는 갑옷이 보관돼 있으며 축제 때의 일부 기간을 제외하면 관람이 금지돼 있다. 산진코는 건물 외부에 새겨진 '상상의 코끼리' 조각이 유명하다.

⑨ 산진코

⑩ 종루 鐘樓

종을 보관하는 곳으로 바로 옆에는 조선통신사가 가져왔다는 종이 있다.

⑩ 종루

⑪ 요메이몬 陽明門

화려한 도쇼구의 여러 건축물 중에서도 건축 장식이 가장 뛰어나고 아름다운 건물로 꼽힌다. 새 · 사자 · 용 등의 동물, 중국 성현 등의 인물상 등 500여 개의 조각이 새겨져 있는데, 일곱 가지 색으로 화려함의 극치를 이루며 현란한 아름다움을 뽐내고 있다.

⑪ 요메이몬

⑫ 신요사 神輿舎

도쿠가와 이에야스, 도요토미 히데요시의 신위를 모시는 가마가 봉납돼 있는 곳이다. 천장을 장식하고 있는 천녀무악도는 일본에서 가장 아름다운 그림으로 알려져 있다.

⑫ 신요사

⑬ 가라몬 唐門

안쪽의 배전으로 이어지는 출입문으로 흰색 기둥에 검은색 용이 돋움 조각으로 새겨져 있다. 이 조각은 나무를 붙여 만드는 하코네의 전통 공예를 이용한 것이라고 한다. 가라몬 제작에는 동남아시아에서 수입된 목재가 사용됐다.

⑬ 가라몬

⑭ 오쿠샤 奥社

도쿠가와 이에야스의 무덤이다.

Sightseeing

4

이로하자카 いろは坂

레이싱 소재 만화에 나와서 유명해진 도로로, '일본의 길 100선'에도 선정된 바 있다. 48개의 급커브길이 이어져 있는데 도로 옆은 천길 낭떠러지다. 도로 중간에 내릴 수 있는 유일한 정류장은 아케치다이라 정류장이다. 도부닛코역에서 주젠지호나 유모토온천행 버스를 타고 달리다 중간에 아케치다이라 정류장에서 내리면 아름다운 조망을 감상할 수 있는 전망대가 있다.

위치 도부닛코역에서 주젠지호 · 유모토온천행 버스 탑승 후 20분.

Sightseeing

5

게곤폭포 華厳滝

닛코에는 폭포가 아주 많은데 그중 가장 유명한 것이 게곤폭포다. 주젠지호와 가까운 거리에 있기 때문에 주젠지호를 관광하면서 함께 둘러보면 좋다. 주젠지호에서 흘러들어 97m의 높이에서 낙하하는 물이 웅장한 자연미를 연출한다. 후쿠로다폭포, 나치폭포와 함께 일본의 3대 폭포 중 하나다. 무료로 관람할 수도 있지만, 입장료를 내면 엘리베이터로 폭포 밑부분까지 내려가 폭포의 웅장한 모습을 좀 더 가까이에서 관람할 수 있다.

위치 도부닛코역에서 주젠지호 · 유모토온천행 버스 탑승 후 주젠지온천 정류장에서 하차.
운영 3~11월 08:00~17:00, 12~2월 09:00~16:30
요금 어른 570엔, 초등학생 340엔
전화 0288-55-0030

Sightseeing

6

주젠지호 中禪寺湖

약 2만 년 전 난타이산이 분화하면서 생긴 호수다. 수면이 해발 1,269m로 일본에서 가장 높은 곳에 있는데, 지대가 높다 보니 여름에도 평균 기온이 20℃ 정도로 서늘해 '자연의 냉장고'라 불리기도 한다. 밑바닥이 들여다보일 정도로 물이 맑고, 잔잔한 수면에 비친 풍경이 아름답기로 유명하다. 특히 10월경 호수 위에 울긋불긋 단풍이 지는 모습은 감탄이 절로 나오게 한다. 호수 주변에는 영국과 프랑스, 이탈리아 등의 대사관 별장이 있는데 이탈리아 대사관 별장은 공원으로 지정돼 견학할 수 있다. 또한 호수 주변을 도는 유람선도 운행하고 있어 주젠지호와 난타이산이 자아내는 아름다운 풍광을 제대로 감상할 수 있다.

위치 도부닛코역에서 주젠지호 · 유모토온천행 버스 탑승 후 주젠지호 정류장에서 하차해 왼쪽 방향으로 도보 5분.

05

뛰어난 풍경을 가진 온천 휴양지

하코네 箱根, Hakone

신주쿠역에서 오다큐 특급으로 2시간이면 닿는 하코네는 에도시대부터 일본인에게 인기 있는 관광지이자 온천 휴양지로 손꼽혔을 만큼 자연 경관이 뛰어난 곳이다. 후지산을 배경으로 수려한 풍경을 자랑하는 호수, 여전히 수증기를 내뿜으며 활발히 활동 중인 화산, 험준한 협곡 등 풍부하고 진기한 자연 경관을 자랑한다. 또 예부터 하코네십오탕箱根十五湯으로 불리는 하코네온천은 수질이 좋기로 유명하다. 이 외에도 세키쇼 관문 같은 역사·문화 사적, 조각의 숲 미술관 등 다양한 즐길 거리가 넘쳐나는 곳이다.

하루 일정으로 하코네를 둘러봐야 한다면, 낮에는 하코네 프리패스로 하코네의 자연과 미술관 등을 구경하고 저녁에는 온천을 하며 피로를 푸는 일정을 추천한다. 단, 케이블카와 로프웨이, 해적관광선 등 하코네의 교통수단은 배차 간격이 길 뿐만 아니라 운행이 일찍 끊기는 편이므로 미리 시간을 체크하고 움직이는 게 좋다.

하코네 Hakone

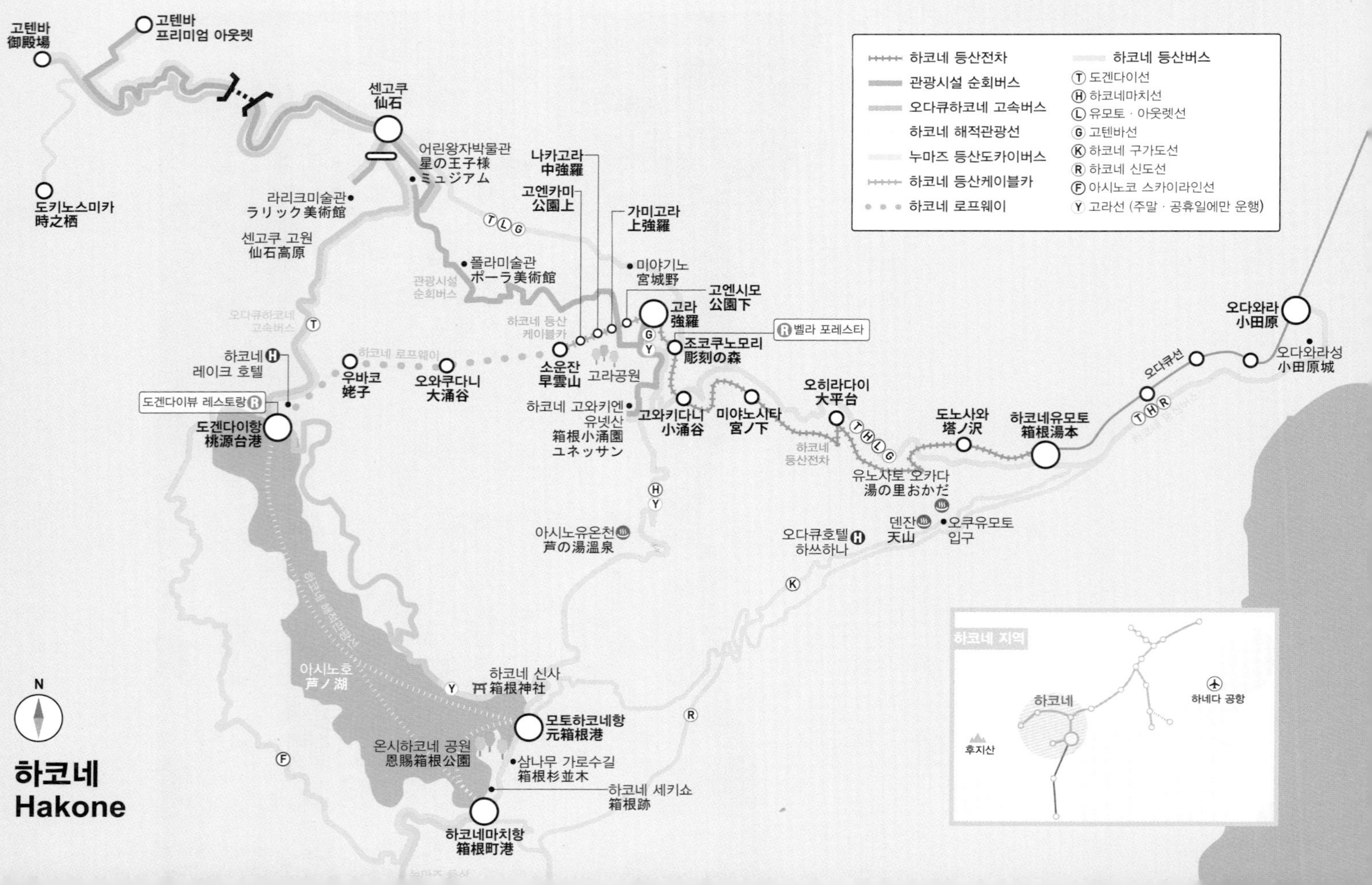

하코네 등산전차
관광시설 순회버스
오다큐하코네 고속버스
하코네 해적관광선
누마즈 등산도카이버스
하코네 등산케이블카
하코네 로프웨이
하코네 등산버스
Ⓣ 도겐다이선
Ⓗ 하코네마치선
Ⓛ 유모토 · 아웃렛선
Ⓖ 고텐바선
Ⓚ 하코네 구가도선
Ⓡ 하코네 신도선
Ⓕ 아시노코 스카이라인선
Ⓨ 고라선 (주말 · 공휴일에만 운행)
고텐바 御殿場
고텐바 프리미엄 아웃렛
도키노스미카 時之栖
센고쿠 仙石
어린왕자박물관 星の王子様ミュジアム
라리크미술관 ラリック美術館
센고쿠 고원 仙石高原
폴라미술관 ポーラ美術館
관광시설 순회버스
나카고라 中強羅
고엔카미 公園上
가미고라 上強羅
미야기노 宮城野
고엔시모 公園下
고라 強羅
벨라 포레스타
조코쿠노모리 彫刻の森
오다큐하코네 고속버스
하코네 등산 케이블카
하코네 로프웨이
하코네 레이크 호텔
도겐다이뷰 레스토랑
도겐다이항 桃源台港
우바코 姥子
오와쿠다니 大涌谷
소운잔 早雲山
고라공원
하코네 고와키엔 유넷산 箱根小涌園ユネッサン
고와키다니 小涌谷
미야노시타 宮ノ下
오히라다이 大平台
하코네 등산전차
도노사와 塔ノ沢
하코네유모토 箱根湯本
오다큐선
오다와라 小田原
오다와라성 小田原城
유노사토 오카다 湯の里おかだ
덴잔 天山
오쿠유모토 입구
오다큐호텔 하쓰하나
아시노유온천 芦の湯温泉
하코네 해적관광선
아시노호 芦ノ湖
하코네 신사 箱根神社
모토하코네항 元箱根港
온시하코네 공원 恩賜箱根公園
삼나무 가로수길 箱根杉並木
하코네 세키쇼 箱根跡
하코네마치항 箱根町港
하코네 지역
하코네
후지산
하네다 공항
N

one day course

추천 하루 일정

하코네는 적어도 2일 이상의 일정을 잡아야 여유 있게 둘러볼 수 있을 정도로 곳곳에 수많은 볼거리가 자리하고 있다. 때문에 교통편과 지역별 관광지 정보를 수집해 자신에게 맞는 코스를 미리 정하는 것이 효과적이다.

출발!

09:30

등산전차 탑승

하코네유모토역에서 탑승해 산등성이를 지그재그 달리는 산악철도 체험!
(약 40분 소요)

10:20

조각의 숲 미술관

자연을 살린 야외 미술관에서 거장의 작품을 만나보자

12:00

고라역에서 케이블카 탑승

급경사면을 덜컹덜컹 오르는 케이블카의 묘미를 느껴보자
(약 10분 소요)

12:15

소운잔역에서 로프웨이 환승

로프웨이에서 바라보는 경치가 압권이다
(약 7분 소요)

12:25

오와쿠다니

오와쿠다니의 명물! 검은색 달걀도 꼭 맛보자

13:20

점심 식사(도겐다이항)

창밖으로 보이는 아시노호의 풍경을 놓치지 말 것!

14:10

해적관광선 탑승

아름다운 아시노호 위에서 하코네의 절경 즐기기
(약 40분 소요)

15:00

세키쇼, 하코네 신사

하코네 신사의 도리이에서 기념사진 찰칵!

17:00

온천욕 즐기기

따끈한 온천물에 몸을 담그고 여행으로 지친 피로를 풀어보자

19:30

저녁 식사

맛있는 저녁을 먹으며 하루 마무리하기

도착

*Special Guide
가는 방법

하코네 여행의 관문이 되는 곳은 오다와라역으로 오다와라역까지는 오다큐 전철, JR을 이용해 갈 수 있다. 오다와라까지의 교통비는 물론 하코네 내 이동에도 교통비가 만만치 않게 드는데, 최선의 선택은 오다큐선을 이용하는 하코네 프리패스를 구입하는 것이다. JR로도 갈 수 있지만 오다큐선에 비해 요금이 비싸다. 이 외에도 신주쿠에서 하코네까지 오다큐 고속버스가 운행하고 있다.

1. 소요 시간

오다큐 전철을 이용할 경우

JR을 이용할 경우

오다큐 고속버스를 이용할 경우

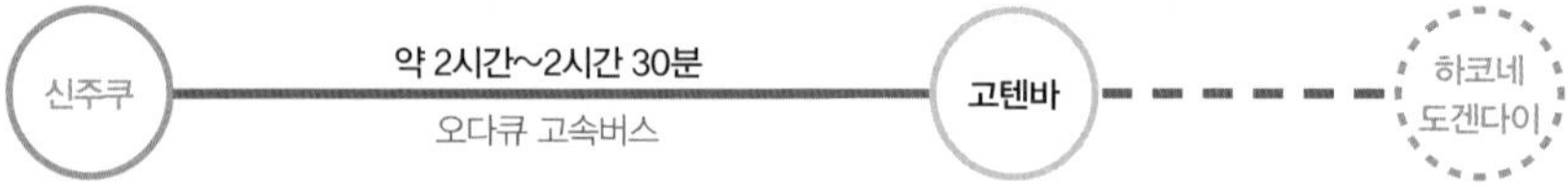

고텐바 아웃렛에 가고 싶다면!

고텐바 아웃렛까지 갈 수 있는 직통버스가 우에노, 도쿄역, 신주쿠에서 출발한다. 하코네 프리패스가 있다면 추가 요금을 내고 이용할 수 있으며 2시간~2시간 30분이 소요된다. 패스가 없는 경우 편도 1,800엔(왕복 3,300엔) 정도의 비용이 든다. 이 버스는 고텐바 아웃렛에 갈 경우에는 유용하나 당일치기로 고텐바 아웃렛과 하코네 관광까지 겸하려는 목적이라면 적절하지 않다. 하코네 내 철도나 버스는 늦은 시간까지 운행하지 않기 때문에 아웃렛 방문과 하코네 관광을 모두 다 하는 것은 사실상 힘들기 때문이다.

2. 오다큐 전철

신주쿠에서 열차가 출발하며 보통 · 급행 · 쾌속급행 · 특급로망스카 네 가지 종류가 있다. 하코네 프리패스로 로망스카를 제외한 열차를 이용할 수 있는데, 보통 · 급행 · 쾌속급행 요금은 동일하며 오다와라역까지 운행한다. 급행의 경우 보통 오전 5시 30분경에 첫차가 출발하며 15~20분 간격으로 열차가 운행한다. 닛코와 달리 배차 간격도 짧은 편이고 운행도 늦은 시간까지 하기 때문에 여행 일정을 짜는 데 편리하다.

하코네 프리패스

하코네는 신주쿠역에서 오다큐 특급으로 2시간 거리에 위치해 있어 교통비가 만만치 않게 드는 곳이다. 최선의 선택은 하코네 프리패스를 구입하는 것. 하코네 프리패스는 하코네까지 왕복 교통(1회 한정)과 하코네 내에서 여덟 가지 종류의 버스와 케이블카 등을 자유롭게 탈 수 있는 티켓이다. 하코네 프리패스를 제시하면 하코네 내 여러 관광지 할인 혜택도 받을 수 있다.

1 자동발매기

2 잉글리시 터치

3 프리패스 터치

4 패스 선택

5 구입 버튼 터치

6 구입 방법 터치

7 금액 지불

하코네 프리패스 구입

하코네 프리패스는 오다큐 전철 내에 있는 자동발매기와 신주쿠역에 있는 오다큐 여행 서비스 센터에서 구입할 수 있다. 오다큐 여행 서비스 센터에 가면 티켓 구입과 숙소 예약은 물론 여행지에 대한 안내도 받을 수 있는데, 한국어가 가능한 직원도 있어 좀 더 수월하게 여행지 정보를 얻을 수 있다.

❶ 하코네 프리패스 자동 발매 방법

1 오다큐 전철 각 역에 설치된 자동발매기를 이용한다. 하코네 프리패스는 오른쪽 특급권을 이용해 발매한다.
2 잉글리시 버튼 터치
3 ❻번 프리패스를 터치한다.
승차권 ❶오다큐선 ❷환승권 ❸회수권 ❹왕복권 ❺특급권(오다큐 로망스카) ❻프리패스
PASMO(IC 카드) ❼충전 · 잔액 이력 ❽PASMO 신규 구입 ❾기명 파스모로 변경
4 구입하고자 하는 프리패스를 선택하고 터치한다.
5 패스의 구입 버튼을 터치한다(하코네 프리패스는 유효기간을 선택한다).
6 구입할 프리패스의 내용을 확인한 후 구입 방법(현금, 신용카드)을 터치한다.
7 ❶현금을 발매기에 넣는다. ❷동전 또는 ❸지폐를 넣으면 승차권이 발권된다.

❷ 하코네 프리패스 가격

구분	출발역	어른	어린이
2일권	신주쿠역	6,100엔	1,100엔
	오다와라역	5,000엔	1,000엔
3일권	신주쿠역	6,500엔	1,350엔
	오다와라역	5,400엔	1,250엔

하코네 프리패스

*하코네 프리패스로 오다와라역에서 하코네까지는 몇 번을 왕복하든 자유롭게 이용할 수 있다. 그러나 오다와라역에서 신주쿠 방향을 갈 경우에는 한 정거장을 가더라도 개찰구에서 패스를 삼켜버리니 주의하자.

로망스카

좀 더 편안하게 여행하는 기분을 느끼고 싶다면 로망스카를 추천한다. 로망스카는 신주쿠에서 하코네 여행의 관문인 하코네유모토역까지 직통으로 운행하는 열차로 약 85분이 소요된다. 좌석이 지정돼 있기 때문에 미리 예약을 해야 하며, 하코네 프리패스가 있으면 추가로 1,200엔(편도)에 구입할 수 있다. 구입처와 구입 방법은 하코네 프리패스와 같다.

로망스카

오다큐 열차 타기

JR 신주쿠역과 연결된 오다큐 신주쿠역에서 열차가 출발한다. 급행 · 쾌속 급행 열차는 4번 또는 5번 플랫폼에서 출발하는데, 시간대별로 플랫폼이 다르므로 전광판에 나오는 플랫폼을 확인하고 승차하면 된다. 로망스카는 2 · 3번 플랫폼에서 출발한다.

오다큐 급행열차 안내

열차 갈아타기

오다와라역에서 등산전차를 타기 위해서는 하코네유모토역까지 가는 전철로 갈아타야 한다. 하코네유모토행 전철은 개찰구로 나가지 않고 엘리베이터를 타고 올라가 하코네유모토행 철도가 서는 승강장으로 다시 내려가야 한다. 안내 표지판이 있으니 그대로 따라가면 된다.

오다와라역

등산전차 표시

오다큐 여행 서비스 센터

외국인을 상대로 오다큐 전철로 갈 수 있는 여행지에 대한 안내를 해주는 곳이다. 한국어 외에도 영어, 중국어 등을 하는 안내원이 있다. 이용하는 관광객이 많아 기다려야 하는 경우가 많은데, 굳이 한국어가 아니어도 의사소통이 가능하다면 바로 옆에 있는 여행 서비스 센터에서 표를 구입해도 된다. 오다큐 여행 서비스 센터는 오다와라역에도 있다.

위치 JR 신주쿠역 서쪽 출구 방향에 있는 오다큐 백화점 앞에 위치. 지하철을 타고 개찰구로 나올 경우엔 한 층 더 올라가야 한다.
운영 08:00~18:00
전화 03-5909-0211

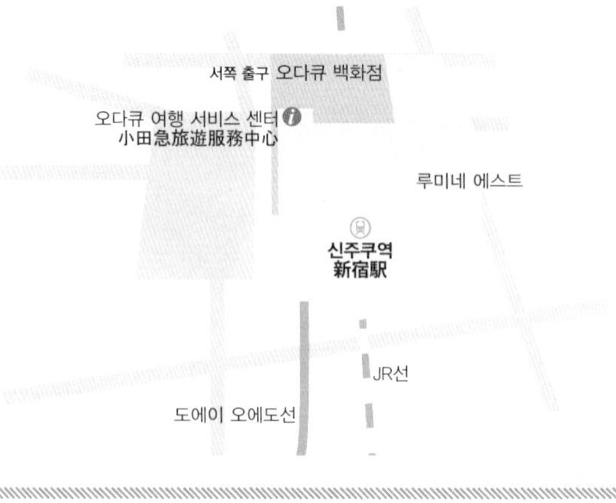

오다큐 여행 서비스 센터

3. JR

JR은 고속열차인 도카이도 신칸선과 보통열차 두 종류가 운행하고 있다. 신칸선의 경우 도쿄역에서 오다와라역까지 40분 정도로 시간을 많이 절약할 수 있지만, 간토 에어리어 패스가 없는 경우 요금이 비싸다.

JR 개찰구

열차 타기

오다와라행 JR은 도쿄역에서 출발한다. 도쿄역 14~19번 플랫폼에서 오다와라역에 정차하는 고다마호를 타야 한다. 보통 · 쾌속열차는 도카이도선 표시를 따라가면 된다.

열차 갈아타기

하코네유모토역으로 가기 위해서는 오다큐선 개찰구로 들어가야 한다. 보통열차를 탄 경우 JR 개찰구로 나와 왼쪽 방향으로 조금 걸어가면 오다큐선 개찰구가 나온다. 신칸선을 타고 간 경우에는 개찰구를 나간 다음 오른쪽 에스컬레이터를 타고 올라가 표지판을 따라가면 된다.

하코네 여행의 출발지, 오다와라역

오다와라역은 오다큐선의 종착지이자 하코네 여행의 출발지다. 대중교통을 이용해 하코네를 여행하려는 대부분의 여행자들이 거치게 되는 곳이 오다와라역이다. 오다와라역에는 하코네 여행을 위한 안내소, 각종 기념품숍, 카페와 레스토랑 등이 있어 관광객이 편리하게 이용할 수 있다. 또한 여행 안내 팸플릿은 물론 레스토랑과 박물관 입장 할인권 등이 구비돼 있어 꼼꼼하게 챙긴다면 비용을 절약할 수 있다. '라스카LUSCA'라는 중급 규모의 백화점과도 연결돼 있으며, 특히 지하에는 푸드코트와 함께 도시락을 파는 상점들이 있어 시간에 쫓기는 여행자라면 이용해볼 만하다.

*Special Guide

하코네 프리패스로 이용할 수 있는 교통편!

하코네 여행의 매력 중 하나는 다양한 교통수단을 이용할 수 있다는 것이다. 아시노호를 건너는 해적관광선, 경사진 산등성이를 오르는 등산전차, 협곡을 연결하는 케이블카와 로프웨이 등을 타고 산과 호수로 이뤄진 하코네의 멋진 자연을 즐겨보자.

1. 하코네 등산전차 箱根登山電車

하코네유모토역에서 고라까지 운행한다. 스위치백 방식을 이용해 지그재그로 방향을 바꾸며 40분간 천천히 고라를 향해 달린다. 자연공원으로 지정돼 있는 하코네의 자연 환경을 볼 수 있는데, '데야마의 철교(하야카와 다리)'에서는 깊이 43m에 달하는 협곡이 내려다보이는 광경을 두 눈에 담을 수 있다.

홈피 www.hakonenavi.jp/hakone-tozan

하코네 등산전차

2. 하코네 등산케이블카 箱根登山ケーブルカー

하코네의 인기 관광지인 고라와 소운잔을 연결한다. 널따란 차창을 통해 하코네 일대의 산과 봉우리들을 내려다볼 수 있다. 고라와 소운잔 사이에는 고라공원이 있는 고엔시모 등 4개의 역이 있는데, 중간에 내리고 싶은 곳에 하차해 둘러볼 수도 있다.

홈피 www.hakonenavi.jp/hakone-tozan

하코네 등산케이블카

3. 하코네 로프웨이 箱根ロープウェイ

소운잔에서 아시노호에 위치한 종점 도겐다이까지 운행하며 약 30분이 소요된다. 로프웨이는 산악 국가인 스위스에서 만들어진 것으로 널따란 차창을 통해 아시노호의 아름다운 풍경, 웅대한 후지산, 오와쿠다니의 분연 등 하코네의 대자연을 360도 대형 파노라마로 만끽할 수 있다.

홈피 www.hakonenavi.jp/hakone-ropeway

하코네 로프웨이

4. 하코네 등산버스 箱根登山バス

열차와 로프웨이가 닿지 않는 하코네 구석구석(오다와라, 하코네유모토, 고텐바, 누마즈)을 연결하는 교통편으로 비교적 늦은 시간까지 운행한다.

홈피 www.hakonenavi.jp/hakone-tozanbus

하코네 등산버스

5. 하코네 해적관광선 箱根海賊観光船

중세의 해적선을 테마로 꾸며진 배로 도겐다이항에서 모토하코네항 및 하코네마치항을 연결하고 있다. 해적선을 타고 아름다운 아시노호와 주변 풍경을 감상하는 것은 하코네 여행의 즐거움 중 하나다. 배차 간격이 40~50분으로 긴 편이니 시간을 잘 체크해야 한다.

홈피 www.hakonenavi.jp/hakone-kankosen

하코네 해적관광선

Sightseeing

1

오다와라성 小田原城

15세기 중엽 세워진 것으로 추정되는 오다와라성은 수비가 견고한 난공불락의 성으로 유명하며 오사카성에 견줄 만한 규모를 자랑한다. 그러나 대부분의 전각이 메이지유신 때 소실됐고, 현재의 천수각은 1960년에 당시의 도면을 참고해 복원한 것이다. 내부에는 오다와라성의 역사자료를 전시하고 있으며 맨 위층이 표고 60m에 위치해 있어 오다와라 거리와 사가미만을 한눈에 볼 수 있다.

위치 오다와라역 동쪽 출구에서 오른쪽으로 도보 10분.
주소 神奈川県小田原市荻窪300
운영 09:00~17:00
휴무 12월 둘째 주 수요일, 12월 31일~1월 1일
요금 **천수각 입장료** 어른 510엔, 초중생 200엔
전화 0465-23-1373
홈피 odawaracastle.com

Sightseeing

2

하코네유모토 箱根湯本

로망스카의 종착역이자 하코네 여행의 출발지다. 나라시대에 하코네에 온천이 처음 생긴 이후로 많은 온천이 생기며 하코네에서 가장 번화한 곳이 됐다. 지금은 대규모 온천호텔과 오래된 여관이 50개 이상 자리 잡고 있는 명실공히 하코네 최대의 온천마을이다.

위치 하코네유모토역을 나오면 주변 일대.

Sightseeing

3

고라공원 強羅公園

20세기 초에 문을 연 일본에서 가장 오래된 프랑스식 정원으로 아름다운 분수와 일 년 내내 다양한 식물을 감상할 수 있는 곳이다. 정원 안에는 도예나 분유리를 체험할 수 있는 공예관, 일본 다도를 체험하며 차를 마실 수 있는 다실 등이 있어 즐거운 시간을 보낼 수 있다.

위치	고엔시모역(등산케이블카)에서 하차 후 도보 1분, 고라역에서 등산버스로 1분.
주소	神奈川県足柄下郡箱根町強羅1300
운영	09:00~17:00 (최종 입장 16:30)
휴무	연중무휴
요금	어른 550엔 (초등학생 이하, 하코네 프리패스 소지자는 무료)
전화	0460-82-2825

Tip 고라공원에 가고 싶다면

고라공원은 등산케이블카를 타고 고엔시모역으로 가거나, 등산전차의 종점인 고라역에서 도보 혹은 등산버스를 타고 갈 수 있다. 거리가 가까워 걸어가기에도 괜찮지만, 언덕길이 가파르기 때문에 고라역에서 가는 경우라면 버스를 탈 것을 추천한다.

Sightseeing

4

오와쿠다니 大涌谷

하코네 관광의 하이라이트. 오와쿠다니는 지금으로부터 약 3,100년 전과 2,900년 전 하코네 화산이 두 차례에 걸쳐 분화했을 때 생긴 분화구의 흔적이다. '지옥언덕'이라는 별명을 가지고 있는데, 지면에서 올라오는 수증기를 바로 코앞에서 볼 수 있다. 지열로 달궈진 온천물에 삶은 계란은 오와쿠다니에서 꼭 먹어봐야 하는 명물. 유황을 머금어 검은색을 띠며, 하나 먹을 때마다 수명이 7년씩 늘어난다는 이야기가 전해져 오고 있다.

위치	오와쿠다니역(하코네 로프웨이 또는 오다와라역에서 오와쿠다니 경유 고지리행 버스로 약 45분) 하차.
주소	神奈川県足柄下郡箱根町仙石原1251
운영	09:00~16:00
요금	무료
전화	0460-84-9605
홈피	www.owakudani.com

Sightseeing

5

조각의 숲 미술관 彫刻の森美術館

자연과 예술이 조화된 야외 미술관으로 1969년에 문을 열었다. 하코네 산들이 보이는 7만 m^2 넓이의 푸른 정원에서는 근현대를 대표하는 조각가의 명작 약 120점을 전시한다. 로댕과 피카소 등의 도예작품을 중심으로 유화, 판화 등 거장의 작품을 감상할 수 있다. 피카소관을 비롯해 5곳의 실내 전시장, 야외 광장의 예술작품은 물론 천연온천 족탕(아시유)도 마련돼 있어 편안한 휴식을 즐길 수 있다.

위치 조코쿠노모리(하코네 등산전차)에서 하차 후 왼쪽으로 도보 2분.
주소 神奈川県足柄下郡箱根町ニノ平 1121
운영 3~11월 09:00~17:00, 12~2월 09:00~16:00
휴무 연중무휴
요금 어른 1,600엔, 고등 · 대학생 1,200엔, 중학생 이하 800엔 (하코네 프리패스 소지자 어른 200엔 할인)
전화 0460-82-1161
홈피 www.hakone-oam.or.jp

Sightseeing

6

아시노호 芦ノ湖

약 40만 년 전 하코네 화산의 폭발로 만들어진 칼데라호다. 약 7km² 넓이의 호수는 주위를 둘러싼 산맥과 함께 매력적인 풍경을 연출한다. 특히 날씨 좋은 날에는 우뚝 솟은 후지산과 아시노호 주변의 모습이 그림 같은 풍경을 연출한다. 해적관광선, 그리고 하코네 신사의 경관은 하코네의 상징 중 하나다. 잔잔한 호수의 물살을 가르는 해적관광선을 타고 후지산의 수려한 경관을 감상할 수 있고, 호수 주변을 산책하며 아름다운 호수를 감상하는 것도 좋다.

위치 도겐다이역(하코네 로프웨이) 또는 도겐다이 정류장(하코네 등산버스) 하차.
홈피 www.hakone-ashinoko.net

Sightseeing

7

하코네 세키쇼 箱根跡

세키쇼란 검문을 위한 시설을 말한다. 도쿠가와 막부의 쇼군은 에도 방위를 목적으로 전국 53개소에 세키쇼를 설치했는데, 하코네 세키쇼도 그중 하나로 당시 여러 세키쇼 중 중요한 관문으로 인식됐다. 관문의 주요한 역할은 에도에 무기가 반입되는 것을 단속하는 것과 에도에 인질로 들어와 있는 지방 영주의 딸들이 도망가는 것을 감시하는 것이었다. 현재 하코네 세키쇼에는 인질을 감시하던 관리의 실물 크기 인형이 세워져 있다.

위치	하코네 세키쇼 유적 입구(오다와라역에서 하코네마치행 버스로 55분, 하코네마치 선착장에서 도보 5분)에서 도보 2분.
주소	神奈川県足柄下郡箱根町箱根1
운영	3~11월 09:00~17:00, 12~2월 09:00~16:30
휴무	연중무휴
요금	**하코네 세키쇼+ 하키네 세키쇼 자료관** 어른 500엔, 어린이 250엔 (하코네 프리패스 소지자 100엔 할인)
전화	0460-83-6635
홈피	www.hakonesekisyo.jp/korean

Sightseeing

8

온시하코네 공원 恩賜箱根公園

아시노호가 정면에 내려다보이는 위치에 자리한 공원이다. 원래 이곳에는 황족의 피서를 위한 궁전이 있었으나 관동대지진 등으로 인해 소실되고 그 자리에 공원이 들어섰다. 웅장한 후지산을 뒤로한 아시노호를 조망할 수 있는 전망대, 멸실된 궁전에 대한 자료를 전시한 호반 전시관, 에도시대에 만들어진 돌다리인 아시가와바시, 호젓하고 잘 정돈된 산책로 등이 있어 조용히 산책한다는 느낌으로 방문하면 좋은 곳이다. 단, 올라가는 길에 계단이 많다는 것에 주의할 것!

위치	온시코엔마에(오다와라역에서 이즈하코네버스 또는 하코네 등산버스로 약 1시간) 하차.
주소	足柄下郡箱根町元箱根171
운영	전망대 09:00~16:30
휴무	12월 29일~1월 3일
요금	무료
전화	0460-83-7484
홈피	www.kanagawa-park.or.jp/onsisite

Sightseeing

9

삼나무 가로수길 箱根杉並木

에도시대 초기인 1618년에 하코네에 숙박 시설이 생기면서 함께 심은 나무들이 자라 울창한 산림을 이뤘다. 2~4.5m의 큰 나무들 400여 그루가 줄지어 늘어서 있어 여름에는 뜨거운 햇살을, 겨울에는 눈을 막아준다. 멋진 풍경을 바라보며 삼림욕을 하는 기분으로 산책하기에 좋다.

위치 하코네시쇼(하코네유모토역에서 하코네마치행 버스로 43분)에서 도보 2분.
주소 神奈川県足柄下郡箱根町箱根

Sightseeing

10

하코네 신사 箱根神社

아시노호 한편에 서 있는 유서 깊은 신사로 나라시대인 757년에 창건된 것으로 전해진다. 이후 간토 지방을 지키는 신사로서 무사 집안과 서민들의 숭배를 받게 됐다. 높이 치솟은 오래된 삼나무들이 늘어선 참배길을 지나면 넓은 신사 경내가 나오는데, 내부에 있는 보물전에는 국가 중요문화재로 지정된 만간쇼닌万巻上人 좌상 등 많은 보물이 전시돼 있다. 신사에서 계단을 내려오면 보이는 호숫가에 서 있는 붉은색 도리이도 인상적이니 놓치지 말자.

위치 모토하코네(모토하코네행 또는 하코네마치행 버스) 하차 후 도보 10분.
주소 神奈川県足柄下郡箱根町元箱根 80-1
운영 08:30~17:00
전화 0460-83-7123
홈피 hakonejinja.or.jp

Focus 03 온천의 천국 하코네에서 즐길 수 있는 온천

하코네 고와키엔 유넷산
箱根小涌園ユネッサン

하코네 고와키엔 유넷산은 일종의 온천 테마파크다. 정통 노천 욕탕을 중심으로 한 일반적인 온천욕 구역인 '모리노유'와 수영복을 착용하고 이용하는 '유넷산' 구역으로 나뉜다. 모리노유에는 넓은 노천 욕탕을 비롯해 히노키탕, 도자기탕 등 다양한 테마의 온천탕이 있다. 유넷산에는 지중해를 테마로 만들어진 거대한 실내탕 외에도 와인탕, 초콜릿탕, 녹차탕 등의 온천탕과 인기 만점인 실외 워터슬라이드 로데오 마운틴 등 다양한 시설이 마련돼 있다. 비용이 다소 높은 게 흠이지만 쇼핑시설과 레스토랑 등이 있어 즐겁고 여유로운 하루를 보낼 수 있는 곳이다. 수영복 렌털(유료)도 가능하다.

★

위치 유넷산 앞 버스정류장(하코네유모토역에서 하코네 등산버스로 약 20분) 하차.
주소 神奈川県足柄下郡箱根町二ノ平1297
운영 **유넷산** 평일 10:00~18:00, 주말 · 공휴일 09:00~19:00
모리노유 11:00~20:00
전화 0460-82-4126
홈피 www.yunessun.com

하코네 고와키엔 유넷산 가격

유넷산	
어른	2,500엔
어린이	1,400엔

모리노유	
어른	1,500엔
어린이	1,000엔

통합권(유넷산+모리노유)	
어른	3,500엔
어린이	1,800엔

유노사토 오카다 湯の里おかだ

유노사토 오카다는 호텔 오카다에서 운영하는 온천으로 호텔 투숙객이 아니라도 비용을 내면 온천 시설을 이용할 수 있다. 오래된 온천이 많은 하코네에서 1997년 오픈한 비교적 최신의 온천으로 유사카야마 산기슭에 위치해 있어 아름다운 주변 경치를 보며 온천욕을 즐길 수 있다. 당일 이용 전용 온천인 '유노사토 오카다'는 수량이 풍부하며 노천 암반탕과 거품탕, 플라스마탕 등 테마별로 다양한 총 17개의 온천이 있다.

★

위치 오쿠유모토입구(하코네유모토역에서 모토하코네행 등산버스 탑승)에서 하차 후 도보 4분, 호테루오카다(하코네유모토역에서 다키도오리행 유모토여관조합 순회버스로 약 7분)에서 하차. 호텔 오카다 안으로 들어가면 온천으로 가는 길이 연결돼 있다.

주소 神奈川県足柄下郡箱根町湯本茶屋191

운영 11:00~23:00 (최종 입장 22:00)

요금 어른 1,450엔, 어린이 600엔 (타월 요금 300엔 별도)

전화 0460-85-3955

홈피 www.yunosato-y.jp

유모토여관조합 순회버스

유모토여관조합 순회버스는 하코네유모토 일대의 여관을 도는 버스다. 하코네는 산악지대라 온천이 계곡 아래에 위치해 있는 경우가 많은데, 이 버스는 온천 입구에서 타고 내릴 수 있기 때문에 등산버스에 비해 편리하다. 요금은 거리에 상관없이 100엔으로 승차 후 버스 동전통에 넣으면 되는데 잔돈은 거슬러주지 않는다. 정류장은 하코네유모토역 개찰구를 나와 왼쪽으로 가서 계단을 내려가 조금 가면 나온다. 1시간에 2대꼴로 운행하며(하코네유모토 출발 15분, 45분) 저녁 7시가 되기 전에 운행이 끊긴다. A, B, C 세 개의 코스가 있는데 유노사토 오카다는 A버스, 덴잔은 B버스를 타야 한다.

덴잔 天山

유넷산 다음으로 인기 있는 온천 숙박 시설 덴잔은 넓은 부지에 남녀 별도의 온천탕과 휴게실, 레스토랑, 숙박 시설까지 갖추고 있어 늘 방문객들로 북적이는 곳이다. 풍부한 온천수를 이용한 실내탕과 노천탕이 있는데, 작지만 아기자기한 맛이 있다. 노천탕 주변 자연경관도 빼어나 사계절 풍경을 만끽하며 온천을 즐길 수 있는 곳이다.

★

위치 오쿠유모토입구(하코네유모토역에서 모토하코네행 등산버스 탑승)에서 하차 후 도보 2분, 덴잔(하코네유모토역에서 소운도오리행 유모토여관조합 순회버스 탑승)에서 하차.
주소 神奈川県足柄下郡箱根町湯本茶屋208
운영 09:00~22:00
휴무 12월 중순 5일간 휴업
요금 어른 1,300엔, 어린이 650엔 (타월 구매 요금 별도)
전화 0460-86-4126
홈피 tenzan.jp

그 외 온천

이름	주소	운영시간	가격	전화번호
하코네 유료 箱根湯寮	神奈川県足柄下郡箱根町塔之澤4	일~금요일 10:00~20:00 토 · 공휴일 10:00~21:00	어른 평일 1,600엔, 토 · 공휴일 1,900엔 어린이 900엔	0460-85-8411
텐세이엔 天成園	神奈川県足柄下郡箱根町湯本682	10:00~21:00	어른 2,300엔, 어린이 1,200엔	0460-83-8511
갓파 텐고쿠 かっぱ天国	神奈川県足柄下郡箱根湯本777	평일 10:00~20:00 주말 · 공휴일 10:00~21:00	어른 900엔, 어린이 400엔	0460-85-6121
요시이케 료칸 吉池旅館	神奈川県足柄下郡箱根町湯本597	13:00~22:00	어른 2,200엔, 어린이 1,650엔	0460-85-5711

★Special 하코네, 어디에서 무엇을 먹을까?

하코네에는 특별히 맛집이라 부를 만한 곳이 드물 뿐만 아니라 등산전차와 케이블카, 로프웨이 등 교통수단을 이용해 움직이다 보면 시간에 쫓겨 여유 있게 식사하기도 힘든 편이다. 하코네유모토역, 고라역, 모토하코네항 등지에 식당이 드문드문 있으니 적절한 곳으로 가 식사를 하면 된다.

벨라 포레스타 BELLA FORESTA

조각의 숲 미술관에서 운영하는 곳으로 입장권을 끊지 않아도 이용 가능하다. 다양한 종류의 음식을 먹을 수 있는 뷔페식 레스토랑으로 샐러드, 일본식 카레와 소바, 디저트, 커피 등 구색을 갖추고 있다. 음식은 상당히 정갈하고 깔끔한 편. 넓은 창을 통해 하코네의 멋진 자연을 바라보며 식사할 수 있는 것이 가장 큰 매력이다.

★

위치 조각의 숲 미술관 내

운영 평일 11:00~15:30 (LO 15:00), 주말 · 공휴일 11:00~16:00 (LO 15:30)

요금 어른 2,200엔, 어린이 1,650엔, 3세 이상 770엔

도겐다이뷰 레스토랑 TOGENDAI VIEW RESTAURANT

하코네 해적관광선의 출발지 도겐다이항에 들어오면 바로 보이는 건물 내에 있는 레스토랑이다. 규모가 상당히 크며 아시노호를 바라보며 식사할 수 있다. 음식은 오므라이스, 돈가스 등으로 1,200~1,500엔에 식사가 가능하며 커피와 음료 등도 즐길 수 있다.

★

주소 神奈川県足柄下郡箱根町箱根164

운영 10:00~15:30

요금 오므라이스 1,298엔, 돈카츠 카레 1,408엔

06 꿈과 환상의 세계

도쿄디즈니리조트 東京ディズニーリゾート, Tokyo Disney Resort

도쿄디즈니리조트는 미국 이외의 지역에서 건설된 첫 디즈니 테마파크로, 1983년 4월 15일 디즈니랜드가 문을 연 이후 전 세계 수많은 사람들의 발길을 끌어들이는 도쿄의 관광 명소가 됐다. 재미있고 흥미 넘치는 어트랙션이 많을 뿐만 아니라 눈만 돌리면 곳곳에서 깜찍하고 귀여운 디즈니 캐릭터를 만날 수 있어 동화 속 세계에 푹 빠지게 된다.
꼬꼬마 아이들을 위한 관광지라는 선입견은 내려놓자. 어른 아이 할 것 없이 누구나 즐길 수 있는 즐길 거리가 넘치는 곳, 어른이라도 한 번은 가볼 만한 곳이 바로 도쿄디즈니리조트다.

도쿄디즈니리조트
www.tokyodisneyresort.jp/kr/

TOKYO Disney RESORT MAP
도쿄디즈니리조트 지도
도쿄디즈니리조트 오피셜호텔
호텔 오쿠라 도쿄베이
도쿄디즈니리조트 오피셜호텔
힐튼 도쿄베이
도쿄디즈니리조트 오피셜호텔
쉐라톤 그랑데 도쿄베이 호텔
TOON TOWN
디즈니리조트라인
베이사이드 스테이션
도쿄디즈니리조트 오피셜호텔
도쿄베이 마이하마 호텔 클럽리조트
도쿄디즈니리조트 오피셜호텔
도쿄베이 마이하마호텔
도쿄디즈니리조트 오피셜호텔
선루트 플라자 도쿄
도쿄디즈니씨® 파크
도쿄디즈니랜드® 파크
리조트 주차장 입구
도쿄디즈니랜드 파크 정문입구
도쿄디즈니랜드 주차장 입구
도쿄디즈니씨 호텔 미라코스타®
도쿄디즈니씨 호텔 미라코스타 주차장 입구
도쿄디즈니씨 택시&버스터미널
도쿄디즈니씨 파크 입구
도쿄디즈니씨 파크 입구
디즈니리조트라인
도쿄디즈니랜드 스테이션
도쿄디즈니리조트 티켓센터
도쿄디즈니랜드® 호텔
도쿄디즈니씨 주차장 입구
디즈니리조트라인
도쿄디즈니씨 스테이션
익스피어리 주차장 입구
디즈니 앰버서더 호텔 주차장 입구
익스피어리 주차장 입구 (발레 서비스 전용)
본 보야쥬
도쿄디즈니랜드 택시&버스터미널
마이하마 앰퍼시어터
디즈니 앰버서더® 호텔
익스피어리®
JR 마이하마역
디즈니리조트라인
리조트게이트웨이 스테이션
도쿄방면 수도고속 입구
익스피어리 주차장 입구

*Special Guide
가는 방법

도쿄디즈니리조트로 가는 교통편은 전철과 직통버스가 있는데 신주쿠를 기준으로 대략 1시간 내외면 갈 수 있다.

1. 전철

도쿄역 또는 신키바역(메트로 유라쿠초선, 린카이선)에서 마이하마역(JR 게이요선, 무사시노선)으로 가면 된다. 도쿄역에서 마이하마역까지는 15분, 신키바역에서 마이하마역까지는 6분 정도가 소요된다.

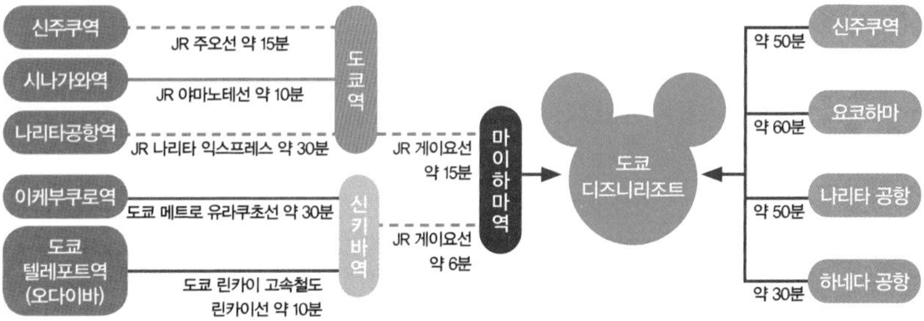

2. 직통버스

신주쿠역, 도쿄역, 하네다 공항과 나리타 공항 등지에서 도쿄디즈니리조트까지 한 번에 가는 직통버스가 운행하고 있다. 버스의 배차 간격이 짧지 않다는 단점이 있지만, 시간만 맞다면 중간에 갈아타지 않고 한 번에 갈 수 있어 편리하다.

나리타 공항과 하네다 공항에서 도쿄디즈니리조트까지 운행하는 직통버스는 편수가 많은 편이며, 신주쿠역도 비교적 많은 편이라 다른 노선에 비해 이용할 만하다. JR 신주쿠역 신 남쪽 출구 JR 고속버스 터미널에서 출발하며 요금은 편도 1,000엔이다. 마이하마역까지 60분 정도가 소요된다. 오전 6시 40분 처음 버스가 출발하는데, 시기에 따라 출발 시간이 다르므로 도쿄디즈니리조트 홈페이지에서 구체적인 시간을 확인해야 한다.

디즈니리조트라인

마이하마역 남쪽 출구에서 오른쪽으로 가면 디즈니랜드, 왼쪽으로 가면 디즈니시가 나온다. 디즈니랜드까지는 걸어서 5분 정도가 걸리지만 디즈니시까지는 20분 정도의 시간이 소요된다. 시간과 체력을 아끼려면 디즈니리조트라인을 이용할 것을 추천한다.

디즈니리조트라인은 도쿄디즈니리조트 내를 도는 모노레일로 4~13분 간격으로 운행한다. 총 4개의 정류장이 있으며 한 방향으로만 움직인다. 마이하마역에서 나와 왼쪽으로 조금 가면 정류장 중 하나인 리조트 게이트웨이 스테이션이 나온다. 요금은 거리에 상관없이 한 번 이용하는 데 260엔(어린이 130엔)이며, 1일 승차권의 가격은 660엔(어린이 330엔)이다.

✚ 도쿄디즈니리조트 알차게 이용하기!

도쿄디즈니리조트는 인기 관광지이기 때문에 언제나 많은 사람으로 붐빈다. 인기 많은 어트랙션은 1시간 이상 줄을 서서 기다려야 한다. 따라서 아무 생각과 계획 없이 갔다가는 이용하고자 하는 어트랙션의 반의반도 제대로 이용하지 못하고 허무하게 발길을 돌리게 될 수도 있다. 만만치 않은 입장료를 지불하고 가는 것인 만큼 최대한 제대로 이곳을 즐겨보자.

1. 입장권은 사전에 구매하자

도쿄디즈니랜드는 인기 관광지이고 입장 인원수를 제한하기 때문에 사전 예매가 필수다. 정해진 기간 내 아무 날이나 입장하면 되는 오픈권은 현재 판매하지 않고 날짜를 정해서 입장권을 구매해야 한다. 날짜별로 입장권의 금액이 다르며 정해진 매수가 모두 팔리면 판매가 중지된다. 인기 있는 날짜는 일찍 마감되니 일정이 정해졌다면 서둘러 예매하는 것이 좋다. 공식 홈페이지에서 예매하거나 한국의 몇몇 사이트에서 할인된 가격으로 입장권을 예매할 수 있다. 예매 후에는 메일로 예약권을 받기 때문에 티켓 교환 등의 귀찮은 과정 없이 입장할 수 있다.

입장권

디즈니 애플리케이션

2. 앱을 설치하자

예전의 종이 안내 팸플릿 등이 더 이상 제공되지 않기 때문에 효과적인 이용을 위해서는 앱을 깔아야 한다. 앱을 설치하면 식당, 숍, 어트랙션의 위치는 물론 어트랙션의 대기 시간, 퍼레이드 시간 등을 확인할 수 있다.

3. 개장 시간 30분 전에 도착하자

'일찍 일어나는 새가 벌레를 잡는다'는 속담은 도쿄디즈니리조트에도 적용된다. 하나라도 더 많이 보고 체험하기 위해서는 아침 일찍부터 서둘러야 하는 게 당연하지만, 이왕 부지런하게 움직일 거라면 개장 시간 30분 전에 도착하자. 이후의 시간을 훨씬 여유 있게 보낼 수 있다. 보통 개장이 임박한 시간대와 그 이후 1시간 이내가 가장 많은 사람이 몰리기 때문에 다른 사람들과 비슷한 시간대에 도착해서는 줄 서서 기다리느라 제대로 놀기도 전에 녹초가 되고 말 것이다.

4. 동선과 탈 것을 미리 정하고 움직이자

도쿄디즈니리조트의 여러 어트랙션은 항상 넘치는 사람들로 대기 줄이 길다. 특히 일부 어트랙션의 경우 대기 시간이 2시간이 넘어갈 정도로 인기가 많기 때문에 미리 어트랙션의 특징 등을 파악한 후 탈 것을 정하고 움직이는 것이 좋다. 일정한 시간에 진행되는 퍼레이드도 확인하여 동선을 짜보자. 입장하자마자 줄을 오래 서야 하는 인기 어트랙션의 프리미엄 액세스를 먼저 공략해 바로 탈 수 있다면 그만큼 시간을 벌게 된다. 이렇게 효과적으로 동선을 짜서 움직인다면 힘도 덜 들고 보다 재미나게 즐길 수 있다.

5. 프리미엄 액세스를 활용하자

인기 어트랙션을 기다리지 않고 빠르게 타려면 유료로 프리미엄 액세스(DPA)를 구입해야 한다. 가격이 상당히 높지만 베이맥스, 스플래시 마운틴, 미녀와 야수 같은 어트랙션은 2시간은 기다려야 할 정도로 인기가 많으니 구매를 고려해 볼 수 있다. 프리미엄 액세스는 사전 예약이 안 되고 입장 후 앱을 통해 구입할 수 있다. 인기 어트랙션은 오후가 되면 거의 매진되는 경우가 많다.

6. 간단한 음료, 간식 등을 준비한다

몇 년 전에는 음식물, 음료 등의 반입을 허용하지 않았으나, 현재는 음식물 등의 반입이 가능하다. 디즈니리조트 내의 식당은 사람이 많아 줄을 서야 하는 경우가 많으므로 간단한 먹거리를 준비한다면 시간을 절약할 수 있다.

✚ 디즈니랜드를 갈 것인가, 디즈니시를 갈 것인가?

도쿄디즈니리조트는 크게 디즈니랜드Disneyland와 디즈니시Disneysea 두 구역으로 나뉜다. 미키마우스, 백설공주, 피터팬 등 우리에게 친숙한 전통적인 디즈니 캐릭터를 볼 수 있는 곳이 디즈니랜드다. 반면 바다와 항해를 테마로 하는 디즈니시는 좀 더 스케일이 크고 어른이 즐길 만한 어트랙션이 많은 테마파크다. 이처럼 두 곳은 성격이 다른데, 아쉽게도 일일 패스로 동시 입장이 불가능하다. 이틀을 도쿄디즈니리조트에 할애한다면 두 곳을 다 둘러볼 수 있겠지만, 그렇지 않은 경우라면 두 곳 중 하나를 선택해야 한다. 물론 일일 패스를 2개 산다면 두 곳을 하루에 다 둘러볼 수 있지만, 한 곳도 제대로 둘러보지 못하고 수박 겉 핥기가 되고 말 확률이 높다. 그러니 자신이 보고 싶은 것을 미리 생각해서 어디로 갈지를 정하자.

티켓 요금

티켓 종류	어트랙션	가격
디즈니랜드	미녀와 야수 마법 이야기	2,000엔
	베이맥스의 해피 라이드	1,500엔
	스플래시 마운틴	1,500엔
디즈니시	판타스틱 플라이트	2,000엔
	토이 스토리 마니아	2,000엔
	센터 오브 디 어스	1,500엔
	타워 오브 테러	1,500엔

1

월드바자르 WORLD BAZAAR

19~20세기 초 미국의 거리를 재현해 놓은 쇼핑 지역으로 디즈니의 여러 캐릭터 상품을 판매하고 있다. 20세기 초에 뉴욕을 달리던 버스를 본뜬 옴니버스Omnibus, 고풍스러운 빅토리아 양식의 건물, 추억의 게임을 즐길 수 있는 페니 아케이드Penny Arcade도 놓칠 수 없는 즐거움이다.

Tokyo Disneyland

2

투모로우랜드 TOMORROWLAND

우주 여행을 테마로 꾸며진 공간이다. 베이맥스를 빼닮은 헬스케어 로봇이 조종하는 놀이기구 베이맥스 해피라이드Happy Ride with Baymax, 속도감 있는 스릴을 즐길 수 있는 스페이스 마운틴Space Mountain, 우주선을 타고 실감 넘치는 체험을 하며 영화 〈스타워즈〉의 캐릭터를 만날 수 있는 스타투어즈Star Tours, 디즈니/픽사 영화 〈몬스터 주식회사〉를 테마로 한 라이드&고 시크!Ride&Go Seek!, 스크린에 등장하는 스티치와 실시간 교신을 할 수 있는 스티치 인카운터Stitch Encounter 등이 있다.

Tokyo Disneyland

3

툰타운 TOONTOWN

디즈니 캐릭터들이 사는 마을을 아기자기하게 꾸며 놓은 공간이다. 가젯의 고 코스터Gadjet's Go Coaster는 작지만 스릴 만점이고, 미니의 집Minnie's House은 너무 깜찍해 여자아이들에게 항상 인기 만점인 곳이다.

Tokyo Disneyland

4

크리터 컨트리 CRITTER COUNTRY

스플래시 마운틴Splash Mountain과 비버 브라더스의 카누탐험Beaver Brothers Explorer Canoes 등 두 가지 어트랙션이 있다. 스플래시 마운틴은 스릴 있는 놀이기구가 별로 없는 디즈니랜드에서 짜릿함을 느낄 수 있는 어트랙션이다. 보트를 타고 가다 보면 갑자기 거대한 폭포가 나타나는데 폭포 아래로 떨어지는 순간 즐거운 비명을 지르게 될 것이다. 비버 브라더스의 카누탐험은 직접 노를 저어 강을 탐험하는 어트랙션이다.

Tokyo Disneyland

5

판타지랜드 FANTASYLAND

스릴 있는 놀이기구는 없지만 피터팬, 백설공주와 일곱 난쟁이, 신데렐라, 이상한 나라의 앨리스, 피노키오 등 디즈니 동화 속 캐릭터를 만나볼 수 있는 매력 만점의 공간이다. 특히 춤을 추듯 움직이며 회전하는 놀이기구를 타고 영화 〈미녀와 야수〉 스토리에 맞춰 음악과 함께 여러 명장면을 둘러보는 '미녀와 야수 마법 이야기Enchanted Tale of Beauty and the Beast'는 그야말로 동화의 세계로 들어온 느낌을 만끽할 수 있다.

Tokyo Disneyland

6

웨스턴랜드 WESTERNLAND

19세기 서부 개척 시대를 테마로 한 공간으로 5개의 어트랙션이 있다. 그중 광산열차를 타고 폐광을 무서운 속도로 달리는 빅 선더 마운틴Big Thunder Mountain은 인기 어트랙션으로 나이와 신장 제한이 있다. 이 외에 통나무 뗏목을 타고 강을 거슬러 올라가는 톰 소여 섬 뗏목Tom Sawyer Island Rafts 등이 있다.

Tokyo Disneyland

7

어드벤처랜드 ADVENTURELAND

총 5개의 어트랙션이 있는 어드벤처랜드. 보트를 타고 디즈니 영화 〈캐리비안의 해적〉 속 세계를 체험할 수 있는 캐리비안의 해적Pirates of the Caribbean과 야생동물을 보면서 정글을 탐험하는 정글 크루즈Jungle Cruise의 인기가 높다.

Tip 식사는 어디서 할까?

과거에는 도쿄디즈니리조트 내에 음식물과 음료 등의 반입을 허용하지 않았으나, 지금은 음식물 반입이 가능하다. 또 리조트 내 구역마다 레스토랑과 카페, 베이커리 등이 자리하고 있다. 어트랙션을 즐기다가 적당한 곳에서 식사를 하면 된다. 물론 리조트 밖의 식당들과 비교하면 가격도 비싸고 맛도 뛰어나다고는 할 수 없지만 일식, 양식 등 종류가 다양해 선택의 폭이 넓다. 게다가 디즈니 캐릭터를 활용한 메뉴들은 보는 즐거움까지 더한다.

다만 언제나 사람들로 북적이는 만큼 식사 시간에도 레스토랑 앞에 긴 줄이 이어지는 경우가 많다. 따라서 가급적이면 식사 시간대를 살짝 피해서 밥을 먹는 것도 방법이다.

Tokyo Disneysea

❶

메디테러니언 하버 MEDITERRANEAN HARBOR

남유럽의 풍경을 테마로 한 곳으로 유럽 도시의 풍경을 재현해 놓았다. 이곳에서는 마치 베니스에 와 있는 듯한 기분을 느낄 수 있으며 최고 인기 시설인 판타스틱 플라이트Fanstatic Flight가 있다. 연기를 내뿜으며 반대편에 있는 로스트 리버를 왕복하는 디즈니시 트랜짓 스티머라인Disneysea Transit Steamer Line을 타면 로스트 리버 델타로 넘어간다.

Tokyo Disneysea

❷

로스트 리버 델타 LOST RIVER DELTA

중남미 고대 문명을 테마로 재현해 놓은 곳이다. 인디아나 존스처럼 정글 속으로 들어가 탐험을 하는 인디아나 존스 어드벤처Indiana Jones Adventure와 무너져 내린 고대신의 석상 발굴 현장을 초고속으로 달리는 레이징 스피리츠Raging Spirits 모두 스릴 넘치는 인기 어트랙션이다.

Tokyo Disneysea

❸

아메리칸 워터프런트 AMERICAN WATERFRONT

20세기 초 뉴욕과 뉴잉글랜드의 어촌 마을을 테마로 꾸며 놓은 곳이다. 이곳에는 프리미엄 액세스를 사용할 수 있는 인기 어트랙션이 2개나 있다. 타워 오브 테러Tower of Terror와 토이 스토리 마니아!Toy Story Mania!가 바로 그것. 타워 오브 테러는 뉴욕에서 일어난 의문스러운 실종 사건 이후 공포의 호텔로 불리게 된 호텔을 테마로 한 공포 체험 어트랙션이다. 애니메이션 〈토이 스토리〉의 캐릭터들을 만날 수 있는 토이 스토리 마니아!는 비교적 최근에 생긴 어트랙션으로 인기를 끌고 있다.

Tokyo Disneysea

❹

포트 디스커버리 PORT DISCOVERY

시공을 초월한 미래 항구의 모습을 만날 수 있는 곳이다. 잠수정을 타고 바닷속을 탐험하는 니모&프렌즈 시라이더Nemo & Friends SeaRider, 2인용 보트를 타고 수로를 항해하는 아쿠아토피아Aquatopia, 공중 위에 설치된 트롤리 전차를 타고 달리는 디즈니시 일렉트릭 레일웨이Disneysea Electric Railway 3개의 어트랙션이 있고, 사진 찍기에 좋은 포토 스폿도 많다.

Tokyo Disneysea

❺

미스터리어스 아일랜드 MYSTERIOUS ISLAND

땅속 세계를 탐험하는 저니 투 더 센터 오브 디 어스Journey to the Center of the Earth는 화산섬 꼭대기에 다다라 낙하하는 스릴 만점의 어트랙션이다. 단, 임신부와 노약자는 탑승 금지! 승무원이 돼서 해저 잠수함으로 바닷속 심층을 탐험하는 해저 2만마일20,000 Leagues Under the Sea 역시 흥미 있는 어트랙션이다.

Tokyo Disneysea

6

머메이드 라군 MERMAID LAGOON

디즈니 애니메이션 〈인어공주〉를 테마로 꾸며 놓은 곳으로 아이들이 좋아할 만한 재미있는 놀이기구들이 가득하다. 머메이드 라군 시어터Mermaid Lagoon Theater에서의 공연도 놓치지 말자. 〈인어공주〉의 명곡 '파트 오브 유어 월드Part Of Your World'와 '언더 더 시Under The Sea'가 흘러나오며 바닷속 해저왕궁에서 펼쳐지는 환상적인 콘서트는 디즈니시의 하이라이트라고 해도 과언이 아니다.

Tokyo Disneysea

7

아라비안 코스트 ARABIAN COAST

디즈니 애니메이션 〈알라딘〉에 나오는 신비한 마법의 세계가 펼쳐진다. 이곳에서 빠트리지 말아야 할 것은 더 매직 램프 시어터The Magic Lamp Theater. 램프 요정 지니와 심술쟁이 마술사가 꾸며내는 매직쇼를 입체안경을 끼고 관람하는데 시간 가는 줄 모르고 빠져들게 된다. 신밧드 스토리북 보야지Sindbad's Storybook Voyage도 흥미로운 볼거리를 제공한다.

Tip 도쿄디즈니리조트 군것질 즐기기!

리조트 내를 돌아다니다 보면 고소한 냄새를 풍기는 팝콘과 아이스크림 등 각종 군것질거리를 파는 노점을 많이 만날 수 있다. 이런 노점들도 도쿄디즈니리조트만의 특징을 보여주는 것들이 많아 흥미롭다.

디즈니 캐릭터 모양의 케이스에 담아 판매하는 팝콘, 미키마우스 모양을 한 아이스크림 등 보는 사람과 먹는 사람 모두를 즐겁게 하는 아이디어가 깜찍하다.

노점뿐 아니라 레스토랑의 햄버거, 카페의 음료 등 리조트 전체에서 생각하지도 못했던 귀여운 캐릭터를 만나는 순간 즐거움의 비명을 지르게 될 것이다.

04

Step to Tokyo

쉽고 빠르게 끝내는 여행 준비

Step to Tokyo 01

도쿄 일반 정보

언어
일본어를 주로 사용하지만 호텔 등 주요 시설에서는 영어 소통이 가능하다. 한국어 안내도 잘 되어 있는 편이다.

지형
일반적으로 도쿄라고 칭하는 도쿄 23구의 면적은 628km²로 서울특별시의 면적과 비슷하다.

인구
도쿄 23구의 인구 밀도는 15,742명/km²로 일본에서 1위다.

기후
도쿄는 우리나라와 비슷한 기후를 가지는데, 여름은 덥고 습하며 겨울은 우리나라보다 온화하다. 사계절의 변화가 뚜렷하며 연평균 기온은 15.9℃다. 6월 중순경부터 장마가 시작되므로 봄 · 가을에 여행하는 것이 좋다.

시차
우리나라와는 시차가 없다.

통화
JPY(일본 엔)를 사용하며, 100엔은 약 990원 정도다.

전기, 전압
일본은 110V를 사용하므로 멀티 콘센트를 준비해야 한다. 일부 호텔에서는 멀티 콘센트를 빌려주기도 한다.

전화
공중전화에서 10엔, 100엔 혹은 전화 카드를 사용할 수 있다. 시내 전화는 1분당 약 10엔의 비용이 들며 남은 금액은 반환되지 않는다. 자동 판매기, 역내 매점, 편의점 등에서 1,000엔이 충전돼 있는 선불 전화 카드를 판매한다.

국제 전화
공중전화에서 100엔 주화로 직접 국제전화를 걸 수 있다. 선불 전화카드로 국제전화를 이용할 수 있는 공중전화는 그리 많지 않다. 001(국제전화회사)–82(국가번호)–2(지역번호에서 0을 제외)–12345678(해당 번호) 순서로 누르면 된다.

코로나19 이후
일본은 원래 모든 것이 잘 바뀌지 않는 나라지만, 코로나19를 겪으며 이전과 비교해 상대적으로 많은 변화가 있었다. 쇼핑센터, 백화점, 놀이공원, 식당, 카페, 상점, 교통수단 등의 영업시간 및 운영 프로그램 등에 변화가 많다. 하지만 코로나 시기 동안 인터넷 활용도가 높아져 홈페이지나 인스타그램 등을 통해 영업시간이나 메뉴 등을 잘 안내하고 있으므로, 방문하기 전에 미리 확인해서 낭패를 보는 일이 없도록 하자.

Step to Tokyo 02

도쿄 들어가고 나오기

01. 도쿄로 이동하기

공항에서 출국하기

탑승 수속 – 세관 신고 – 보안 검색 – 출국 심사 – 탑승

A. 탑승 수속

항공사 탑승 수속은 보통 항공기 출발 2~3시간 전에 시작되는데 최근 여행객의 급격한 증가로 시간이 많이 걸릴 수 있으니 여유 있게 공항에 도착해야 한다. 2018년 1월, 인천 공항에 제2여객터미널이 오픈하면서 대한항공, 델타항공, 에어프랑스, KLM 항공사 등을 이용하는 승객은 제2여객터미널로 가서 탑승 수속을 진행해야 한다는 것을 유의하자. 자신의 해당 항공사의 체크인 카운터에서 여권과 항공권을 제시하고 보딩 패스(탑승권)를 받는다. 이후 수하물을 부치면 수하물 보관표를 주는데, 현지에 도착해 자신의 짐을 찾을 때까지 잘 보관해야 한다.

최근에는 항공사 카운터에서 체크인을 하기보다는 셀프 체크인을 권장하는 분위기다. 셀프 체크인은 항공사 카운터 앞에 마련된 기계에 여권을 대면 자동으로 이루어지고, 이후 짐은 따로 부쳐야 한다.

B. 세관 신고

탑승 수속을 모두 마치면 여권과 항공권을 제시하고 출국장으로 들어간다. 만약 미화 10,000달러 이상을 소지하였거나, 여행 시 사용하고 다시 가져올 귀중품 또는 고가의 물품이 있다면 출국 전 반드시 신고해야 한다. 특별히 신고할 것이 없다면 세관 신고 절차는 건너뛰고 보안 검색대로 가면 된다.

C. 보안 검색

보안 검색대를 통과할 때는 직원의 안내에 따라 모든 휴대품을 X-Ray 검색대 컨베이어벨트에 올려 안정성 여부를 검사받아야 한다. 휴대폰이나 지갑, 열쇠 등의 소지품도 모두 바구니에 담아야 한다. 목적지나 상황에 따라 검색이 강화되는 경우도 있다.

D. 출국 심사

주민등록증을 소지한 대한민국 국민은 심사관에게 일일이 심사받을 필요 없이 자동 출입국 심사가 가능하다(주민등록증 미소지자는 사전 등록 필요). 출국 시 여권을 기기에 스캔하고, 지문과 안면 인식을 통해 본인 인증을 진행하면 심사가 완료된다.

E. 탑승

보딩 패스에 적힌 탑승구를 미리 확인해 늦어도 출발 시각 30분 전까지는 도착하도록 하자.

도쿄로 입국하기

입국 심사 – 수하물 찾기 – 세관 검사

A. 입국 심사

내국인과 외국인으로 구분되어 있는 입국 심사대가 나오면 'Foreigner'라 적힌 외국인용 입국 심사대로 이동해 입국 심사를 받는다. 여권, 입국신고서, 항공권을 제출하고 심사관의 안내에 따르면 된다.

비짓 재팬 웹Visit Japan Web에서 사전 입국 수속을 등록하고 세관신고서까지 작성하면 일본에 도착하여 좀 더 빠르게 입국할 수 있다. 하지만 셀프로 전자 수속을 하는 사람들이 많아 기다리는 시간이 길어질 수도 있으니, 비행기 안에서 종이 신고서를 받아 미리 작성해 두고 더 빠른 쪽으로 수속하는 것이 유리하다.

홈피 비짓 재팬 웹 www.vjw.digital.go.jp/main/#/vjwplo001

B. 수하물 찾기

입국 심사를 마치면 전광판을 통해 수하물 수취대 번호를 확인한 후 수하물 찾는 곳으로 가 짐을 찾으면 된다. 본인의 수하물이 나오지 않을 때나 수하물이 파손된 경우 수하물 태그를 항공사 직원에게 보여준 후 상담하면 된다.

C. 세관

수하물을 가지고 세관 검사대로 이동한다. 심사관이 간단한 질문을 하거나 간혹 가방을 열라고 하는 경우도 있는데 당황하지 말고 차근차근 따르면 전혀 문제가 되지 않는다. 특별히 신고할 것이 없다면 면세 통로로 가서 여권과 휴대품신고서를 제출하면 된다.

입국신고서 작성하기

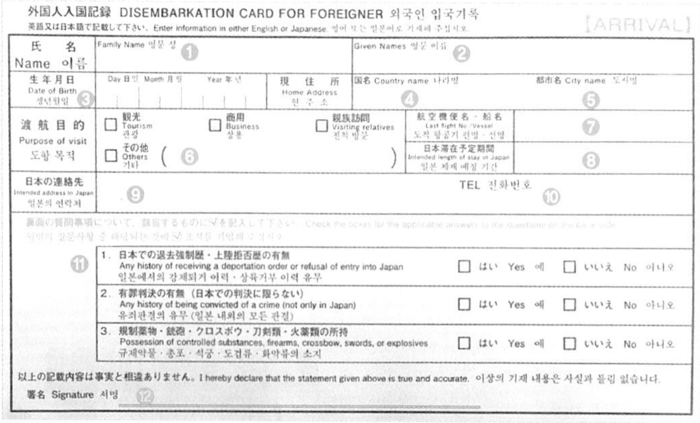

外国人入国記録 DISEMBARKATION CARD FOR FOREIGNER 외국인 입국기록
英語又は日本語で記載して下さい。 Enter information in either English or Japanese. 영어 또는 일본어로 기재해 주십시오.
[ARRIVAL]

氏名 Name 이름	Family Name 영문 성 ①	Given Names 영문 이름 ②
生年月日 Date of Birth 생년월일 ③	Day 日 일 Month 月 월 Year 年 년	現住所 Home Address 현주소 — 国名 Country name 나라명 ④ / 都市名 City name 도시명 ⑤
渡航目的 Purpose of visit 도항 목적	□ 観光 Tourism 관광 □ 商用 Business 상용 □ 親族訪問 Visiting relatives 친척 방문 □ その他 Others 기타 (⑥)	航空機便名・船名 Last flight No./Vessel 도착 항공기 편명·선명 ⑦ / 日本滞在予定期間 Intended length of stay in Japan 일본 체재 예정 기간 ⑧
日本の連絡先 Intended address in Japan 일본의 연락처	⑨	TEL 전화번호 ⑩

裏面の質問事項について、該当するものに☑を記入して下さい。 Check the boxes for the applicable answers to the questions on the back side. 뒷면의 질문사항 중 해당되는 것에 ☑ 표시를 기입해 주십시오.

⑪
1. 日本での退去強制歴・上陸拒否歴の有無 Any history of receiving a deportation order or refusal of entry into Japan 일본에서의 강제퇴거 이력·상륙거부 이력 유무 □ はい Yes 예 □ いいえ No 아니오
2. 有罪判決の有無（日本での判決に限らない） Any history of being convicted of a crime (not only in Japan) 유죄판결의 유무 (일본 내외의 모든 판결) □ はい Yes 예 □ いいえ No 아니오
3. 規制薬物・銃砲・クロスボウ・刀剣類・火薬類の所持 Possession of controlled substances, firearms, crossbow, swords, or explosives 규제약물·총포·석궁·도검류·화약류의 소지 □ はい Yes 예 □ いいえ No 아니오

以上の記載内容は事実と相違ありません。 I hereby declare that the statement given above is true and accurate. 이상의 기재 내용은 사실과 틀림 없습니다.
署名 Signature 서명 ⑫

① 성(영문)
② 이름(영문)
③ 생년월일
④ 국적
⑤ 한국 내 거주 도시
⑥ 일본 방문 목적
⑦ 항공기 편명
⑧ 일본 체류 예정 기간
⑨ 일본 내 숙소명
⑩ 일본 내 연락처
⑪ 입국을 위한 질문 내용
⑫ 서명

02. 나리타 공항 이용

도쿄에는 국제선이 드나드는 공항이 두 개 있는데, 바로 하네다羽田 공항과 나리타成田 공항이다. 우리나라 김포 공항에 해당하는 것이 하네다 공항이라면 나리타 공항은 인천 공항에 해당한다.
나리타 공항은 제1터미널, 제2터미널, 제3터미널 등 세 개의 건물로 나뉘어 있다. 제2터미널과 제3터미널은 연결되어 있으나 제1터미널은 셔틀버스를 이용해 이동해야 한다.

제1터미널

대한항공, 아시아나항공, 에어부산, 전일본공수(ANA) 등 한일노선을 이용하는 대부분의 항공기가 제1터미널을 이용한다. 1층은 국제선 입국장, 4층은 국제선 출국장이며 5층에는 레스토랑과 기념품숍 등이 있다. 건물 밖에는 리무진 버스와 택시 승강장이, 지하에는 도쿄 시내로 들어갈 수 있는 열차역이 있다.

제2터미널

이스타항공과 일본항공이 이용하는 터미널이다. 1층은 국제선 입국장, 3층은 국제선 출국장이며 4층에는 레스토랑과 기념품숍, 전망대가 있다. 건물 밖에는 리무진 버스와 택시 승강장, 도쿄 시내로 연결되는 열차역이 있다.

게이세이 메표소

제3터미널

주로 저가 항공사가 이용하는 터미널로, 우리나라의 제주항공도 이곳을 이용하고 있다. 1층은 국제선 입국장, 2층은 국제선 출국장이며 건물 밖에는 리무진 버스와 택시 승강장이 있다. 제1 · 2터미널과 달리 도쿄 시내로 가는 열차가 연결돼 있지 않기 때문에 열차를 타기 위해서는 제2터미널로 가야 한다.

게이세이 스카이라이너

◎ 나리타 공항에서 도쿄 시내로 이동

나리타 공항에서 도쿄 시내까지는 교통수단에 따라 다르지만 대략 1시간 30분 정도 소요된다. 시내로 나가는 데에는 전철, JR선, 리무진 버스, 택시 등 다양한 교통수단이 있으니 자신의 사정에 따라 적절한 수단을 선택하면 된다.

전철

게이세이 본선, 게이세이 스카이라이너, 나리타 스카이 액세스선 특급, 나리타 스카이라이너, JR선을 이용할 수 있다. 제1터미널과 연결된 역은 '나리타 공항역', 제2터미널 또는 제3터미널과 연결된 역은 '공항 제2빌딩역'이며 출국 시에 터미널에 맞는 역에서 하차해야 한다.

게이세이 전철京城電鉄

게이세이 전철은 보통 · 쾌속 · 특급 세 종류가 운행되는데 요금은 모두 동일하다. 요금이 저렴한 데다 여행자들이 편리하게 이용할 수 있는 야마노테선과 환승이 쉽기 때문에 많은 여행자들이 이용하고 있다. 공항에서 우에노역까지 운행하며, 신주쿠로 가려면 도중에 닛포리역에서 야마노테선으로 갈아타면 된다. 도착역에 정차하는 전철이 보통 · 쾌속 · 특급 중 무엇인지 잘 확인하고 타자. 구글맵을 이용해 시간과 등급 등을 확인하고 타야 목적지에 내리지 못하는 경우가 생기지 않는다.

> **도쿄 지하철 팁!**
>
> 도쿄 지하철역은 에스컬레이터가 없는 경우가 많아 무거운 짐 가방을 들고 계단을 오르내리다 보면 힘이 들 뿐만 아니라 시간 소모도 크다. 그러니 10~20분 정도의 차이라면 시간을 고려하기보다는 가급적 환승이 적은 교통편을 선택하는 것이 좋다.

게이세이 스카이라이너京城スカイライナー

게이세이 전철의 고급 버전쯤으로 생각하면 된다. 나리타 공항에서 이용할 수 있는 여러 교통수단 중 가장 단시간에 도쿄 시내로 이동할 수 있다. 게이세이 전철과 같은 노선을 이용하지만 야마노테선으로 갈아탈 수 있는 닛포리역까지 논스톱으로 운행하며, 종착역은 우에노역이다. 요금은 훨씬 비싸지만 편안한 좌석에 앉아 갈 수 있고 시간도 줄일 수 있어 시간이 없는 여행자에게는 대안이 될 수 있다. 전 좌석 지정제로 운영하며 티켓은 공항 1층 또는 지하 1층의 유인 매표소에서만 판매한다. 여행자에게 할인이 적용되는 서브웨이 티켓과 묶어서 구입하면 좀 더 저렴하게 이용할 수 있다.

나리타공항역 ▶ **닛포리역** 40분, 2,570엔 | **우에노역** 48분, 2,570엔(지정석)

나리타 스카이 액세스 특급成田スカイアクセス特急

우에노 방향과 하네다 공항 방향 두 개의 노선으로 운행한다. 하네다 공항 방면으로 가는 중간에 아사쿠사, 신바시 등을 경유하기 때문에 이 지역으로 가는 여행자는 이용할 만하지만, 직행이 아닌 경우에는 갈아타야 하는 불편함이 있다.

나리타공항역 ▶ **우에노역** 1시간 8분, 1,480엔

JR선

보통 · 쾌속 · 나리타 익스프레스 세 종류가 운행되고 있다. 보통 · 쾌속 열차는 게이세이 전철에 비해 속도가 느리고 요금도 비싸지만 야마노테선과 바로 연결된다는 장점이 있다.

넥스 내부

나리타 익스프레스N'EX

넥스라고 불리는 나리타 익스프레스는 나리타 공항에서 도쿄, 신주쿠, 시부야, 이케부쿠로역까지 빠른 시간 안에 갈 수 있는 특급열차다. 티켓은 매표소에서 구입해야 하는데, 속도가 빠르고 시설이 좋은 만큼 요금이 보통 · 쾌속열차에 비해 2배 이상 비싸다. 공항에서 할인표를 판매하는 경우가 많은데, 공항에서 구입할 경우에만 할인이 적용되기 때문에 귀국편까지 이용하려면 공항에서 왕복권으로 구입해야 한다. 왕복권으로 구입하면 훨씬 저렴하게 이용 가능하나 14일 이내 탑승해야 한다.

나리타공항역 ▶ **도쿄역** 57분, 2,870엔(왕복 4,070엔)

넥스 매표소

버스

리무진 버스 リムジンバス

관광객들이 많이 가는 특급 호텔을 중심으로 운행하는 버스로 신주쿠, 시부야 등 주요 지역으로 출발하는 노선이 있다. 호텔 바로 앞에 내려주기 때문에 노선에 포함된 호텔에 숙박하는 경우라면 짐을 들고 걷지 않아도 된다는 장점이 있다. 그러나 운행 간격이 길고 도로 사정에 따라 도착 시간이 달라질 수 있으며 요금도 비싼 편이다. 티켓은 로비 내에 있는 리무진 버스 티켓 카운터에서 구입할 수 있다.

나리타 공항 ▶ 도쿄 시내 1시간 15분~2시간 5분, 3,200엔

홈피 www.limousinebus.co.jp

TYO-NRT

일명 1300엔 버스로 불리는데 리무진 버스보다 저렴한 1,300엔에 시내(도쿄역, 긴자)까지 바로 이동할 수 있고 배차 간격도 짧기 때문에 도쿄, 긴자 지역에 숙소가 있는 경우 추천할 만하다. 지정 좌석이 아니고 예약도 받지 않기 때문에 현장에서 오는 순서대로 탑승해야 한다. 도쿄 시내에서 나리타 공항 방향으로 가는 경우, 이용객이 많을 때는 바로 차를 타지 못하고 다음 차를 타야 하는 경우가 있다는 것을 유의하자. 시내에서 타는 버스는 긴자역을 거쳐 도쿄역으로 운행하니 특히 도쿄역에서 탑승하는 경우라면 시간을 넉넉히 잡는 것이 좋다.

1300엔 버스

나리타 공항 ▶ 도쿄역 65분, 1,300엔

홈피 tyo-nrt.com/kr

도쿄역 정류장 **(p.188 지도 참고)** 공항에서 타고 오면 내리는 곳과 공항 갈 때 탑승하는 곳의 위치가 다르니 주의하자. 공항으로 갈 때는 도쿄역 야에스 북쪽 출구로 나오면 버스정류장이 나오는데 7번 승차장에서 탑승한다.

긴자 정류장 **(p.122 지도 참고)** 긴자역보다는 유라쿠초역에서 가깝다. C6 출구를 나오면 바로 앞에 정류장이 있다.

택시

택시를 이용해 도쿄 시내로 이동할 경우 대략 19,000~32,000엔 정도의 요금이 나온다. 택시회사에 따라 미터제 요금 시스템이 아닌 목적지를 몇 개의 지역으로 나눠 지역 내 정액 요금 시스템으로 운영하는 경우도 있다. 이런 정액 요금 택시(에어포트 택시)는 사전 예약 없이 이용 가능하며, 택시 기사에게 직접 말하고 이용할 수 있다. 지역 내 정액 요금 외에도 고속도로 요금 등은 별도로 지불해야 한다. 이 정액 운임은 고속도로 이용을 전제로 한 것으로, 일반 도로를 이용할 경우 미터 방식이 적용된다.

홈피 www.narita-airport.jp/kr/access/taxi

03. 하네다 공항 이용

하네다 공항은 본래 도쿄의 국제공항이었지만, 1978년 나리타 공항이 완성돼 국제선 항공 교통의 대부분을 인계받으면서 도쿄를 중심으로 한 국내선 항공 교통을 담당하게 됐다. 그러다 제3터미널이 새로 완공되면서 2010년 10월부터는 국제선 운행도 동시에 담당하고 있다.

하네다 공항은 세 개의 건물로 구성돼 있다. 제1터미널은 주로 JAL 및 그 산하의 항공사가, 제2터미널은 주로 ANA 및 그 산하의 항공사가 이용하고 있으며 제3터미널은 모든 국제선 항공이 이용한다. 연간 6,000만 명의 승객이 이용하고 있는 하네다 공항은 나리타 공항에 비해 시내로의 접근성이 좋은 편이다.

✚ 국제선 여객터미널

1층에는 국내선 방면 무료 셔틀버스 승강장이 있으며 2층은 도착 로비로 버스 · 택시 승차장, 모노레일 · 게이큐선 개찰구 등이 있다. 3층은 출발 로비로 모노레일 · 게이큐선 개찰구가 있으며 4~5층은 식당과 상점가로 에도시대의 분위기로 꾸며 놓았다. 특히 5층에는 전망대가 있어 공항에 일찍 도착한 경우에 한 번 들러보면 좋다. 출국 시 도쿄 모노레일은 '하네다 공항 국제선 빌딩역', 게이큐선은 '하네다 공항 국제선 터미널역'에서 하차해야 한다.

◎ 하네다 공항에서 도쿄 시내로 이동

하네다 공항 국제선 여객터미널에서 도쿄 시내로 이동하는 교통수단으로는 게이힌 급행선과 도쿄 모노레일 등이 있다. 게이힌 급행은 하네다 공항 국제선 터미널역(지하), 도쿄 모노레일은 하네다 공항 국제선 빌딩역(3층)과 바로 연결돼 있다.

✚ 게이큐선 京急線

하네다 공항에서 게이큐선을 타면 야마노테선으로 갈아탈 수 있는 시나가와역까지 빠른 시간에 갈 수 있다. 도착 출구에서 나와 직진하다가 오른쪽을 보면 게이큐 인포메이션 센터가 나온다. 이곳에서 게이큐선 티켓을 구매하거나 옆에 있는 자동매표기를 이용해 티켓을 구매할 수 있다.
탑승하려면 개찰구를 통과한 후 한 층 아래로 내려가야 하는데 안내판이 잘 되어 있어 어렵지 않게 탑승할 수 있다. 시나가와 방면으로 가는 열차를 타면 되는데, 에어포트 쾌속특급 · 쾌속특급 · 특급 · 에어포트급행 · 보통 등 다양한 열차가 있으며 요금은 모두 동일하다. 시나가와역이 열차의 최종 종착지가 아니기 때문에 시나가와역에서 내리는 경우라면 그냥 지나치는 일이 없도록 신경 써야 한다.

하네다 공항 ▶ **시나가와역** 급행열차 약 20분, 300엔

홈피 www.keikyu.co.jp

도쿄 모노레일

JR에서 운행하고 있으며 하네다 공항과 하마마쓰초역(야마노테선)까지 연결된다. 국제선이 출발하는 하네다 공항 국제선 빌딩역에서 하마마쓰초역까지 공항쾌속으로 14분이 소요된다. 운행 간격도 3~5분으로 짧아 시간을 많이 절약할 수 있다.

하네다 공항 ▶ **하마마쓰초역** 500엔

홈피 www.tokyo-monorail.co.jp

도쿄 모노레일

버스

하네다 공항에서 도쿄 시내로 가는 버스에는 공항 리무진 버스와 게이큐 리무진(게이힌 급행) 버스가 있다.

공항 리무진 버스는 호텔 바로 앞에 내려주기 때문에 편리하지만, 운행 간격이 1시간 이상으로 뜸한 편이다. 게이큐 리무진 버스는 몇 개의 노선을 운행하고 있는데 오다이바, 요코하마로 이동 시 유용하다. 티켓은 도착 로비로 나와 왼쪽에 있는 '승차권 · 숙박예약카운터(버스 승차권 취급 카운터)'에서 구입할 수 있다.

공항 리무진 버스

하네다 공항 ▶ **신주쿠** 50분~1시간 15분, 1,300엔

홈피 www.limousinebus.co.jp

택시

택시로 하네다 공항에서 도쿄 시내까지 이동할 경우 정액제 택시를 이용하면 보통 6,900~12,800엔 정도의 요금이 들며, 밤 10시에서 새벽 5시 사이에는 추가 요금이 붙는다. 택시를 이용해서 이동할 경우 정체나 우회 루트 등에서 요금이 비싸지기 쉽다. 하지만 구간별로 일정한 금액이 정해져 있는 정액제 택시를 이용하면 목적지에 내릴 때까지 요금이 얼마나 나올지 모를 불안감이 사라져 여러 명이 움직이거나 짐이 많을 경우 이용해 보는 것도 좋다.

하네다 공항 ▶ **신주쿠구** 정액제 8,300엔, 심야 · 조조 할증 8,300+1,500엔

택시

Step to Tokyo 03

도쿄 교통 정보

도쿄 시내 교통

도쿄 시민들의 발이 되어주는 교통수단에는 JR, 지하철, 사철 등의 시스템이 있다. 이 중 여행자들이 도쿄에서 이용하는 가장 중요한 교통수단은 지하철이다. 도쿄의 지하철은 우리나라와 개념이 조금 다른데, 운영자가 한 곳인 우리나라 지하철과 달리 도쿄의 지하철은 나라에서 운영하는 것과 개인이 운영하는 것 등이 있다. 도쿄 지하철을 처음 이용하는 여행자들을 당황케 하는 것은 여기에서 비롯되는데, 운영자가 다른 지하철로 갈아탈 때 우리나라처럼 환승이 되지 않고 요금을 별도로 내야 하기 때문이다. 심지어 다른 운영자의 지하철 노선도는 역내에 표시되어 있지 않은 경우도 있기 때문에 지하철 이용 시 주의해야 한다.

참고로 일본 지하철은 각 노선과 역마다 영문 첫 글자와 숫자가 표기되어 있어 기억해 두면 편리하다.

JR

Japan Railway의 약자로 1987년 4월 1일 일본 국유 철도의 철도 사업을 이어받아 민영화됐다. 일본 전역에 걸쳐 열차를 운행 중인데, 도쿄 시내를 달리는 열차는 야마노테선山手線, 소부선総武線, 주오선中央線이다. 이 중 야마노테선은 여행객들이 가장 많이 이용하는 노선으로 우리나라의 2호선과 비슷하다고 할 수 있다. 시나가와역, 신주쿠역, 이케부쿠로역, 우에노역 등 도쿄의 핵심 지역을 거쳐 다시 시나가와역으로 돌아오는 순환 운행을 하며 한 바퀴 도는 데 약 1시간이 걸린다.

야마노테선

지하철

도쿄 메트로東京メトロ에서 운영하는 9개 노선과 도에이都営에서 운영하는 4개 노선이 운행되고 있다. 도쿄 메트로와 도에이는 서로 다른 회사기 때문에 회사가 다른 열차로 갈아탈 때는 티켓을 다시 구입해야 한다. 스이카나 파스모(오사카의 이코카 등 지역에서 산 교통카드도 이용할 수 있음)가 있으면 티켓을 따로 구입할 필요 없이 자동으로 처리돼 편리하므로 참고할 것. 노선도는 p.332~333 참고.

사철

오다큐선小田急線, 도큐 도요코선東急東横線, 게이오선慶応線, 게이세이선京成線, 게이큐선京急線 등 주로 도쿄 시내와 교외를 연결하는 전철이다.

도큐 도요코선

티켓 구입

티켓은 각 역의 개찰구 근처에 있는 자동발매기에서 구입할 수 있다. 영어나 한국어로도 이용할 수 있기 때문에 일본어를 못하는 경우에는 언어 선택 버튼을 누르면 된다. 편도로 1,620엔을 넘는 원거리 이동 또는 좌석 지정권, 특급권 등의 고액권은 자동발매기 외에도 '미도리노마도구치(승차권 판매소)'나 '뷰 플라자'에서 구입할 수 있다. 이 두 곳에서는 JR 티켓 외에도 국내선 항공권이나 선박, 장거리 버스, 미술관 등의 티켓도 취급하고 있으며, 신용카드 결제도 가능하다.

자동발매기를 이용한 승차권 구입

1. 자동발매기 위 벽에 표시된 요금표 또는 노선도를 보며 목적지까지의 요금을 확인한다.
2. 일본어를 못하는 경우 우측 상단의 언어 선택을 한국어나 영어로 바꾼다.
3. 자동발매기에 요금을 넣고 해당 버튼을 누른다. 터치판넬식 자동발매기의 경우 우선 행선지까지의 요금 판넬을 누른 후 그 다음에 요금을 투입하는 것도 가능하다.
4. 거스름돈과 티켓을 받는다.

지하철 타기, 어렵지 않아요!

1. 우선 자신이 타려는 지하철 노선이 어느 곳에서 운영되는지를 파악한다.
2. 각 노선은 색깔과 노선번호로 구분돼 있으므로 이용하는 노선의 색깔과 번호를 기억해두자. 예를 들어 도에이 아사쿠사선은 전부 분홍색 원 안에 알파벳 A가 표기돼 있고, 정거장에는 각각 번호가 매겨져 있다.
3. 출발 전 스마트폰에 지하철 어플을 다운받자. 어플을 이용하면 원하는 목적지까지 환승 구간과 요금 등을 안내해주므로 좀 더 쉽게 지하철을 이용할 수 있다.

스이카&파스모, 이것 하나로 해결!

스이카와 파스모는 우리나라의 티머니와 비슷한 선불 IC카드다. 스이카는 JR, 파스모는 사설 회사에서 발급한다는 차이점이 있을 뿐 기능은 거의 유사한데 충전 시 현금만 이용해야 하는 파스모와 달리 스이카는 카드 충전도 가능하다. 다른 도시에서 구매했어도 이용할 수 있다. 도쿄와 근교의 JR, 지하철, 버스, 사철에서 모두 사용할 수 있고 편의점 등에서 물건 구입도 가능하다.

각 역의 티켓판매기, 매표소에서 구입 가능하며 구입 시 가격에는 이용 금액과 보증금 500엔이 포함된다(보통 1,500엔). 우리나라와 비슷하게 카드를 발급받은 곳의 매표소에 카드를 가져다주면 보증금 500엔을 돌려받을 수 있다. 미사용 금액도 환불 가능하지만 220엔의 수수료가 든다. 각 역과 지정된 주요 장소에 있는 티켓판매기, 충전기에서 최대 20,000엔까지 충전할 수 있다.

노면 전차

노면 전차

도쿄에는 아직도 노면 전차가 운행하고 있다. 미노와바시와 와세다 대학을 연결하는 도덴 아라카와선都電荒川線이다. 예전에는 수많은 노면 전차가 운행됐었는데 전부 폐지되고 현재는 도덴 아라카와선만 남아 있다. 관광객이 교통수단으로 많이 이용하진 않지만, 기회가 된다면 노면 전차를 타고 추억 여행을 떠나보자.

버스

도쿄는 대부분의 여행지가 지하철로 연결되기 때문에 여행자들이 버스를 이용할 일은 별로 없는 편이다. 버스를 탄다 하더라도 안내판에 정류장이 나오기 때문에 이용이 어렵지 않다. 버스는 앞문으로 타고 뒷문으로 내린다. 시내버스는 거리에 상관없이 동일한 요금이 적용되며 승차할 때 요금을 내면 된다. 반면 시외버스는 거리에 따라 요금이 달라지기 때문에 승차할 때 문 옆에 설치된 기계에서 표를 뽑은 후 내릴 때 정산된 요금을 내면 된다.

택시

도쿄의 택시 요금은 비싼 편이다. 기본요금이 500엔에서 시작하며 3~5분 정도의 거리를 가도 1,000엔은 기본으로 나온다. 하지만 도쿄 택시는 친절하고 정중한 서비스를 자랑하기도 한다. 택시 문은 기사가 자동으로 열어줄 때까지 기다려야 한다. 신용카드를 이용할 수 없는 택시도 있으니 현금을 준비하는 것이 좋다.
우리나라에서 카카오 택시를 이용했다면 별도의 앱 설치 없이 한국에서 쓰던 카카오T 앱으로 재팬택시에 등록된 택시를 호출해 이용할 수 있다. 일행이 여러 명이거나 가까운 거리일 경우 이용해 보는 것도 좋다. 요금도 카카오T에 등록해 둔 카드로 자동으로 지불할 수 있다.

자유승차권

도쿄에는 교통수단과 노선이 많은 만큼 노선별, 기간별로 다양한 자유승차권이 있어 자신의 일정에 맞는 승차권을 구입하면 비용을 절감할 수 있다. 그러나 보통 4번 이상 이용하는 경우가 아니라면 그다지 실익이 없을 수도 있다. JR과 지하철을 모두 이용할 수 있는 도쿄 프리 킷푸가 아닌 도쿄 서브웨이 티켓 등의 경우에는 해당 노선만 이용해야 하므로 여행의 효율만을 고려한다면 스이카나 파스모를 구입해서 사용하는 것이 가장 좋다. 비용을 조금이라도 아껴보려 한다면 도쿄 서브웨이 티켓+스이카(파스모)를 결합해서 사용하는 것을 추천한다.

도쿠나이 패스

도쿠나이 패스都区内パス

하루 동안 도쿄 시내의 JR을 자유롭게 이용할 수 있는 티켓이다. 4~5번 이상 이용해야 이득이기 때문에 여러 곳을 부지런히 돌아다닐 사람에게 유용하다. JR역 티켓판매기에서 구입할 수 있다.

요금 1일권 760엔

도쿄 서브웨이 티켓 24시간권

도쿄 서브웨이 티켓Tokyo Subway Ticket

도쿄 메트로 9개 노선과 도에이 지하철 4개 노선을 자유롭게 이용할 수 있는 승차권이다. 24시간, 48시간, 76시간 세 가지 종류가 있으며, 개시하는 시간을 기준으로 하기 때문에 잘 활용하면 교통비를 많이 절감할 수 있다.

그러나 여행자들이 많이 이용하는 야마노테선이나 게이큐 등의 사철은 이용이 불가하다. 각 역의 자동매표기(오시아게, 메구로, 시로카네다이, 시로카네타카나와, 신주쿠선 신주쿠 제외)에서 당일 구입할 수 있으며 공항에서 시내로 들어오는 교통편과 묶어서 할인해 주는 것도 있으니 상황에 맞게 구입하면 된다. 국내에서 미리 구입해서 갈 수도 있는데 이 경우 좀 더 할인을 받을 수 있다.

요금 **24시간** 어른 800엔, 어린이 400엔 | **48시간** 어른 1,200엔, 어린이 600엔 | **72시간** 어른 1,500엔, 어린이 750엔

도에이 지하철 · 도쿄 메트로 1일 승차권

도에이 지하철 · 도쿄 메트로 1일 승차권都営地下鉄・東京メトロ一日乗車券

하루 동안 도쿄 메트로 9개 노선과 도에이 지하철 4개 노선을 자유롭게 이용할 수 있는 승차권이다. 각 역의 자동매표기(오시아게, 메구로, 시로카네다이, 시로카네타카나와, 신주쿠선 신주쿠 제외)에서 당일 구입할 수 있다.

요금 어른 900엔, 어린이 450엔

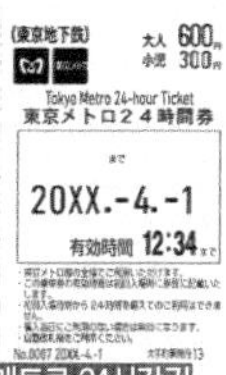

도쿄 메트로 24시간권

도쿄 메트로 24시간권東京メトロ24時間券

하루 동안 도쿄 메트로 9개 노선을 자유롭게 이용할 수 있는 승차권으로 예매권과 당일권이 있다. 예매권은 각 역의 정기권 발매장(나카노, 니시후나바시, 시부야(후쿠토신선) 제외)에서, 당일권은 도쿄 메트로 역(일부 역 제외)의 자동매표기에서 구입할 수 있다.

요금 어른 600엔, 어린이 300엔

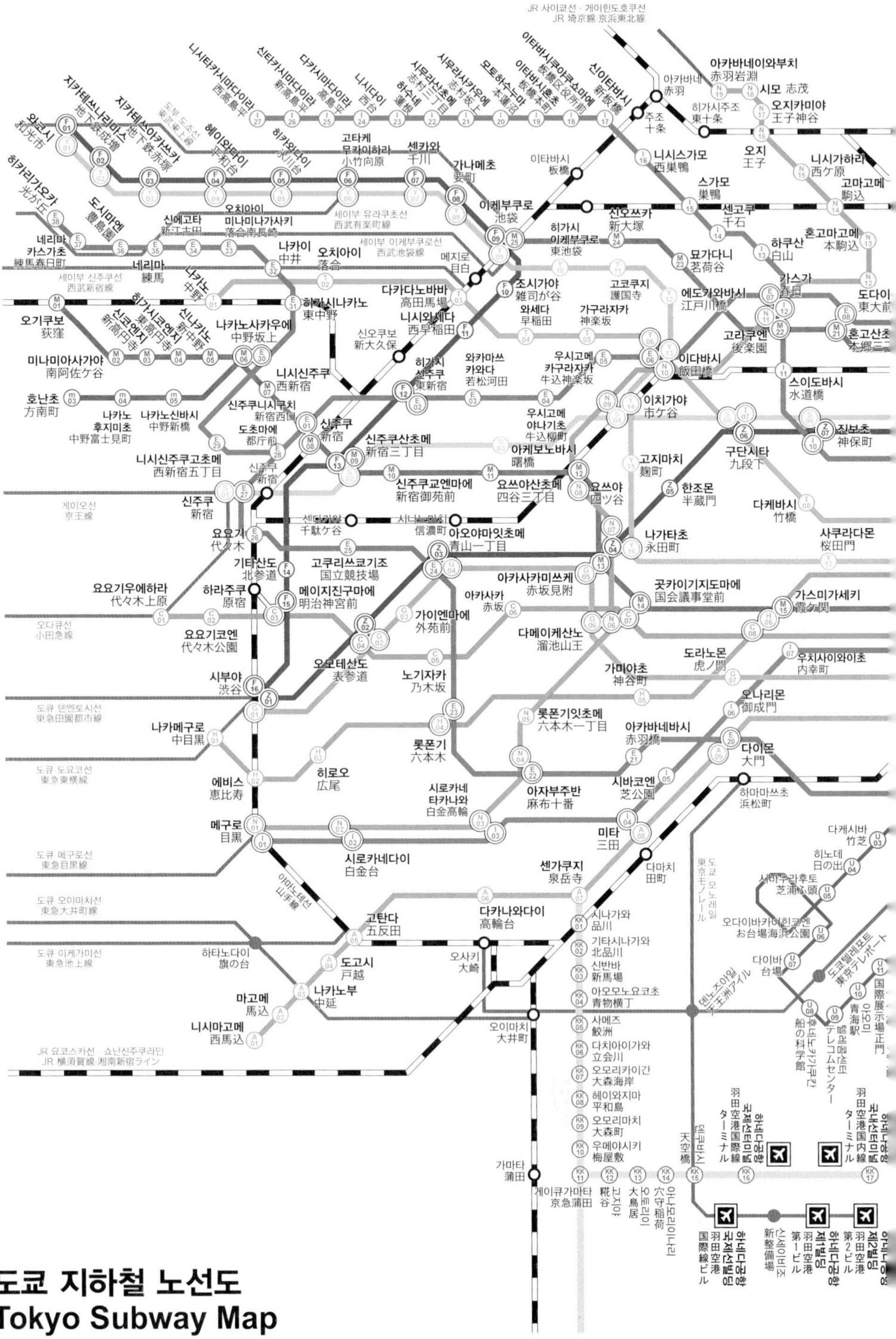

도쿄 지하철 노선도
Tokyo Subway Map

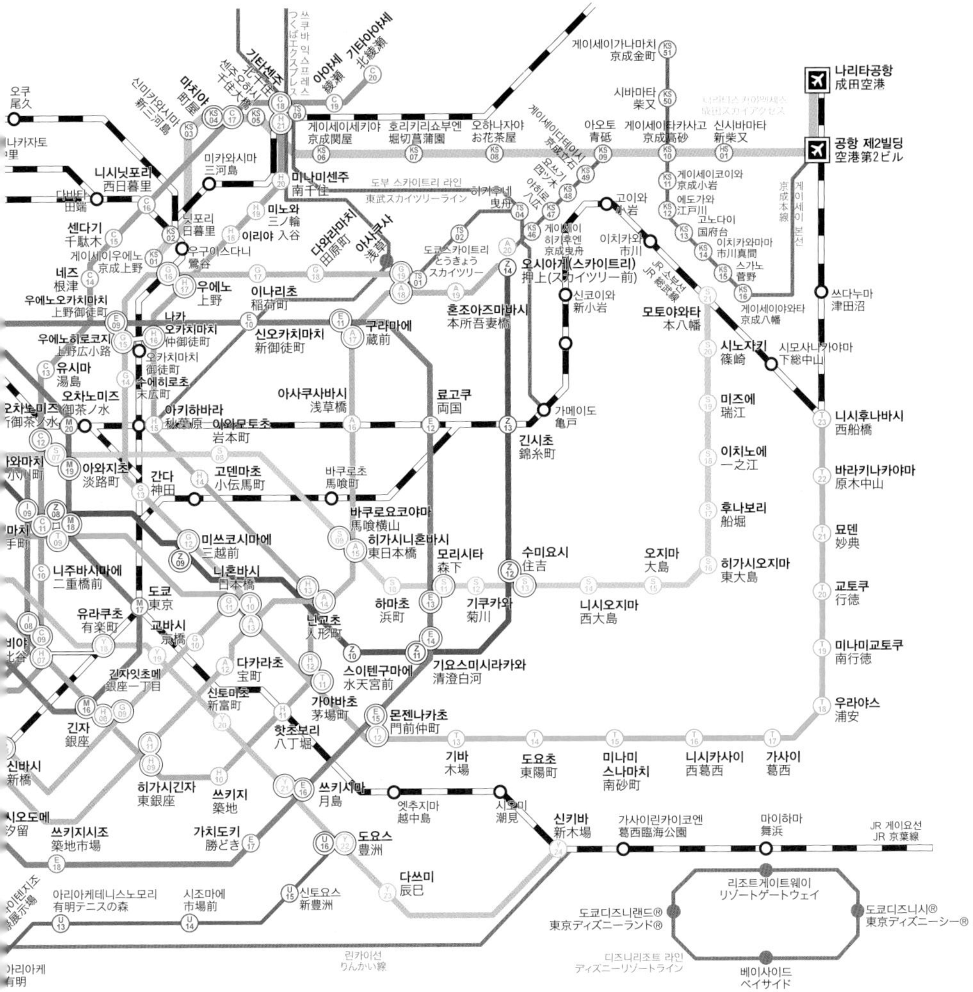

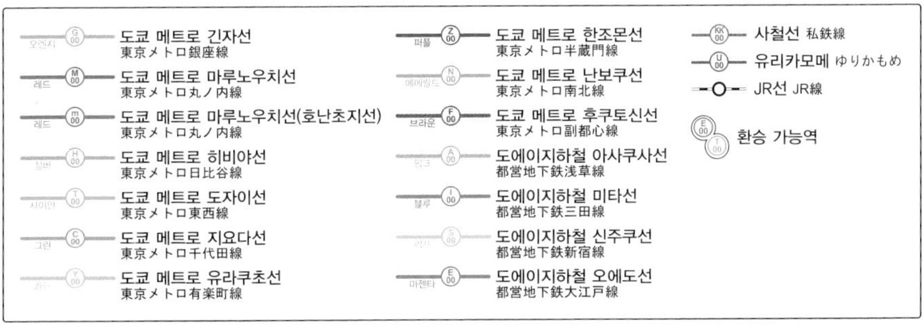

- 도쿄 메트로 긴자선 東京メトロ銀座線
- 도쿄 메트로 마루노우치선 東京メトロ丸ノ内線
- 도쿄 메트로 마루노우치선(호난초지선) 東京メトロ丸ノ内線
- 도쿄 메트로 히비야선 東京メトロ日比谷線
- 도쿄 메트로 도자이선 東京メトロ東西線
- 도쿄 메트로 지요다선 東京メトロ千代田線
- 도쿄 메트로 유라쿠초선 東京メトロ有楽町線
- 도쿄 메트로 한조몬선 東京メトロ半蔵門線
- 도쿄 메트로 난보쿠선 東京メトロ南北線
- 도쿄 메트로 후쿠토신선 東京メトロ副都心線
- 도에이지하철 아사쿠사선 都営地下鉄浅草線
- 도에이지하철 미타선 都営地下鉄三田線
- 도에이지하철 신주쿠선 都営地下鉄新宿線
- 도에이지하철 오에도선 都営地下鉄大江戸線
- 사철선 私鉄線
- 유리카모메 ゆりかもめ
- JR선 JR線
- 환승 가능역

Step to Tokyo 04

도쿄 여행 준비 D-60

도쿄 여행을 계획 중이나 도대체 언제쯤 항공권을 예약해야 하는지, 호텔은 언제쯤 예약해야 하는지, 그 후에는 어떤 준비를 해야 하는지 막막한 경우가 많다. 모든 것이 생소하기만 한 생초보 여행자들을 위해 여행 준비 과정을 정리해 보았다.

D-60. 여행 그리기

도쿄에만 집중하며 도쿄 구석구석을 누비고 다닐 것인지 하코네, 닛코, 요코하마 같은 외곽지역과 연계해 좀 더 풍성한 일정을 보낼 것인지 잘 생각해 결정하자. 도쿄는 그 자체만으로도 충분히 매력적인 여행지이지만 시간과 노력을 조금만 더 들이면 외곽지역과 함께 연계하는 여행을 생각해 볼 수 있기 때문이다. 단, 짧은 일정을 가진 여행자가 욕심을 부려 이곳저곳을 무리해서 다니다 보면 이도 저도 즐기지 못하고 몸만 피곤한 여행이 되기 십상이다. 보통 2~3일의 일정이라면 도쿄에만 집중하는 코스를, 4일 이상의 일정이라면 하코네나 닛코, 가마쿠라 등을 포함한 루트를 짜볼 수 있겠다.

D-50. 여권과 비자 만들기

여권 만료 기간이 6개월 미만일 경우 반드시 여권을 새로 발급받아야 한다. 일본의 경우 3개월까지는 무비자로 방문이 가능해 따로 비자발급을 필요로 하지 않는다.

+ 비자

도쿄를 방문할 예정이라면 90일간 무비자로 체류할 수 있다.

+ 여권

여권은 여행 시기를 기준으로 6개월 이상의 유효기간이 남아 있어야 하며 서울의 경우 각 구청에서, 지방은 시청이나 도청에서 발급받을 수 있다(www.passport.go.kr 참고).

여권은 발급 신청 후 대개 1주일 내로 받을 수 있지만 휴가철에는 늦춰지는 경우가 있으니 여행 계획이 있다면 미리 준비해 놓도록 하자.

여권을 분실했을 경우

여행 중 여권을 분실했을 경우만큼 당황스러울 때가 없다. 여권을 분실하면 현지의 한국대사관 혹은 영사관에 가서 여행용 임시 증명서를 발급받아야 한다. 이를 위해서는 여권 번호와 여권용 사진 2매가 필요하다. 따라서 여행을 떠나기 전 여권 분실에 대비해 여권 복사본과 사진 2매를 미리 준비하는 것이 좋다. 여행자보험에 가입했다면 여권을 분실했을 때의 보상도 확인해보자.

D-40. 항공권 예약하기

입출국 날짜가 확실하다면 항공권 예약을 서두르자. 스케줄과 가격이 좋은 항공권은 빨리 동나기도 한다. 인천(김포)에서 도쿄로 가는 직항 노선은 다양한 편이다. 대표적인 국적기로는 아시아나항공, 대한항공, 제주항공을 들 수 있으며 이 외에 일본항공, 유나이티드항공 등의 항공기를 이용해서도 도쿄에 한 번에 갈 수 있다. 보통 인천 출발의 경우 나리타 공항으로 들어가고 김포 출발의 경우 하네다에 도착하는데 모두 약 2시간 남짓 소요된다. 김포 출발-하네다 도착이 시내 접근이 편리한 편이다.

항공권은 항공사의 홈페이지나 전화를 이용해 직접 구매하거나 여행사 혹은 구매대행 사이트를 이용해 구매하는 방법이 있다. 여행사나 대행사를 이용하는 경우 해당 항공사에서 구매하는 경우보다 좀 더 저렴한 가격에 구할 수는 있으나 여유 좌석 확보가 어려워 대기해야 하는 경우가 빈번하며, 일정 변경이 불가능하거나 마일리지 적립이 되지 않는 등의 불리한 조건들이 붙는 경우가 있으니 반드시 꼼꼼하게 확인을 해야 한다.

항공권 예약 사이트
투어 캐빈 www.tourcabin.com
온라인 투어 www.onlinetour.co.kr
웹투어 www.webtour.com
인터파크 항공 tour.interpark.com
투어 익스프레스
www.tourexpress.com

똑똑한 여행자의 필수품, 마일리지 적립 카드

항공사에서는 승객이 이용한 탑승 거리에 따라 마일리지를 적립해 주는데 항공권 구입 이외에도 신용카드 사용, 호텔 숙박 등 다양한 방법으로 마일리지를 적립할 수 있다. 이렇게 적립한 마일리지는 무료 항공권, 무료 숙박 등 다양하게 사용 가능하다. 마일리지 카드는 해당 항공사 홈페이지에 회원 가입하면 디지털 카드로 발급된다. 단, 회원가입 전에 탑승한 항공권은 마일리지가 적립되지 않으므로 반드시 예약 전에 가입해야 한다.

대표적인 마일리지 적립 카드

아시아 마일즈 00798-8521-2743, www.asiamiles.com
대표적으로 일본항공, 캐세이퍼시픽, 중국국제항공, 드래곤 에어 등의 항공사를 이용할 경우 마일리지를 적립할 수 있다.

아시아나 클럽 1588-8180, flyasianaclub.com
아시아나항공뿐 아니라 타이항공, 싱가포르항공, 아나항공 등 이용률이 높은 스타 얼라이언스 소속 항공사들의 마일리지도 적립이 가능해 유용하다. 뿐만 아니라 각종 신용카드와도 연계해 신용카드 사용액에 따라 적립을 해주기도 해 비교적 쉽게 마일리지를 모을 수 있다. 적립된 마일리지는 5년간 유효하다.

스카이 패스 1588-2001, www.koreanair.com
대한항공과 스카이팀 항공사를 이용할 경우 마일리지 적립이 가능하다. 누적된 마일리지에 따라 다양한 등급으로 나누어 서비스에 차등을 주기도 한다. 마찬가지로 적립된 마일리지는 5년간 유효하다.

D-30. 숙소 예약하기

가격 대비 실속 있는 호텔의 경우 빨리 만실이 되는 경우도 있으니 목적과 예산에 맞게 호텔을 발 빠르게 예약하자. 도쿄 호텔의 경우 똑같이 객실 하나를 예약하더라도 투숙 인원에 따라 가격이 달라지는 경우가 있으니 주의해야 한다. 도쿄는 다른 아시아 지역에 비해 호텔비가 비싼 편이다. 하지만 특급 호텔부터 비즈니스 호텔, 료칸, 게스트하우스까지 종류가 다양해 선택의 폭이 넓다. 자체 홈페이지를 통해서 예약이 되는 경우가 있지만 대부분 예약 대행 사이트를 통해 예약하는 것이 가격적으로 유리하다. 에어비앤비를 이용해 예약하거나 게스트하우스를 찾는 방법도 추천할 만하다.

호텔 예약 사이트
아고다 www.agoda.co.kr
에어비앤비 www.airbnb.co.kr
재패니칸 www.japanican.com
호텔패스 www.hotelpass.com
자란넷 www.jalan.net

D-20. 여행 정보 모으기

항공권과 숙소 예약을 완료했다면 큰 틀이 완성된 셈이다. 이제 그 틀을 채워줄 계획을 세울 차례. 도쿄에 가면 꼭 들러야 할 명소와 레스토랑, 꼭 사야 할 아이템, 해봐야 할 것 등 다양한 여행 정보를 모아보자. 온라인에는 가이드북에 없는 여행자의 따끈따끈한 현지 정보가 있다. 각종 웹 사이트와 유튜브, 개인 블로그 등의 후기나 리뷰를 보는 것도 좋은 방법이다. 또한 호텔과 투어 예약 정보 등 지역 전문 카페에도 많은 정보가 있는 편이다. 도쿄 여행 시 유용한 다양한 애플리케이션도 있으니 참고하자.

+ 웹사이트
도쿄관광공식사이트 www.gotokyo.org
네일동 일본여행친구 cafe.naver.com/jpnstory
트립어드바이저 www.tripadvisor.com

+ 유용한 애플리케이션
에어비앤비
파파고
트립어드바이저
구글맵
네이버클라우드

구글맵의 활용

일본 여행 시 식당, 길 찾기, 교통 검색 등 다방면에 구글의 활용성이 높아졌다. 일본인들도 최근에는 구글 지도로 맛집을 찾고, 복잡한 지하철을 탈 때도 구글로 검색해서 이용한다. 일부 유명 식당의 경우에는 한국인 등 외국인의 비율이 압도적으로 많아 대기 시간이 긴 경우가 많은데, 구글 지도에서 근처의 평점 좋은 식당을 찾는 게 더 효율적일 수도 있다.

D-7. 면세점 쇼핑하기

해외여행의 즐거움 중 하나로 빼놓을 수 없는 것이 바로 면세점 쇼핑이다. 면세점 쇼핑은 평소에는 좀처럼 살 엄두를 내지 못했던 고급 화장품을 비롯한 상품들을 저렴한 가격에 구입할 수 있는 기회다. 공항 면세점보다는 시중의 면세점이, 시중의 면세점보다는 인터넷 면세점이 가격적으로 유리하다. 이왕이면 여러 할인 혜택을 잘 챙겨 똑똑한 면세 쇼핑에 도전해 보자.

면세점 사이트
동화 면세점
www.dwdfs.com, 1688-6680
신세계 면세점
www.ssgdfs.com, 1577-0161
신라 면세점
www.shilladfs.com, 1688-1110
롯데 면세점
kor.lottedfs.com, 1688-3000
현대 면세점
www.hddfs.com, 1811-6688

✚ 면세품 쇼핑

서울 시내에는 면세품을 구입할 수 있는 면세점이 곳곳에 위치해 있다. 면세점을 방문해 구입하는 경우 직접 모든 물건들을 돌아보고 살 수 있는 즐거움이 있는 반면 가격적인 혜택은 적은 편이다.

D-5. 환전하기

출발일이 얼마 남지 않은 이제 현지에서 사용할 비용을 환전하자. 도쿄의 경우 의외로 신용카드 사용이 불가한 곳이 많으니 주의할 것. 도쿄 내에서도 환전은 가능하지만 환율이 낮아 국내에서 엔화로 직접 환전해 가는 것이 유리하다. 현지에 있는 ATM을 이용해 엔화를 뽑을 수 있으므로 꼭 필요한 만큼만 환전해 가는 것도 방법이다.

✚ 국제현금카드 만들기

신용카드와 달리 물건을 직접 구입할 수는 없다. 하지만 많은 현금을 지니고 있지 않아도 되고 원할 때마다 바로바로 현지화로 뽑아 쓸 수 있어서 편리하다.

✚ 환전 우대 쿠폰 챙기기

환전을 할 때마다 발생하는 환전 수수료를 할인받을 수 있는 우대 쿠폰을 꼭 챙기자. 국내 은행의 홈페이지 혹은 여행사의 홈페이지 등에서 쉽게 다운받아 프린트할 수 있다.

✚ 인터넷 환전

직장인일 경우 은행업무 시간에 맞춰 은행을 방문하는 것이 부담이 될 수 있다. 인터넷 환전은 은행에 방문하는 번거로움 없이 편리하게 환전을 신청할 수 있다. 거래 은행의 인터넷뱅킹으로 환전할 수 있는데 반드시 통장에 잔고가 있어야 한다. 인터넷 환전은 시간도 절약될 뿐만 아니라 환전 우대를 받을 수 있다. 환전한 금액은 원하는 지점이나 해당 은행의 공항점에서 수령 가능하다.

D-2. 짐 꾸리기

모든 준비가 끝나고 이제 짐을 싸는 일만 남았다. 우선 필요한 물건의 리스트를 먼저 작성해보자. 리스트에 하나씩 체크해가며 짐을 꾸리는 것도 좋은 방법이다. 아래 목록을 보고 빠진 것이 없는지 다시 한번 확인하자.

종류	세부 항목	확인	비고
여권과 여행 경비	여권		*여권 분실에 대비해 여권 사본과 여권 사진 2매를 반드시 준비해 가자.
	여권 사본과 여권 사진		
	항공권(E-ticket)		
	여행 경비		
	신용카드		
	현금카드		
	마일리지 적립카드		
	여행자 보험		
의류	취침 시 입을 옷		*도쿄의 기후는 우리나라와 거의 비슷하므로 한국에서 입던 것과 비슷한 차림으로 준비해 가면 된다. *고급 레스토랑을 방문할 예정이라면 어느 정도의 격식을 갖춘 옷을 준비해 가도 좋겠다.
	반소매 옷		
	반바지		
	카디건		
	긴바지 혹은 원피스		
	속옷		
	수영복		
	모자		
	선글라스		
	슬리퍼		
세면도구와 화장품	치약&칫솔		*대부분의 호텔에 세면도구가 비치돼 있지만 저가 숙소에 묵거나 자신에게 맞는 브랜드가 따로 있다면 준비하자.
	비누&샤워 타월		
	샴푸&린스		
	면도기		
	빗		
	화장품(선크림)		
의약용품	지사제		*음식이나 물로 인한 배탈에 대비해 지사제를 꼭 준비하자.
	소화제		
	감기약		
	반창고		
카메라와 노트북	카메라		*메모리와 충전기 등도 반드시 체크! 단 휴대 가방에 넣어가자.
	노트북		
기타	필기구		
	가이드북		*가이드북과 읽을 책도 챙기자.
	책		
	MP3		
	보조가방		
	비닐팩(지퍼락 등)		*작은 물건 등을 넣을 수 있는 지퍼락 등의 비닐팩도 유용한 아이템.
	멀티어댑터		*110V

D-Day. 출발하기

드디어 기다리고 기다리던 출발일! 마지막으로 빼놓은 것이 없나 확인하자. 여권, 항공권, 바우처, 신용카드, 여러 가지 인증 서류를 다운받아 둔 휴대폰 등은 잊지 않도록 하자.

Step to Tokyo 05

도쿄 여행의 필수, 서바이벌 일본어

✚ 인사말

안녕하세요.
おはようございます。/ こんにちは。/ こんばんは。
오하요-고자이마스(아침) / 곤니치와(점심) / 곤방와(저녁)

처음 뵙겠습니다.
初めまして。
하지메마시테

처음 뵙겠습니다. 잘 부탁드려요.
初めまして。どうぞよろしくお願いします。
하지메마시테. 도-조 요로시쿠 오네가이시마스

✚ 공항에서

하네다행 비행기를 예약하고 싶어요.
羽田行きの飛行機を予約したいんですが。
하네다유키노 히코-키오 요야쿠시타인데스가

예약을 변경하고 싶어요.
予約の変更をお願いします。
요야쿠노 헨코-오 오네가이시마스

이 짐을 부쳐 주세요.
この荷物を預けたいんですが。
고노 니모츠오 아즈케타인데스가

이것을 기내로 가져갈 수 있어요?
これを機内に持ち込めますか。
고레오 키나이니 모치코메마스카?

✚ 호텔에서

2인실 부탁합니다.
2人部屋、お願いします。
후타리베야 오네가이시마스

체크인은 어디서 합니까?
チェックインはどこでするんですか。
첵쿠인와 도코데 스룬데스카?

체크인하고 싶습니다.
チェックイン、お願いします。
첵쿠인 오네가이시마스

내일 아침에 모닝콜을 부탁해요.
明日の朝、モーニングコールをお願いします。
아시타노 아사 모-닝구코-루오 오네가이시마스

방 청소를 해주세요.
部屋の掃除をしてください。
헤야노 소-지오 시테 구다사이

다른 방으로 바꿔 주세요.
ほかの部屋に替てください。
호카노 헤야니 카에테 구다사이

수건을 주세요.
タオルをください。
타오루오 구다사이

아침 식사는 어디서 해요?
朝食は、どこでするんですか。
쵸-쇼쿠와 도코데 스룬데스카?

비즈니스 센터가 어디에 있어요?
ビジネスセンターは、どこですか。
비지네스센타-와 도코데스카?

수영장은 몇 층이에요?
プールは何階ですか。
푸-루와 난카이데스카?

변기가 고장 났어요.
便器が故障しました。
벤키가 코쇼-시마시타

방이 너무 추워요.
部屋がとても寒いです。
헤야가 도테모 사무이데스

방이 너무 더워요.
部屋がとても暑いです。
헤야가 도테모 아츠이데스

온수가 나오지 않아요.
お湯が出ません。
오유가 데마셍

짐을 방까지 좀 부탁해요.
荷物を部屋まで、お願いします。
니모츠오 헤야마데 오네가이시마스

✚ 식당에서

오늘 밤 6시에 두 사람 자리를 예약하고 싶어요.
今日、午後6時に、2人予約したいんですが。
쿄– 고고 로쿠지니 니닝 요야쿠시타인데스가

창가 자리로 부탁해요.
窓側の席、お願いします。
마도가와노 세키 오네가이시마스

저쪽 테이블로 옮기고 싶어요.
あっちのテーブルに移りたいんですが。
앗치노 테–부루니 우츠리타인데스가

어린이 의자를 준비해 주세요.
子供用のいすを準備してください。
코도모요–노 이스오 쥰비시테 구다사이

얼마나 기다려야 해요?
どれぐらい待たないといけませんか。
도레구라이 마타나이토 이케마셍카?

여기 주문 받아 주세요.
注文お願いします。
츄–몬 오네가이시마스

좀 있다가 주문할게요.
少ししてから注文します。
스코시 시테카라 츄–몬시마스

이 집에서 가장 인기 있는 메뉴는 뭐예요?
この店で、いちばん人気のあるメニューは何ですか。
고노 미세데 이치방 닝키노 아루 메뉴와 난데스카?

물 주세요.
お水ください。
오미즈 구다사이

여기요, 메뉴판 보여 주세요.
すみません。メニューを 見せてください。
스미마셍. 메뉴– 미세테 구다사이

이거 하나 더 주세요.
これ、もうひとつください。
고레 모– 히토츠 구다사이

포장해 주세요.
テイクアウトお願いします。
테이쿠아우토 오네가이시마스

영어 메뉴판이 있어요?
英語のメニュー、ありますか。
에이고노 메뉴– 아리마스카

이것은 어떻게 먹는 거예요?
これはどうやって食べるんですか。
고레와 도–얏테 타베룬데스카?

저는 이걸로 할게요.
私はこれにします。
와타시와 고레니 시마스

저쪽 분들이 드시는 건 뭐예요?
あちらの方が召上っているのは、何ですか。
아치라노 가타가 메시아갓테이루노와 난데스카?

콜라 주세요.
コーラください。
코–라 구다사이

냉수 좀 부탁해요.
お冷ください。
오히야 구다사이

이거 리필해 주세요.
これ、おかわり、お願いします。
고레 오카와리 오네가이시마스

이거 공짜예요?
これ、無料ですか。
고레 무료-데스카?

여기 좀 치워 주세요.
ここをちょっと片づけてください。
고코오 촛토 카타즈케테 구다사이

계산할게요.
お勘定お願いします。
오칸죠- 오네가이시마스

따로 계산해 주세요.
別々に計算してください。
베츠베츠니 게-산시테 구다사이

계산은 어디서 해요?
会計は どこですか。
카이케-와 도코데스카?

담배를 좀 피워도 될까요?
タバコ吸ってもいいですか。
타바코오 슷테모 이-데스카?

✚ 쇼핑몰에서

화장품 코너는 어디 있어요?
化粧品コーナーはどこですか。
케쇼-힌 코-나-와 도코데스카?

입구는 어디예요?
入口はどこですか。
이리구치와 도코데스카?

출구는 어디예요?
出口はどこですか。
데구치와 도코데스카?

저것 좀 보여 주세요.
あれ、見せてください。
아레 미세테 구다사이

이거 입어 봐도 됩니까?
これ、着てみてもいいですか。
고레 키테미테모 이-데스카?

다른 것을 보여 주세요.
ほかのを見せてください。
호카노오 미세테 구다사이

다른 색상을 더 보여 주세요.
ほかの色を見せてください。
호카노 이로오 미세테 구다사이

이건 얼마예요?
これ、いくらですか。
고레 이쿠라데스카?

비싸요.
高いですね。
다카이데스네

이 신용카드로 계산해도 돼요?
このクレジットカード、使えますか。
고노 쿠레짓토카-도 츠카에마스카?

✚ 길 찾기

실례합니다. 여기가 어디예요?
すみません。ここはどこですか。
스미마셍. 고코와 도코데스카?

지하철역까지 가는 길을 가르쳐 주세요.
地下鉄の駅までの道を教えてください。
치카테츠노 에키마데노 미치오 오시에테 구다사이

거기까지 가는 데 얼마나 걸릴까요?
そこまで、どのぐらいかかりますか。
소코마데 도노구라이 가카리마스카?

Index -가나다순-

- ㅈ -

Travel Note

:

Travel Note

:

Travel Note

:

Travel Note

:

Travel Note

:

Travel Note

: